作者／郭宗坤

從小時候喜歡吃魚、釣魚，到成為首位以台灣魚熟成技術在日本取得專業調理師執照的料理人。熱愛出海捕釣好魚，也喜歡半夜往魚市場跑，找尋最鮮美豐盛的在地漁獲。懂得聆聽食材的聲音，能把複雜的味道變簡單，簡單的味道變有深度，做出來的料理常讓美食家、饕客稱讚不已。

深諳日本飲食文化，尤擅長料理的開發與能提點魚肉鮮甜的熟成技術。曾任華國飯店、太平洋大飯店行政主廚、高雄餐旅大學客座講師等，現為味留一升庵料理店料理長，是感恩魚，愛用台灣在地食材的料理職人。

Youtube 頻道
——料理中的料理人

YouTube：youtube.com/c/Chefkzk
Facebook：facebook.com/chef.kzk
Instagram：instagram.com/chef_kzk

餐桌上的魚百科

跟著魚汛吃好魚！
從挑選、保存、處理、
熟成到料理的全食材事典

典藏增訂版

漁料理職人 郭宗坤 著

目錄 CONTENTS

PART.4 夏季魚類

PART.6 冬季魚類

推薦序

型男大主廚 **詹姆士**

專爲貪吃鬼出的書

台灣一直沒有一本專門介紹魚類海鮮的食譜，而且是以日本料裡的角度。

貪吃能使廚藝精進，我想在小郭身上，最適合不過了，因為貪吃小郭可說是無所不用其極跟食材溝通、交朋友。現在他把溝通、交朋友的心得寫下來了。

一本貪吃鬼寫的書，一本專門為貪吃鬼出的書。

推薦序

樂漁 8 創辦人 **陳啓宏**

好魚還需要好技術

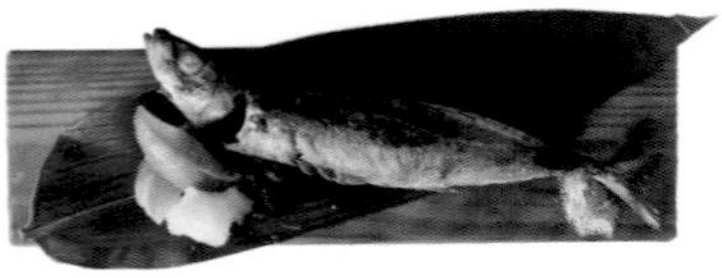

每天徜徉在阡陌縱橫且波光粼粼的魚塭中，辛勤孕育國境之南的優質水產品給國人消費者食用，是我的日常也是使命。然而在一次節目中偶遇了郭師傅，讓我對於如何呈現出水產品的極致美味，有了不同的思維：不單單僅是品質好就是美味，那還得需要熟成的技術！

這本書除了以季節方式陳述各季旬魚的挑選、保存與處理方式，更是提供了少有的熟成原理與做法。同時在一些魚種介紹上，也附上了郭師傅處理魚肉的影片 QR code，讓讀者能更即時的觀看，更容易了解該魚種的處理方式。

郭師傅如何經由熟成技術，將好魚轉化成吸引老饕的魔鬼般美味料理？正所謂魔鬼就藏在細節裡，而細節，造就出品質的差異！

我時常與郭師傅請益魚產品的處理方式，感謝他無私地分享，讓我深深的感受到他料理人的料理魂，真心且極力推薦這本《餐桌上的魚百科》給大家。

推薦序

元家企業執行長 **顏志杰**

說不完的精彩魚事

台灣四面環海，被稱為世界前五大漁業強國，台灣人更是以愛吃海鮮聞名，不論是任何型態的宴席，或三五好友下班跑快炒店，海鮮料理如此生活化，任何人都能一窺它的美妙滋味。

然而全球暖化使海中資源枯竭，海鮮也跟著變得珍貴，身為全球公民，我們都需要盡自己的義務去維護。但慚愧的是，面對日常吃的海鮮料理，台灣人普遍了解得不多，都應該學習如何細細品味，重視這些來自大海的瑰寶。

認識郭師傅，是某次友人強力推薦一家推廣熟成海鮮、神奇無比的餐廳「味留」，我半信半疑的來到這家餐廳，看郭師傅邊料理，邊細細解說每道菜的設計，介紹每條魚的特色。當晚一道道令人驚豔的熟成生魚片料理，完全顛覆我印象中「海鮮就是要『鮮』才是好」的刻板觀念。之後，我也進一步跟郭師傅學習熟成料理背後的科學原理，開始一起合作工業生產冷凍熟成海鮮，外銷歐美。

身為本土的日料名廚，郭師傅相當了解如何凸顯各種海中珍饌的原始風味，呈現出台灣人愛吃的日式料理。他不但凌晨親自到基隆崁仔頂魚市採購補貨，還隨著漁船出海，捕釣一手的奇珍海鮮，從船上到桌上一條龍包辦。到郭師傅的店裡，他會秀出自己在海上與魚搏鬥的照片，說著釣魚經過，還有怎麼把這些魚轉化成饕客盤中的佳餚，精彩的故事讓美食更添了幾分夢幻的想像。

這本書有說不完的精彩魚事，嚐不盡的絕佳料理，讓讀者能深入了解如何選購、處理、料理、品味台灣常見的魚類。一本用海鮮傳遞幸福，用料理征服人心的好書，就是這本《餐桌上的魚百科》，真誠推薦。

推薦序

首都大飯店董事總經理 **林家昌**

吃當季，選好魚

近十年來海產量大減，除了需求量逐年攀升，尤其在嗜好海鮮的亞洲，捕魚網過份撈補也是日漸浮現的隱憂。海洋生態學家丹尼爾•鮑里（Daniel Pauly）認為每一個時期自然界中正常狀態不斷興衰輪替。上一個世紀覺得某魚種是取之不盡，對人類食物營養的來源歸類到較平民或甚至低賤的，下一世紀則是種高價且難得的海鮮了。

而「魚汛」英文翻譯成「fish season」—魚的季節，跟著魚汛來挑當季魚種食用，相當符合現代人強調不時不食的概念，這看似新穎的意識其實是老一輩傳統的飲食觀，上一個世紀還未講求環保，只知道按時按節氣來吃東西，配合食物的生長時序與食材性質，順應自然規律。

然而，想要挑選當季盛產的魚種卻是件不容易的事，海鮮店、菜市場魚攤擺滿了大大小小的漁獲，常常買了卻發現與自己想像有出入，或是看著常吃的魚卻叫不出名字？此書的趣味在於此，博聞廣見的料理長郭師傅憑著多年來的專業不藏私，一眼看穿漁獲新鮮度讓魚老闆甘拜下風，吃出連料亭師傅都不敢馬虎的專業。

我和宗坤相識多年，內舉不避親，《餐桌上的魚百科》這樣一本內容豐富的魚類百科全書就是為四面環海的台灣食客們量身訂做；郭料理長的超凡手藝除了能滿足味蕾和胃口，豐富的魚鮮知識絕對讓各位饕家們心靈得到超脫的絕妙昇華，這是一本絕對值得和好朋友們分享的頂級盛典。

循時尋食　漪歟盛哉　用餐愉快。

推薦序

嘉義區漁會東石魚市場場長 **吳純裕**（慕燕）

懂魚也懂料理的好書

在嘉義區漁會東石魚市場工作了十幾年，從過秤員，拍賣員，到市場主任；也擔任過10年的推廣工作，輔導過幾家的自然生態養殖漁場，擔任地方產業、文化講師，對魚有了些許粗淺的了解，寫過漁業相關文章幾十萬字，就是對漁業一份熱愛和執著。

在漁業工作這麼多年，很榮幸認識了不少的漁業前輩、給了很多指導，也認識了不少的名廚，郭宗坤先生就是其中一位，我們也成為好朋友。說到吃魚，魚的飲食技巧和文化，他可就是高手中的高手。要做出一道好的魚料理，應該先懂魚，如何挑魚？如何保存魚？什麼季節？什麼魚？是盛產也最肥美？有了好食材，然後才是烹飪技巧，這樣才能吃出魚的真正美味。

當有一天，郭師傅告訴我，他想出一本認識魚和如何選魚、如何料理魚的書，也準備來東石魚市場拍攝在地的東石漁貨。我真的是太高興了，這不也是我一直很希望達成的一個理想嗎？我們好像有了天生的好默契。但這真的談何容易呀！懂料理的師傅，未必真的懂得很多的魚，還要懂得如何挑好魚。懂得魚的人，卻也未必懂得好料理。要有全方位的知識，真是太難了，難得像是天方夜譚。

也許就是難，它才會成為一本好書，才真的是彌足珍貴。一本漁業界不能少的工具書，一本料理界應該具備的好書，一位家庭主婦、好媽媽，要料理出營養美味魚料理不能少的書；愛魚的朋友，您不能不隨身攜帶的一本書，一位從事魚的販運工作者，最佳利器的書。這樣一本書，不再是天方夜譚，不再只是我的一個夢想，郭師傅做到了，高瞻遠矚的出版社出版了。

這樣一本好書誕生，是一件大事，是一件創舉的大事，是一件令人感動的大事。您有了這樣的一本書，就像您擁有了尚方寶劍，就像您得到了干將、莫邪寶劍一樣的無往不利。我為這樣一本書感動，我為郭師傅和出版社喝采，漁業和料理界同時向前再邁出一大步。

序

不時不食
品嚐台灣魚的豐盛美好

大家有沒有發現，餐桌上煮來煮去的魚往往就是那幾種？

過去數十年一直有專家學者很辛苦的完成了台灣魚類資料庫，但因學術的取向和一般大眾需求不同，因此，即使我們有很多樣豐富的魚種資料，但大家對台灣魚，尤其是食用魚的理解仍然不多。

台灣四周環海，礁岩遍佈，還有黑潮流經，加上花蓮外海的海洋深層水，在這座豐盛的小島上，我們有許多美好的選擇。本書收錄一百七十種魚，從挑選、刀法到料理，每種魚都附上最適合吃的時節與料理方法，希望以親民的方式，把我心中的台灣好魚介紹給各位。而編排時，也特別把相似的魚種擺在一起，說明料理口感與外觀特徵上的差異。

這幾年常談起牛肉的熟成，大家逐漸知道食材可以經過時間的醞釀來讓美味加乘。就像香蕉要變黃才好吃，火腿得經過兩年以上的風乾香氣才俱足。魚類也是，真正好吃的魚是需要「覺醒」的。日本人的「不時不食」，不只代表吃對季節，更是指要等到食材最美好的時刻才去品嚐它。

這次我特別介紹了魚類的各種熟成法，顛覆大家新

鮮魚一定最好吃、生魚片一定得到餐廳享用等觀念。其實，只要學會簡單的幾個熟成步驟，在家也可以做生魚片；而在蒸煮炒炸前加點熟成功夫，魚的鮮甜馬上提點出來，味道會變得更豐富有層次。

而在料理上，雖是用某種魚來示範，但與其說是該魚的食譜，還不如說展現的是一種「料理手法」。像是昆布烤尖梭，不只尖梭魚，其他適合燒烤的鯖魚、石老魚等也適用。這本書盡量展現出多樣的「料理手法」，讓讀者在烹調時能靈活運用。

魔鬼是藏在細節裡，要讓魚肉美味再生，從選購、處理、保存、熟成到料理等過程的各種小撇步，我都盡量在書裡完整呈現。不但希望大家往後在面對魚時能更得心應手，也盼望自己能不辜負食材，以及背後許多人的默默付出。

我的日本料理師傅曾對我說過：「修業的終點不在技術如何，而是不枉費食材背後付出者的心力。」很榮幸有這個機會，用我熟悉的方式，把台灣魚的美味介紹給大家。

不時不食，讓我們找到魚肉最肥美鮮甜的時刻。用感恩的善意，來品嚐這座島嶼的豐盛美好。

感恩魚的料理人——**郭宗坤**

PART.

1

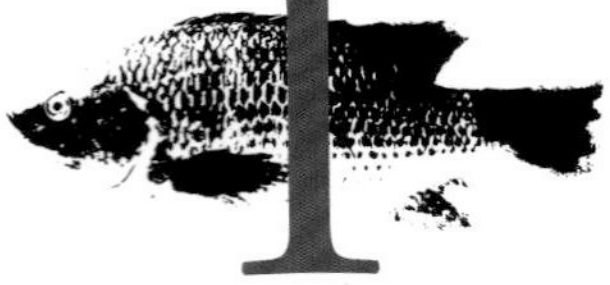

魚的各部位介紹

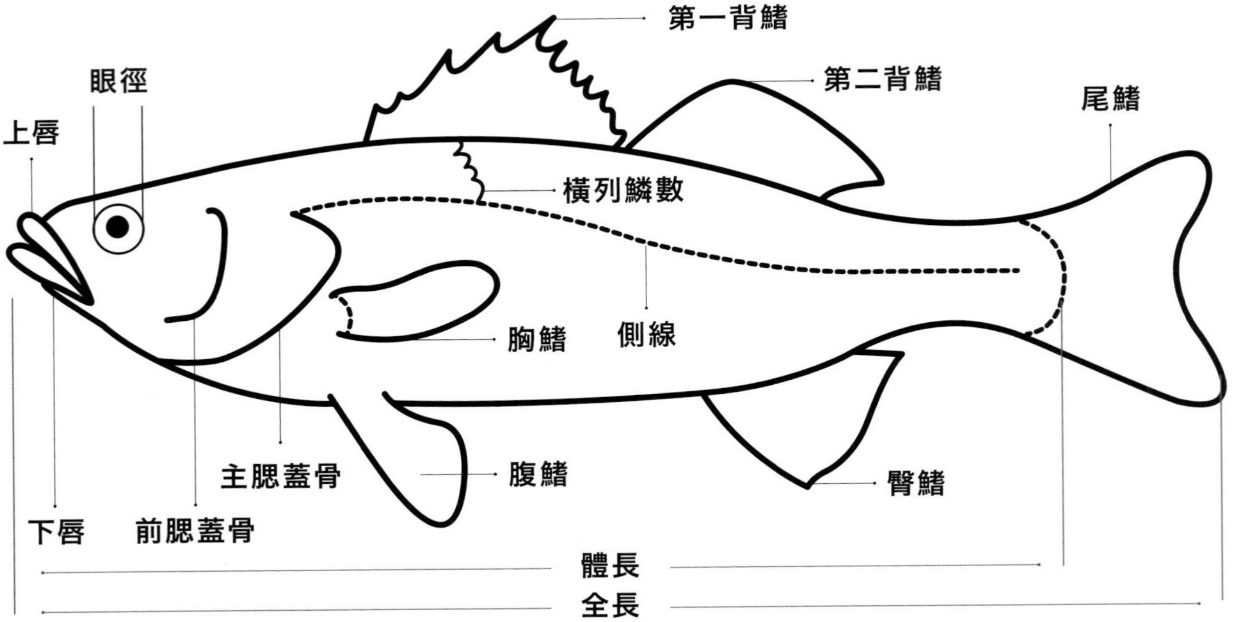

基本殺魚步驟

示範魚種——青花魚

處理魚頭

1 將兩邊的魚鰓拉開，從鰓上面的骨頭往後橫切。

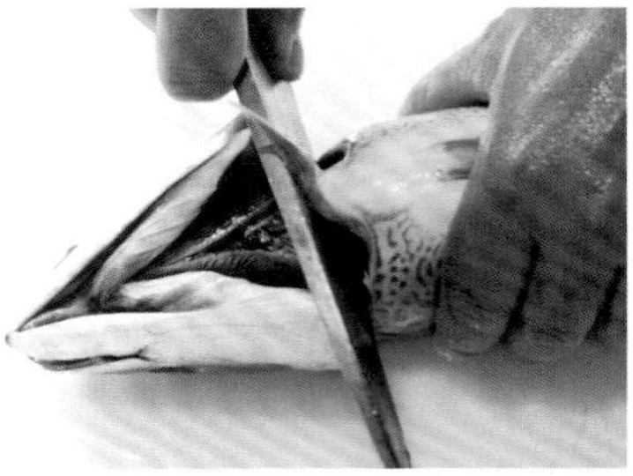

2 切至魚頭處縱切，將頭切斷。

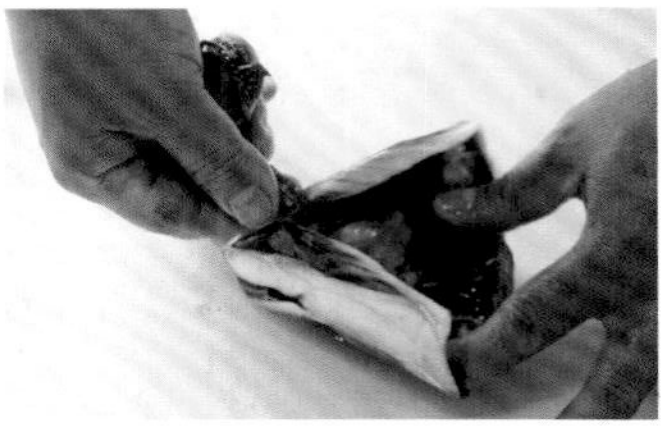

3 一手將魚的兩頰扳開，另一手將鰓取出，魚頭洗淨後即可煮湯。

處理魚身

4 從腹部的生殖腺下刀，往魚頭方向劃開。

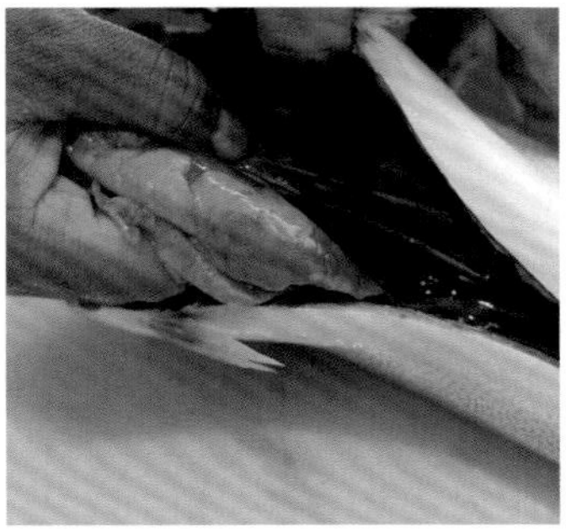

5 用手輕輕的將內臟取出。

6 清洗乾淨後，即可依照所需切塊。

備註

因大部分的魚，都是用腐敗的餌去引誘，除柳葉魚、丁香魚等要吃魚卵外，大部分的魚都還是將內臟去除後再食用較佳。即使是秋刀魚也是，雖因台灣的秋刀魚多是冷凍進口，內臟較不髒，但仍建議去除。

刀具的使用

厚柳刃—
萬用生魚片刀

幾乎所有生魚片都可以用厚柳刃來切，可選擇有鍛燒包鋼，質地比較堅硬，不容易鈍，屬於生魚片的萬用刀，但若要切薄片的話，用細柳刃會更容易上手。

細柳刃—
片切薄片用

此種刀的前端較細、適合薄切，通常會拿來切河豚與魚肉，尤其比較硬質的魚肉用這種刀最好，刀前偏薄，下刀時很容易將魚肉薄切。

薄牛刀—
專用來去除大魚魚筋、魚骨

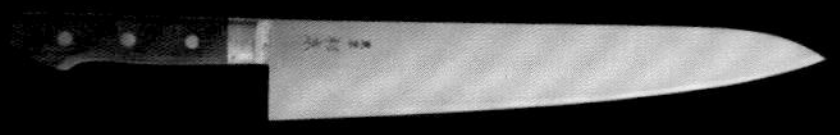

可用來修牛筋，也可用來剔除魚骨、魚皮，以及有厚筋的部分。刀體呈圓弧狀，可用拖刀的方式輕鬆的將魚筋去除，通常用在超過4 公斤以上的大魚。

長相出刃剖魚刀—
處理大型魚專用

適合剖超過 10 斤以上的大型魚，例如紅甘、大型海雞母、長尾濱鯛等。可剖魚頭、魚身，並讓骨頭與魚肉分離。

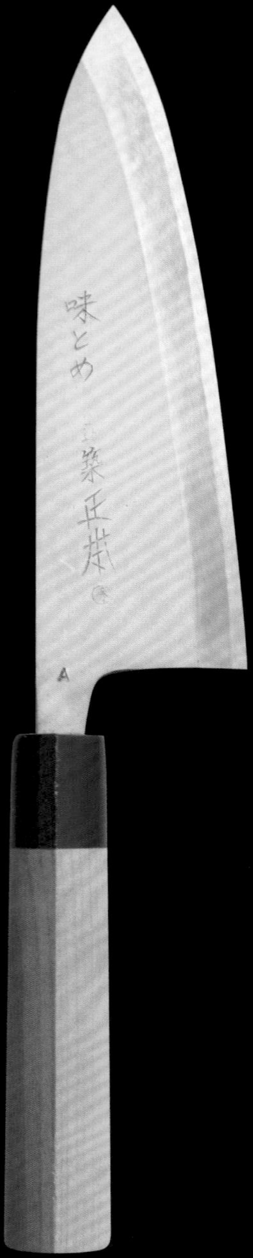

出刃庖丁—
剁魚頭、魚骨專用

任何魚都可以使用的常用刀，通常剁魚頭魚骨專用。以體型可分為小出刃庖丁跟大出刃庖丁，小出刃常用來挖蛤蜊和切雞肉；大出刃則適合剖魚、剁骨。

小柳刀—
專用來處理小型魚

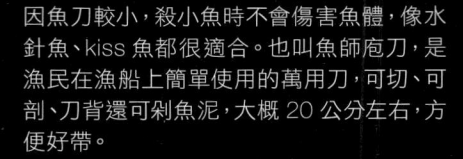

因魚刀較小，殺小魚時不會傷害魚體，像水針魚、kiss 魚都很適合。也叫魚師庖刀，是漁民在漁船上簡單使用的萬用刀，可切、可剖、刀背還可剁魚泥，大概 20 公分左右，方便好帶。

細蛸引—
薄切章魚與生魚片

刀身小且薄，專切章魚，也叫章魚刀。高階的日本料理師傅也會拿來切生魚片，但需以貼底切法，即每一刀前後尾都要切到砧板底，切出來的魚肉相當平整好看。

關東蛸引—
可封存魚肉味道

以武士刀型來製作的刀，專門切薄片魚肉用，切出來的魚肉擁有獨特的光滑面，醬油不沾，可避免過鹹的醬油味附著其上，以不切壞細胞的狀態將魚肉切下，可封存魚肉的味道。

盛筷—
擺盤輔助工具

和一般筷子不同，前段是細長的角鋼，適合夾薄且小的魚肉，可細緻的夾取食物，且不影響食材味道，是擺盤時重要的輔助工具。筷柄為手工製的牛角柄。

短相出刃剖魚刀—
分離魚骨和魚肉

用來剖魚頭、魚身，讓骨頭跟魚肉分離的刀子。刀面有一個薄薄的斜度，很容易讓魚骨跟魚肉輕鬆分離，中小型魚都適用。

常用切法

魚肉有各式切法，在此介紹最常使用的兩種方法，分別是可以吃到魚筋口感的「逆紋切」，以及直接將魚筋切除的「順筋切」。另外還有用刀背來去筋、剁泥的簡易用法。

逆紋切

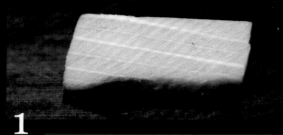

1 仔細觀察魚筋紋路。

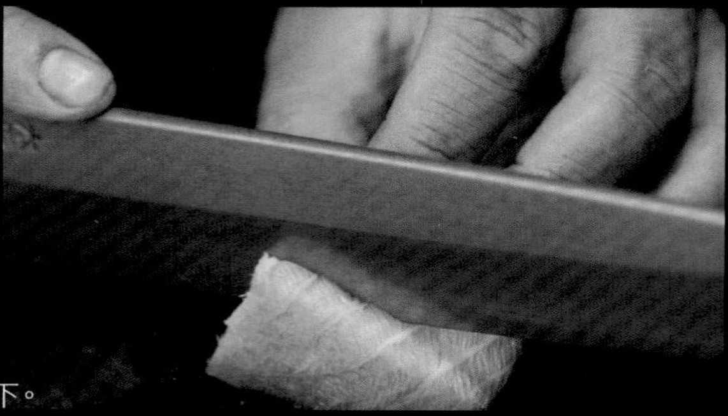

2 刀和魚筋呈 90 度切下。

3 雖有筋的口感，但未免礙口，建議可切成如左側的薄片。

4 若覺薄片不過癮，也可切成厚片後，用燒烤的方式讓筋化油，魚筋其實也是魚油，加熱後會變柔軟，口感會更好。

順筋切

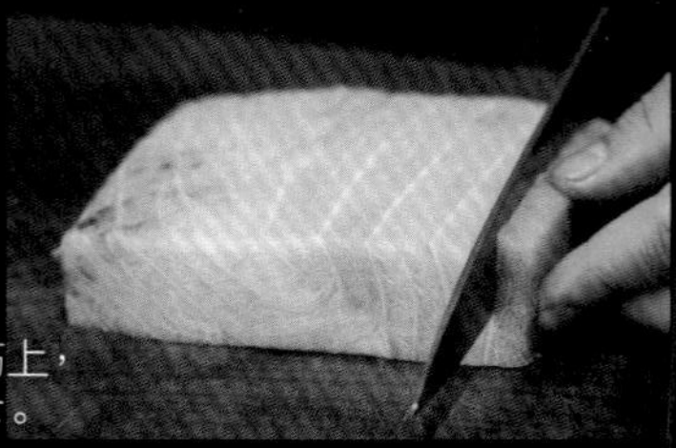

1 將刀放在魚筋上，順著魚筋切下。

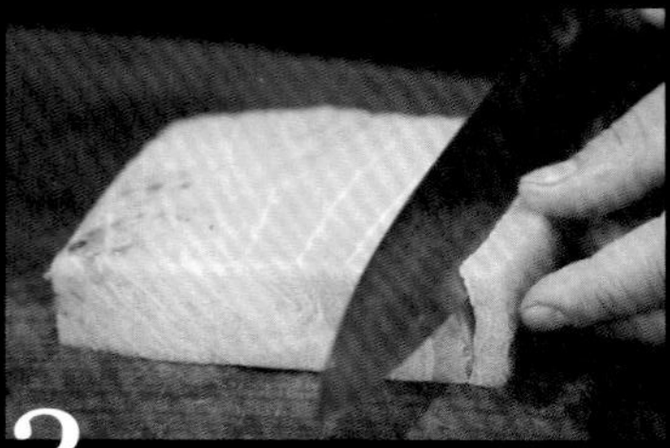

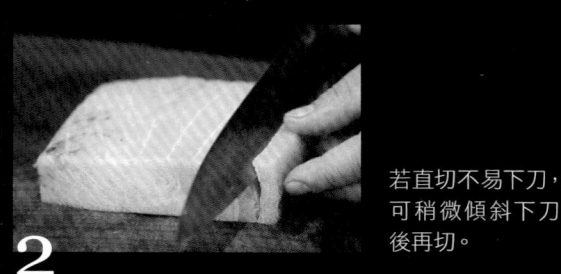

2 若直切不易下刀，可稍微傾斜下刀後再切。

3 因順著筋切，切下來魚肉若略帶筋，可再把筋輕輕的片下 。

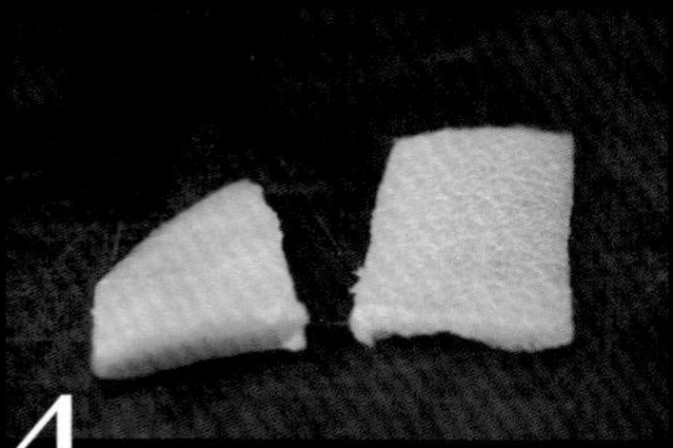

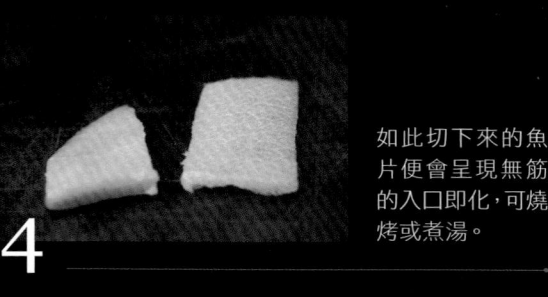

4 如此切下來的魚片便會呈現無筋的入口即化，可燒烤或煮湯。

刀背的使用

1 **用刀背脫筋**：以刀背刮魚肉，邊刮邊將筋、肉分離。其中筋跟肉中間的甜份最佳。

2 剁的時候溫度會上升，魚肉的油脂會跟著融化，食材會更香甜好吃。邊剁邊刮，可讓筋肉之間的甜味充分釋放，而剁好的魚肉，即可做成壽司或魚丸等。

好用的煮魚加分小物

味醂

以酒跟糖發酵製成，是天然可代替味素的調味料，也稱酒糖。料理時，味醂跟糖可擇一取用，多加一點味醂即可不用添糖。可用味醂和醬油調製出自己喜歡的味道，在煮湯、滷煮魚肉時都相當好用，有一種回甘味，久煮也不容易死鹹。

牛奶

牛奶是料理中很方便去除腥味的小物。過期的牛奶可用來清洗魚內臟；魚肝、魚白、魚卵經牛奶醃漬 30 分鐘後即可去除多餘的腥味，簡單蒸一下即很美味，是天然的乳熟料理法寶。

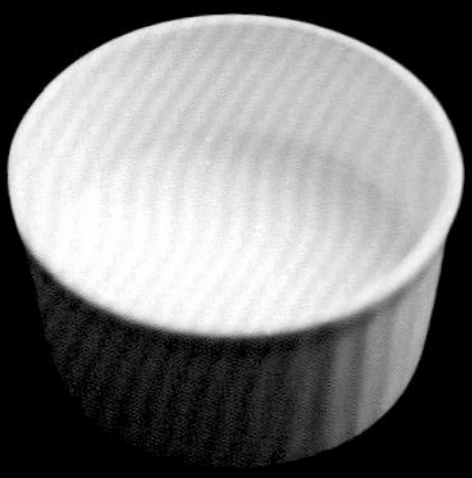

濃口醬油

用日曝曬法製成的醬油，因經過日曬，且有 120 天的發酵期，鹹味濃郁，有獨特的黃豆香，很適合蒸魚、烤魚時添加使用。

昆布醬油

可用甕底醬油、日曝曬醬油、本釀造醬油，以1：1：1 的比例混合，再加入昆布一起放入冷藏一個月即成。浸泡時，昆布的味道會完全釋放，後續不論是沾生魚片、煮湯、蒸魚等調味都好用。通常各 1000cc 的醬油會放 6 條昆布。

清酒

米酒其實帶有鹹味，而好的清酒則有天然的米香。蒸魚前淋一點清酒，可讓魚肉的鮮味更能發揮。不管是煮湯、調味都很好用，做醬汁則可讓醬汁味道有更醇厚的展現。

黑松露

市售的黑松露醬不完全是黑松露，裡面有蘑菇等其他原料。使用時，主要是取其松露油的香氣。適合和蔬菜、魚肉、蝦、肉品等一起搭配使用。因 4 － 24 度松露的味道最好，過度加熱反而會破壞它的香氣，建議可料理完直接或拌或沾一起食用，是近年來無論中西餐都很常使用的調味料。

梅子

用乾梅子醃漬時才有獨特的回甘香氣。白梅和紅梅皆可，不管是蒸魚、酢醬汁都能提鮮提味。如梅子泡著紹興酒蒸魚肉即非常適合，不管在醋漬、油漬或加熱的蒸煮都非常好用。是很能引出食慾的食材之一。醃薑、蘿蔔、苦瓜時加一些梅子也很棒。

酒粕

釀酒之後的副產品，適合醃魚、烤魚、醃醬菜，帶點天然的酒米香，不但適合做甜點、煮湯，也可作為魚肉熟成添味時的重要食材。煮味噌湯時偷偷加一點酒粕，則會讓湯頭呈現更豐富美味。

白味噌

味噌有分多種，有用米、小麥等各種原料製作，白味噌則是以黃豆製成。每一種味噌都有其獨特的味道，帶點微甜的白味噌在醃魚、煮湯、醃醬菜、醃肉都好用，是常見的日本料理調味食材。

昆布

富含麩胺酸，可讓魚肉的甜味加乘，是便宜好用的天然調味食材。燒烤、熬高湯、醃漬都好用。熬湯時盡量以肉厚為優先；醃魚可選較薄的昆布；燒烤時獨到的海洋香氣則可讓魚肉的味道更添風味。菜市場、雜貨店都很容易買到。熬昆布高湯時，要用浸泡而不直接加熱，味道最好。即水滾後放涼，把昆布放入冰箱冷藏一天即成，通常 1000cc 的水用 2 片昆布即可。

PART. 2

魚一定要吃新鮮的嗎？
其實經過熟成的魚，
才能保留住魚肉最美好的滋味！

影片連結

讓魚好吃的祕密——魚的熟成與保存

誘發食材本身的鮮甜

大家多半有個觀念，覺得魚肉一定要吃新鮮？但為什麼常吃到現宰的魚，卻沒有讓人想流淚的美味感動？

其實許多新鮮現宰的魚，體內的酸性未定，甜味都蘊含在魚肉體內還未釋放，這個時候食用，吃到的是新鮮，卻未必是食材最美味的時刻。但，只要經過簡單的熟成工序，不但可適度讓魚的甜度釋出，保留住魚肉的美味，也可以增加保存時間。

下面將介紹魚肉買回來可增加保存與甜度的處理方式，也會示範常用的幾種熟成法。魚肉經過簡單的熟成後，後續不管蒸煮炒炸，料理滋味都會多一分口感與層次。熟成不但是讓料理進階的美味步驟，也是保留食材原味的美好技藝。

熟成的原理

延長魚肉的新鮮狀態

究竟什麼是熟成呢？就字面上來看，很多人會以為是魚肉隨著時間發酵成熟，慢慢濃縮出更多香氣，甚至很多人因此以為，這樣的魚肉一定「不新鮮」。然而，熟成反而是一種「延長魚肉新鮮狀態」的保存方法，透過製造魚的保護層，完整地保存魚肉，讓它身上的細菌在低溫下進入「睡眠期」，停止作用。如此一來，魚肉得以在不被細菌干擾的情況下，繼續保持新鮮，這才是熟成的概念。

在萬全的保護下，魚的肉質在睡眠期間慢慢軟化（見圖1），同時產生出更好的香氣（見圖2）。如同香蕉有了外皮的保護，經過由綠轉黃的這段時間後，果肉變得更好吃了，兩者是一樣的道理。

舉「一夜干」為例，這種源自於日本北海道的魚肉保存方式，常被人誤會是魚肉經過風乾濃縮才變得這麼鮮香好吃。但真正做法是將魚浸泡於鹽水中，製造出外圍保護層，然後放進冰箱內吹風、排除多餘的水分一個晚上。這段時間裡，魚肉內部經歷了熟成的變化，才得以大功告成。

熟成過程中，魚身上由油脂所構成的筋，遇到體內的肌酸而產生「酸解」作用，筋不停的軟化，最後融化成油，和魚肉充分融合在一起，所以「一夜干」吃起來才會比鮮魚時還要滑嫩。

圖1　熟成時的口感變化

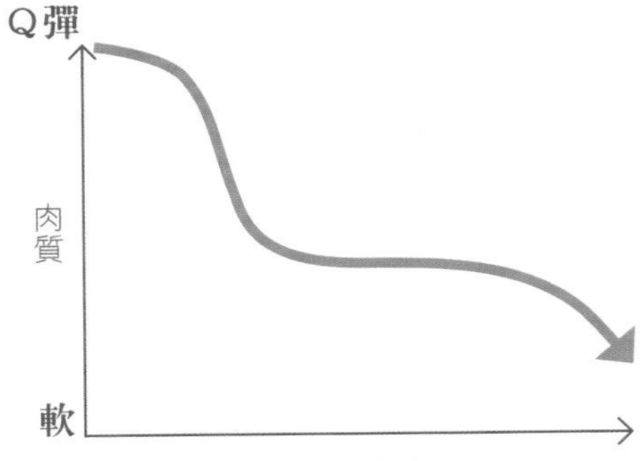

圖2　熟成時的口味變化

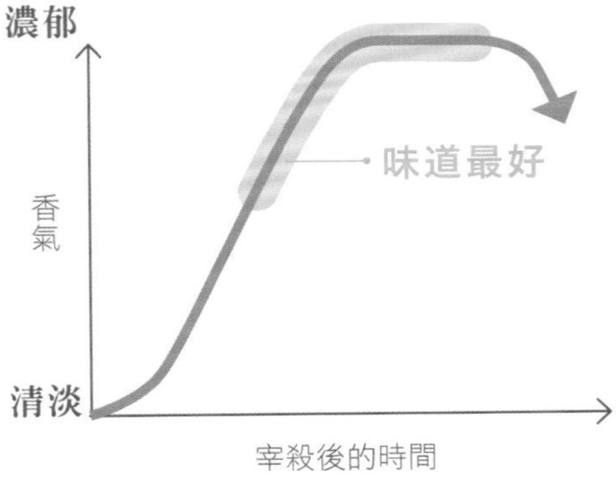

適合新鮮吃的魚

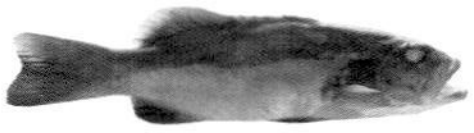
黑條

黃魚

淺水帕頭

深水帕頭

午仔白

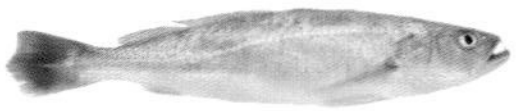
三牙魚

鐵甲

香魚

搥頭鯊

黑斬真鯊

點鮫

日本灰鮫

布式金梭魚

黃尾金梭魚

耍午

狗母梭

竹梭

柳葉魚

秋刀魚

青旗

鏡鯧

角魚

紅六紋

鳳梨魚

赤海金雞魚

打鐵婆

變身魚

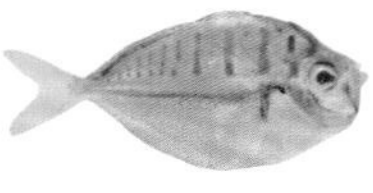
金錢仔

目孔

大眼海鰱

黑尾肉鰮

成仔丁

虎鰻

炸彈魚

花鰹

白腹鯖

印度鯖

胡麻青花魚

黑喉石狗

黑貓仔

鮢過魚

豆仔魚

烏魚

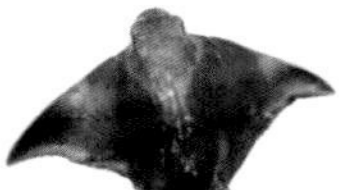
日本蝠魟

圓瓜

巴攏

鮟鱇魚

適合熟成吃的魚

盤仔魚

長尾瓜（黃瓜魚）

金龍

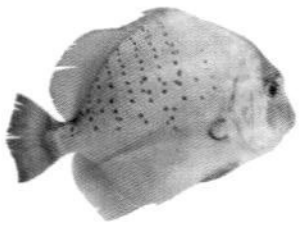
盤鯧

歪美仔

吳郭魚

尼羅河紅魚

金目鱸

熟成前的關鍵——放血

熟成技術雖然能提升魚肉的美味度，但如果要達到極致美味，熟成之前的放血相當重要。

魚被捕撈上岸時，會掙扎、緊張、繃緊肌肉，在充滿壓力的狀態下，產生大量乳酸，使肉質變差，美味度大打折扣。所以釣起之後，應該盡快將魚放到冰水裡放血，讓魚穩定下來、不再繼續掙扎，防止內在物質繼續消耗能量，否則讓魚掙扎很久之後才放血，魚肉早已開始酸化。

放血除了讓肉質維持在最佳狀態，還能使魚肉保持乾淨，避免遭受感染。不過要小心的是，很多人因此想用大量清水沖刷魚血，此舉反而會讓過多的水灌進血管，造成破壞。以前常見的錯誤做法，還包括以清水洗淨之後，再拿布把魚擦乾淨，接著用保鮮膜包好送到冰箱，但魚卻因此產生黏液。這個黏液不是包保鮮膜所導致，而是魚體接觸到淡水，產生了細菌感染。

我們需要注意，血不一定是破壞魚肉的最大原因，真正使魚肉發臭的其實是淡水。淡水中的大腸桿菌會使魚肉感染並腐敗，只要處理魚的過程中盡量不碰到淡水，沒有過度破壞魚體，我們就能控制腐敗的程度，原本可能兩天就腐敗，處理得好，可以拉長至一個星期。

不論是自己釣到的活魚，或是在市場、漁港買到的魚，放血方法都是在頭和尾巴處各割一刀，切斷大動脈，再整隻放到鹽冰水裡排血。兩者差別在於如果能在魚上岸後立刻放血，就可利用魚心臟最後的跳動，讓魚血排得更乾淨。

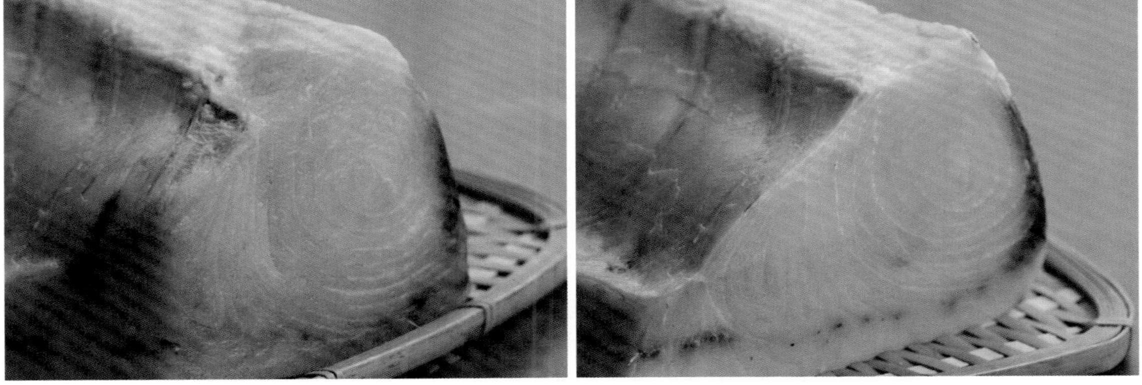

這是在外圍保護層保護下，成功熟成的魚肉。表面會呈現微乾燥狀態（左圖），但是切開後，魚肉仍然呈現新鮮的粉紅色（右圖）。

熟成的過程

綜合以上，我們可以知道熟成技術雖然需要花上更多時間，但不代表這種魚肉「不新鮮」，熟成不僅保存住魚肉鮮度，還提升了它的美味。

那麼，熟成魚和鮮魚哪種最好吃？最特別的是，有的魚適合熟成後食用，有的適合新鮮時吃，各有不同的作法。魚被宰殺後，會先進入肉質變得緊實的僵直期（見下圖），有些魚種在這段期間擁有最好的甜味，例如竹筴魚和青花魚；有些魚種卻會因為肉質過度緊實，無法釋放甜味，需要另外熟成處理，讓魚肉散發出原本應有的香氣。

魚被捕撈上岸後，在遭受到各種壓力的情況下被宰殺，這個階段的肌肉組織會變得相當緊繃結實，也就是「死後僵直期」。過一陣子之後進入「解僵期」，開始慢慢的軟化。接著，魚體內的酵素會在「自體消化期」時，開始催化體內其他物質，最終邁入「熟成」階段。

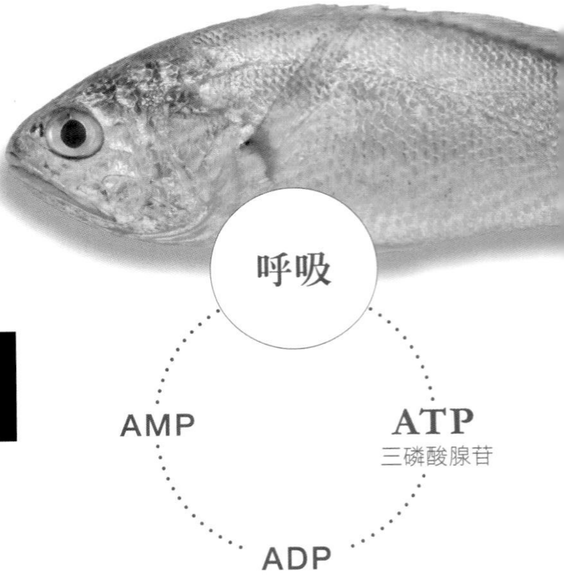

宰殺 → **僵直期**

放血

肌肉組織變緊實

死後肌纖維收縮、保水力降低，肉質變硬。體內已經無法形成 ATP，只能用細胞裡的營養來消化。

新鮮關鍵 ATP

魚在活著時，
會因為呼吸而不停循環合成
運輸能量的重要物質 ATP。

魚死亡後，呼吸停下來，但肌肉裡的酵素繼續運作，並開始消化體內負責組成肌肉的蛋白質，使得魚肉開始軟化，進入到熟成階段。

解僵期 → **自體消化期** → **熟成期**

肉質軟化

釋出多種胺基酸

溫度控制，各種熟成法

產生甜味和鮮味

進入熟成之後，魚體內負責運輸能量的物質「三磷酸腺苷」（ATP）會被分解成「肉苷酸」（IMP），蛋白質則被分解成「麩胺酸」（glutamic acid），這些分解過程，使得魚肉產生了甜味和鮮味。

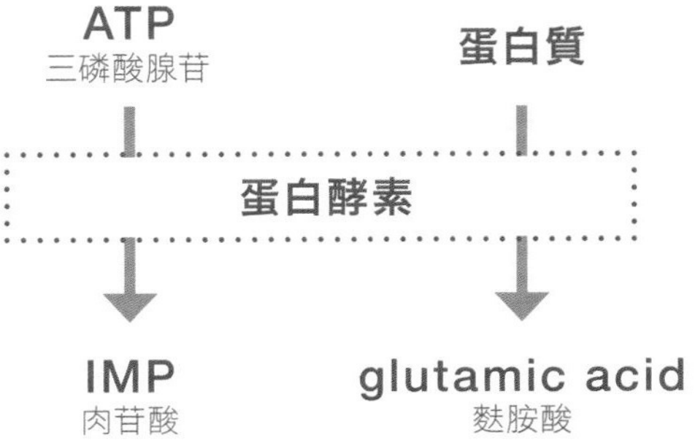

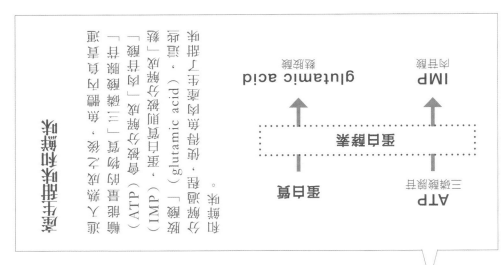

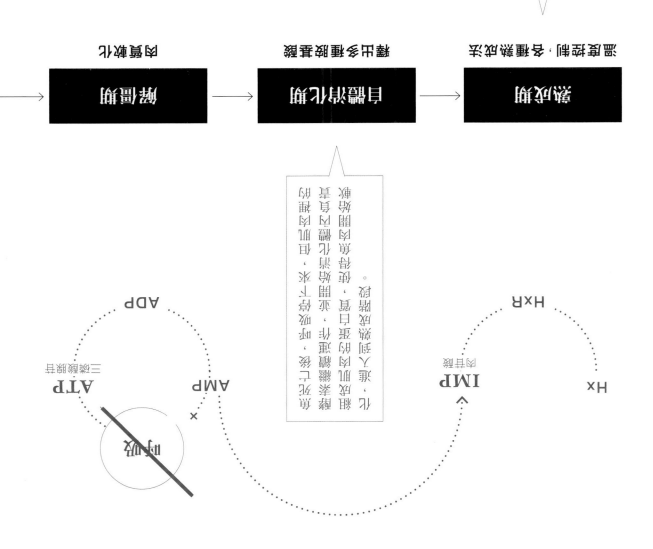

開始熟成：製造保護層和保存

魚經過放血後，才能進入正式的熟成階段：製造魚體外圍的保護層，維持住魚肉當下的新鮮狀態。

坊間和網路都有不同的熟成方式，沒有誰對誰錯，重點是處理時都要小心不讓魚肉被感染或破壞。此外，每種魚還會依據各自的品種、流域、鹹度等，有著不同的熟成方法，諸如用昆布、鹽、糖、醋、竹葉，或是利用魚本身的油脂、魚皮等，製造出保護層。

以下舉兩種熟成法做為例子。

1 鹽水保護層

第一個是鹽冰水熟成法，作法是拿掉魚內臟後，讓魚帶著魚鱗泡在鹽冰水裡，產生外圍的鹽水保護層。鹽冰水屬低溫，魚皮和魚鱗帶有黏液，此時魚的內外部皆具備張力，都能讓內部自行成熟而不被外界感染。

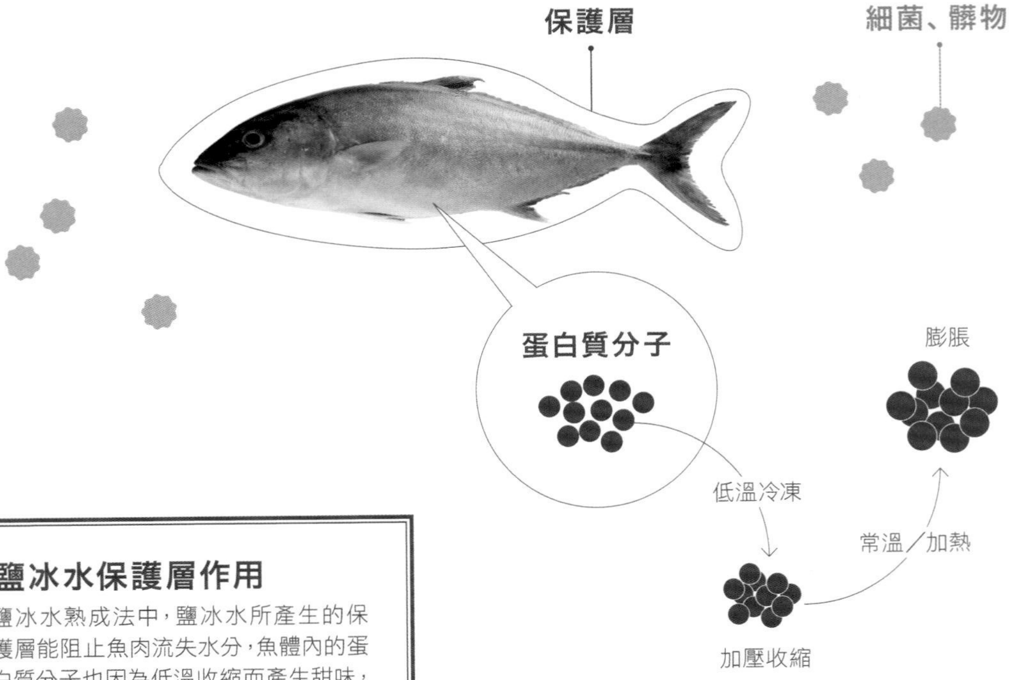

鹽冰水保護層作用

鹽冰水熟成法中，鹽冰水所產生的保護層能阻止魚肉流失水分，魚體內的蛋白質分子也因為低溫收縮而產生甜味，這就是為什麼魚肉經過熟成冷凍後，嚐起來會特別鮮甜的原因。

2 脂肪保護層

第二個例子是利用脂肪作為保護層的「凍熟法」，作法是先讓魚肉在 0℃～ -2℃下熟成，過程中，脂肪因為遇到體內的肌酸而溶解，在魚的外圍製造出油脂保護層，可以隔阻空氣和細菌，讓內部在不受干擾的狀態下繼續熟成。魚肉此時會散發出醛類香氣，也就是魚本身最原始的味道。

經過三天的基本熟成後，再把魚放到 -35℃～ -40℃低溫下保存，留住魚肉最甜的狀態，就是所謂的「凍熟法」。這種作法的前提是，魚本身的脂肪含量一定要比身上的水分還要多。

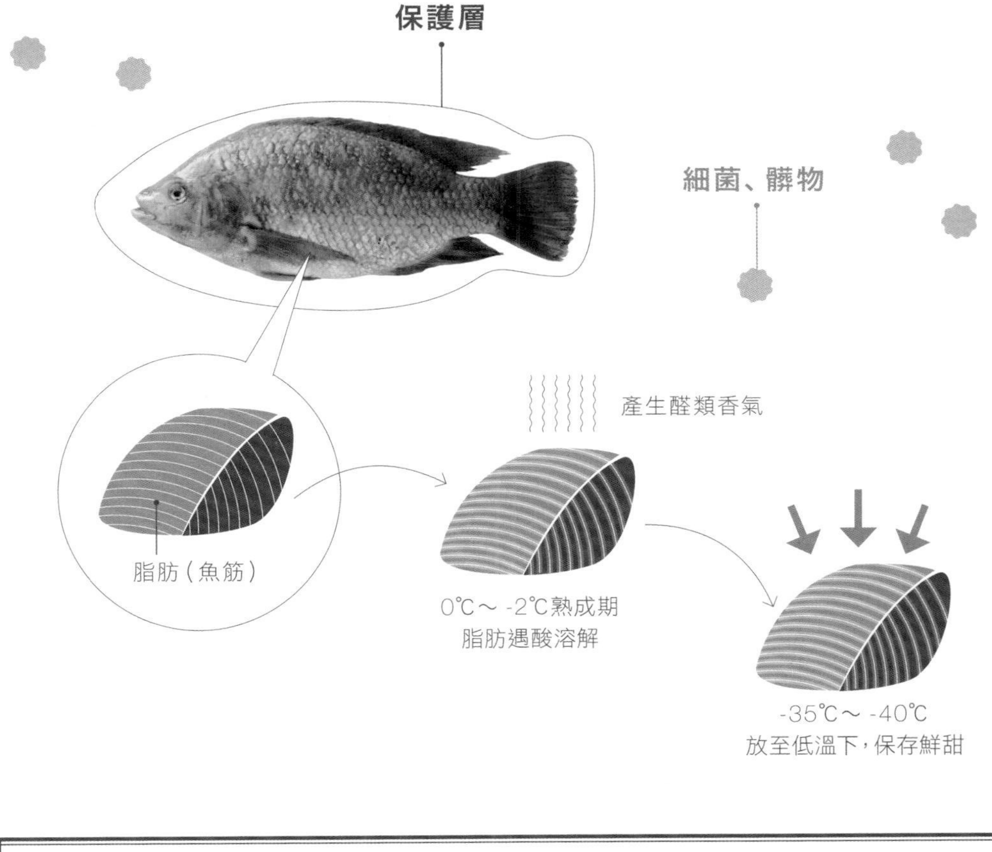

如何判斷熟成是否成功？

我們通常用兩個方法來判斷：第一個是嗅聞味道，如果聞到魚肉香氣即代表成功，聞到腥味則表示細菌含量過高，熟成失敗。第二個方法是實際品嚐，如果能吃到魚肉的鮮甜就是成功了。

為什麼不能用外觀來判斷呢？有時候熟成完畢，會發現魚肉最外層的顏色因為氧化等原因而變深，產生「褐變」，但這不代表熟成完全失敗，只要切除褐變的部分，剩下的部位還是可以食用的。

熟成前處理—從菜市場買魚

以鹽冰水
形成保護膜

從菜市場買回處理過的魚，可先用鹽冰水泡 30 分鐘，接著再放入冰箱冷藏 6–12 小時，冰鎮可讓魚肉收縮，肉質更有彈性，鹽冰水則會清洗魚體，形成保護膜，也會帶出魚的甜味，增加低溫保鮮效果。有經過此步驟的魚可多保存 3–4 天。

熟成前處理—從漁港買魚

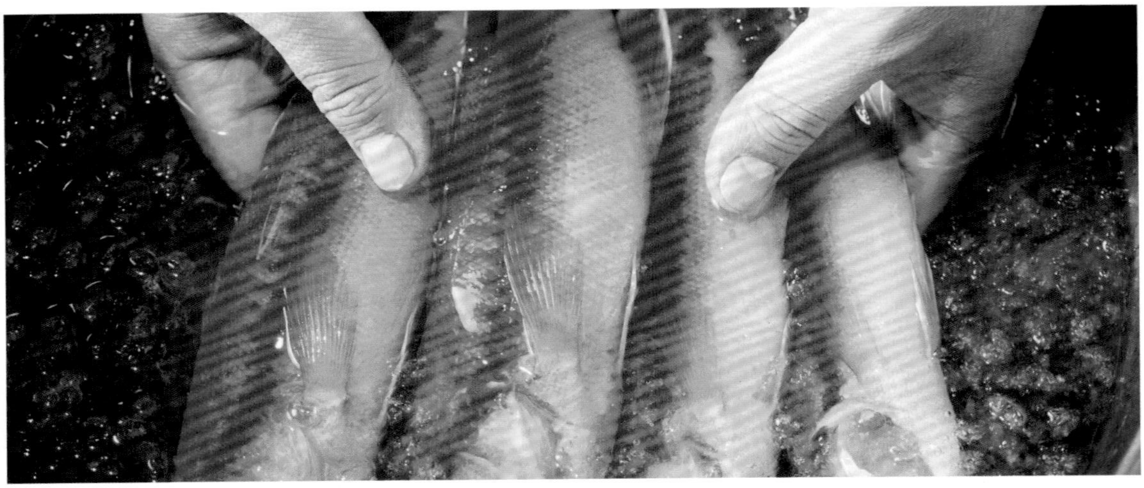

以鹽冰水
取代冰塊

許多人從漁港買魚習慣將魚放在冰塊裡保存，這樣容易擠壓到魚肉，可用鹽冰水（2% 比例，即 1 公升水放入 20g 鹽）取代冰塊，將魚泡在鹽冰水裡。鹽冰水不但可保鮮，還可清潔魚身上的髒污，有放藥的魚遇鹽水也會水解，不會藥物殘留。

放血熟成

不管是在菜市場或漁港，如果買到的是紅肉魚類，如：鮪魚、鰹魚等，買回來後都可再經過放血程序，加速魚體熟成。放血就像是讓魚再代謝一次，可減少魚的腥臭味，並利用血水與鹽冰水融合後所產之生菌，讓魚體內的酸性定性。就像養樂多需要一定的乳酸菌來提點甜味一樣，放血可加速魚肉熟成，進而帶出魚的甜味，尤其深海魚特別明顯。

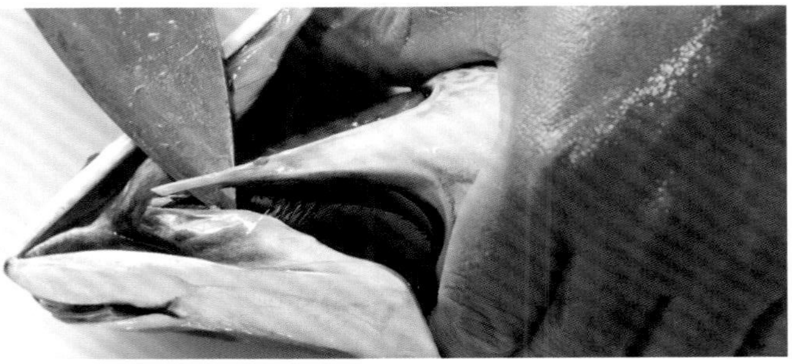

1 將魚翻過來，由鰓的地方沿著骨頭往魚身橫切。

2 切到底，縱切將魚頭切下。

3 用手輕輕一折，讓血水自然流出。

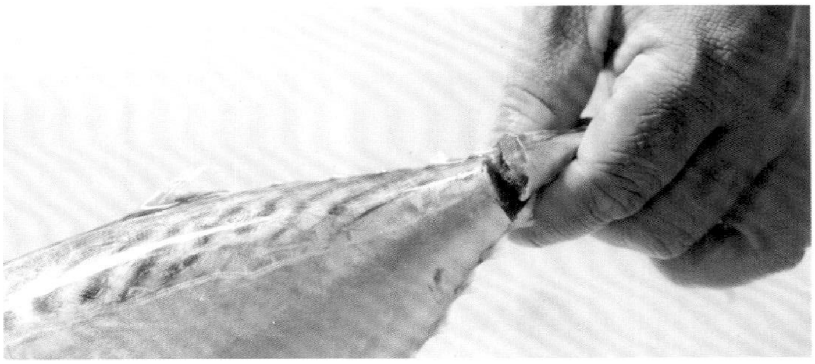

4 尾巴切一刀。

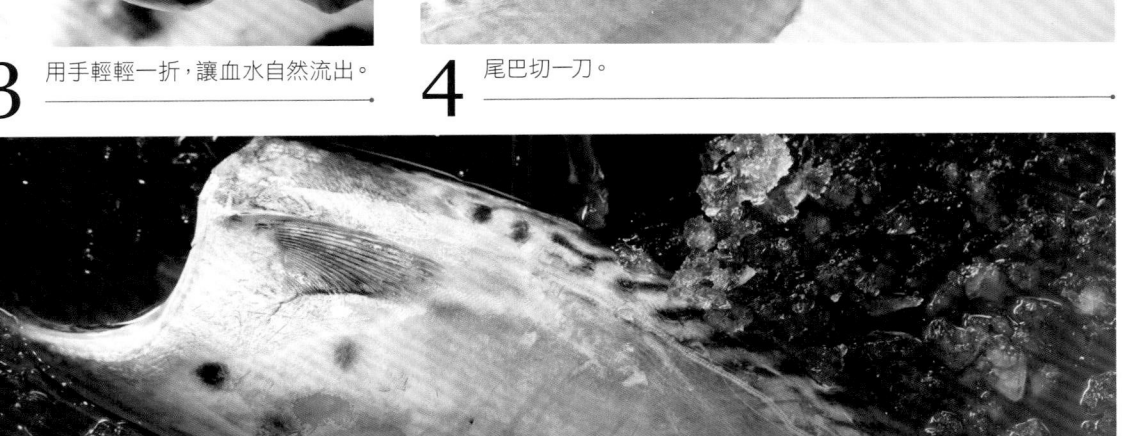

5 將魚頭與魚身浸入鹽冰水裡，利用魚體本身的血水加速魚肉熟成。鹽冰水要蓋過魚，放入冰箱冷藏 12-24 小時後，再取內臟即可進行後續的料理程序。

書內所提到的鹽冰水，若無特別說明，皆為 2% 的比例，即：1公升水加入 20g 的鹽巴。

讓魚更好吃的魚肉熟成法

經過前處理後，即可進入後續的熟成步驟。就像土魠魚醃了鹽巴，煎起來會特別香一樣，這是常見的鹽醃熟成法。熟成是一邊保存魚肉一邊增添美味的技術，但除了鹽巴外，如果再加上昆布、味噌、清酒或酒粕，又會是什麼樣的滋味呢？

A 昆布熟成法

適合魚種—青花魚類、鯛魚類、鯧魚、白帶魚
不適合魚種—各種紅肉魚類，如：鮪魚、鰹魚、鮭魚
示範魚種—尖梭

當昆布的麩胺酸遇到魚肉的肌苷酸，魚肉的甜味會封存在體內，加乘出絕佳美味。

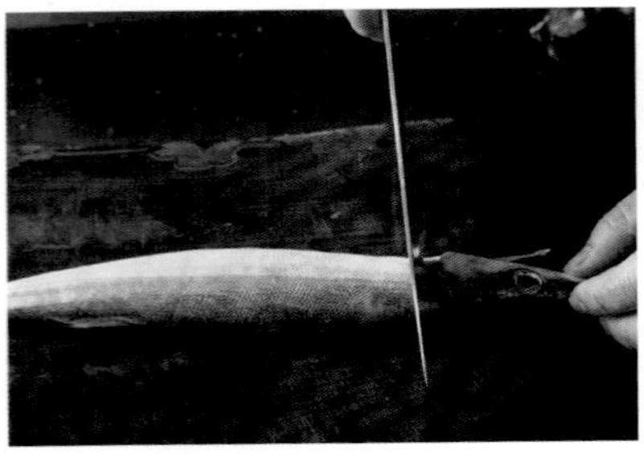

1 尖梭鱗片洗一下就掉，鱗片處理完後先將魚頭切下。

2 從尾巴下刀，貼著魚骨把魚肉片下來（砧板下可墊布止滑）。

3 魚肉切下後立刻噴鹽冰水，噴有魚肉的那面即可。

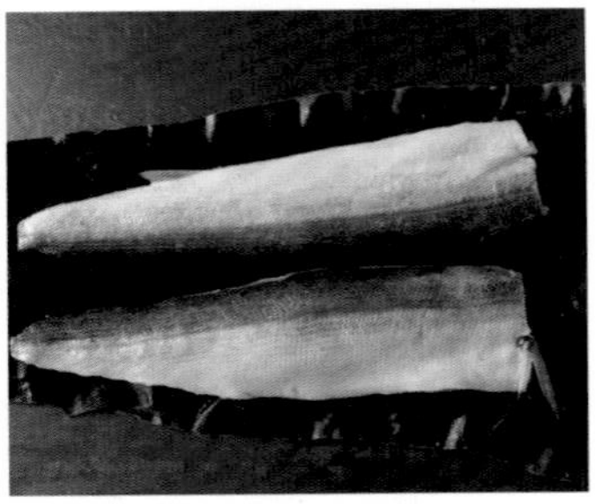

4 將噴鹽冰水的那面放在昆布上。

TIPS
噴鹽冰水主要是形成鹽層保護膜，免於魚肉受到污染，也讓鹽味滲透，魚肉更鮮甜。

5 放冰箱冷藏 3 小時後，即可烤、煎、切成生魚片食用。或冷藏一天待其入味，再放入冰箱冷凍，可保存半年，需要時隨時取出烹調。

B 昆布粉漬熟成法

適合魚種—酸性、發光、油脂多的魚，如：秋刀魚、油甘、青花魚
不適合魚種—鮪魚、旗魚等大型魚類
示範魚種—深海四破魚

除了昆布外，以昆布粉處理魚肉也很適合，可防腐也可促進熟成。

1 在魚肉表面噴鹽冰水，所有下刀面都要噴。

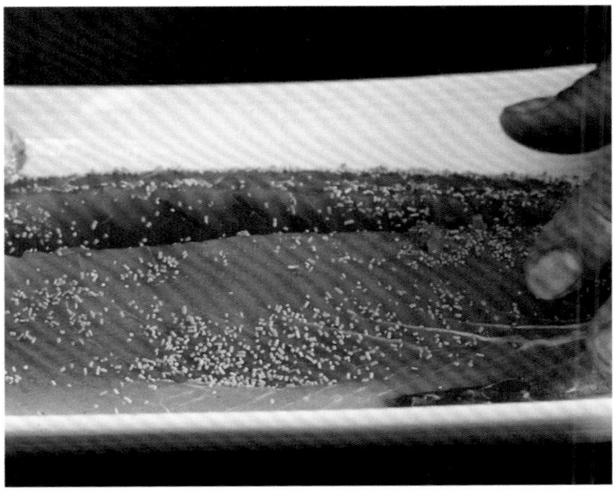

2 將昆布粉均勻塗抹薄薄一層在魚身上。

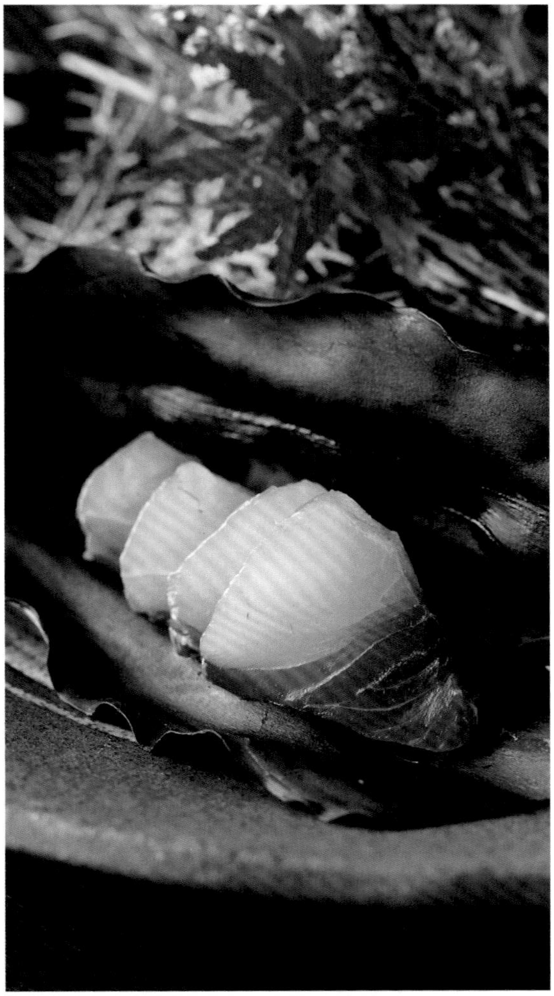

3 放入冷藏 30 分鐘後，即可切片做生魚片或其他料理。

TIPS

1. 如果沒有立即要吃，步驟 3 也可直接放入冷凍，要料理時以常溫退冰即可。
2. 酸性魚類建議不蓋保鮮膜，可直接用昆布包裹魚身，用盒子裝好，趁退水時將酸味退除。

C 湯霜法

適合魚種－各種有鱗魚類
不適合魚種－如鰻魚、剝皮魚等無鱗魚
示範魚種－紅甘

簡單用熱水澆燙，在家就可輕鬆做生魚片。

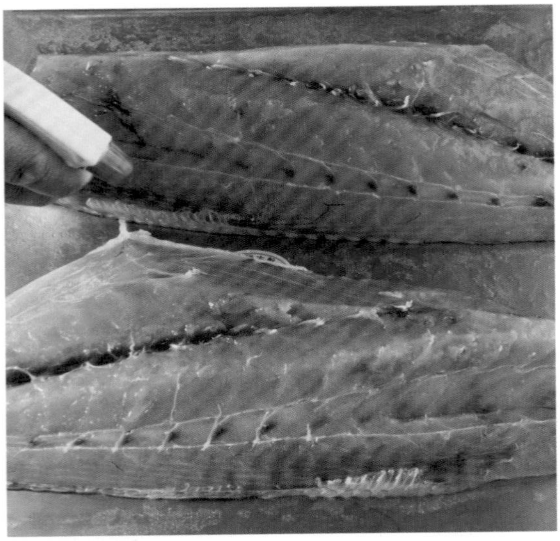

1 將魚肉片下後，在魚肉那面噴鹽冰水，形成保護膜。

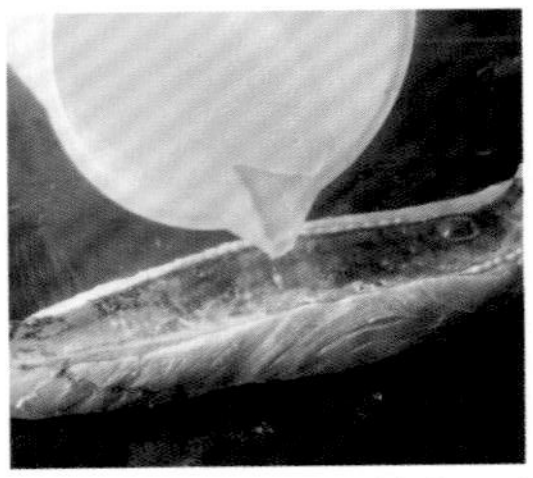

2 以 1000cc 放入 4 茶匙 2% 的鹽熱水，澆燙魚皮來回兩三次，魚肉會因熱而捲曲。

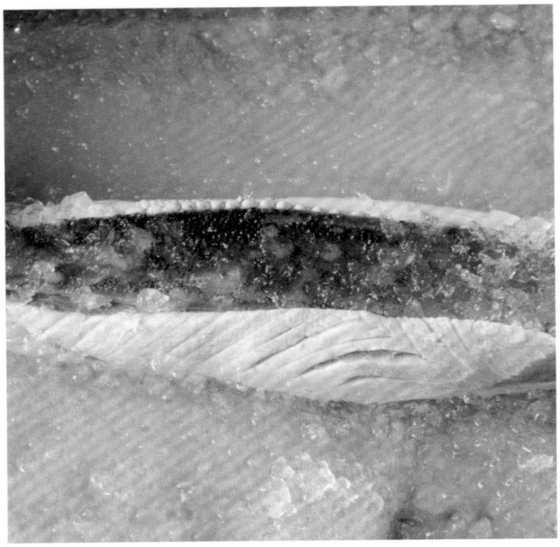

3 立刻浸入鹽冰水 5–8 分鐘。

4 可直接切片做生魚片，或用布包起來，放入冰箱冷藏，需要時再取用即可，但需三天內食用完畢。

D 味噌冷凍熟成法

適合魚種—有鱗魚、油脂豐富的魚都適合，如：土魠魚、鮭魚等
不適合魚種—沙岸魚類，如：沙梭、皇帝魚、牛尾魚等
示範魚種—黃雞魚

以味噌來提點香氣。解凍時，即使水流下，味噌也可以保留住魚的鮮甜。

1 將處理完內臟的魚肉冷凍一天。

2 冷凍取出後在魚皮噴上鹽冰水。

3 在魚皮抹上薄薄一層味噌。

4 將整塊魚肉用保鮮膜包起。

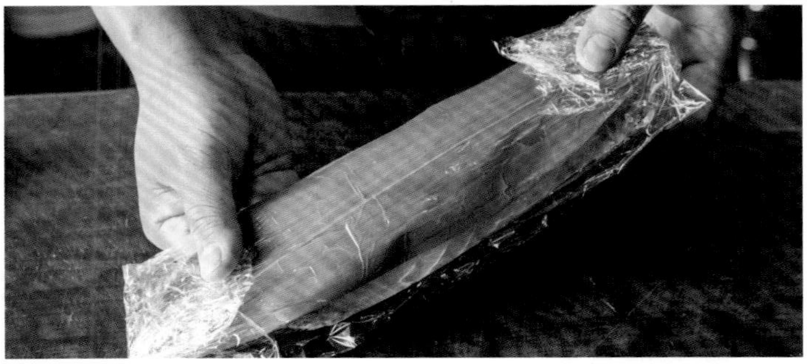

5 竹葉可吸收腥味，也可讓香氣進入魚肉，可在砧板下墊乾淨竹葉，一起包入保鮮膜內。

6 極速冷凍或放入冷凍庫內，需要時即可退冰使用。可放半年，生食、燒烤、乾煎皆可。

TIPS

味噌只抹魚皮不抹魚肉，如此可增加魚肉的味道層次，
又不至於讓魚肉過鹹。

E 酒漬法

適合魚種—各種有鱗魚，如：鯛魚、石狗公、鱸魚、青甘、馬頭、一夜干魚類皆可
不適合魚種—淡水魚類不適合，易有腥味
示範魚種—鯛魚

讓魚肉吸收酒粕的香氣，短短一天，好吃指數加倍。

1 酒粕加上一點鹽巴，比例因人而異，不要太鹹。

2 將酒粕和鹽巴充分拌勻。

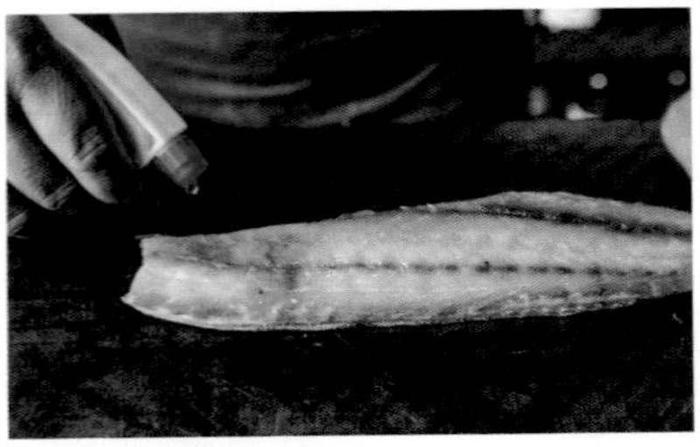

3 魚肉噴鹽冰水。

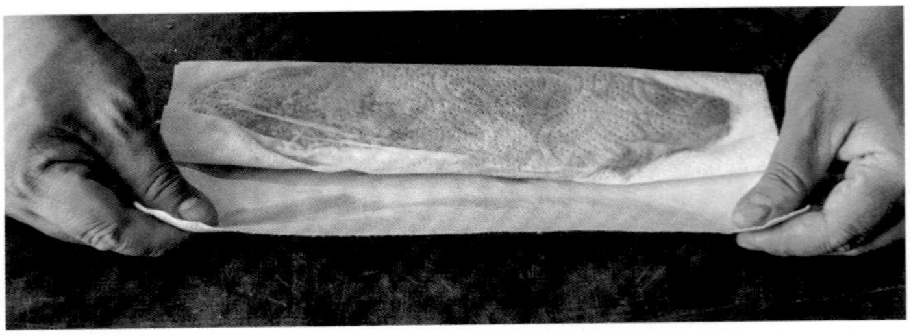

4 以餐巾紙將魚肉擦乾。

5 將擦乾的餐巾紙中間塗上酒粕。

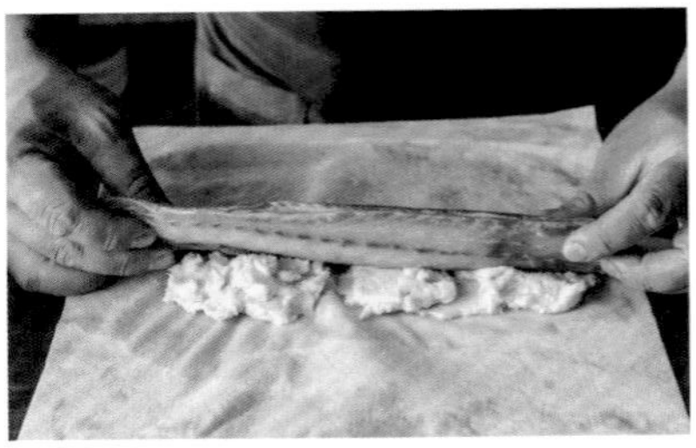

6 魚肉拿一片放置在酒粕上。

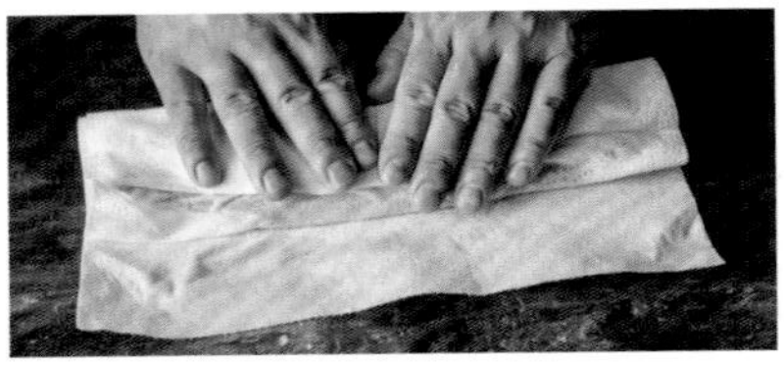

7 將魚肉用餐巾紙包起來，輕輕的將酒粕推平，讓酒粕平均吸收到魚體內。

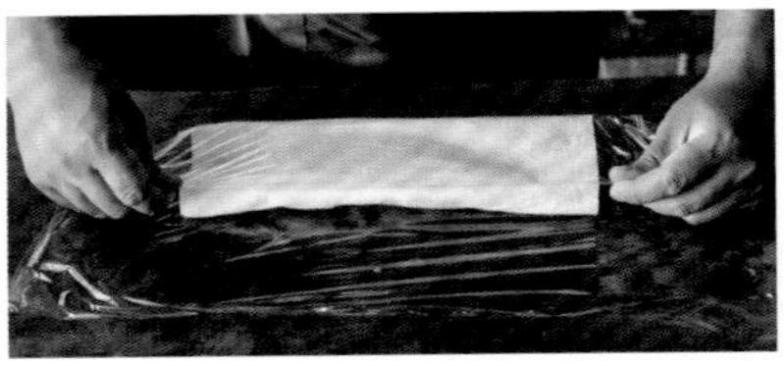

8 最後再以保鮮膜包起，急速冷凍或放入冷凍庫一天即可取用。

TIPS

解凍後，可直接切塊放烤箱烤，或把酒粕刮除，用熱水燙魚皮（湯霜法），切片直接吃即可。

F 木鹽漬

適合魚種—除了紅肉魚外，所有魚種皆適合
不適合魚種—紅肉魚
示範魚種—黃金鱠

將無添加、食用級的杉槐木泡到 7-8% 的鹽冰水裡，可除去木頭原有的酸味，再添上鹽巴、放入魚肉一起熟成，可增添魚肉香氣。

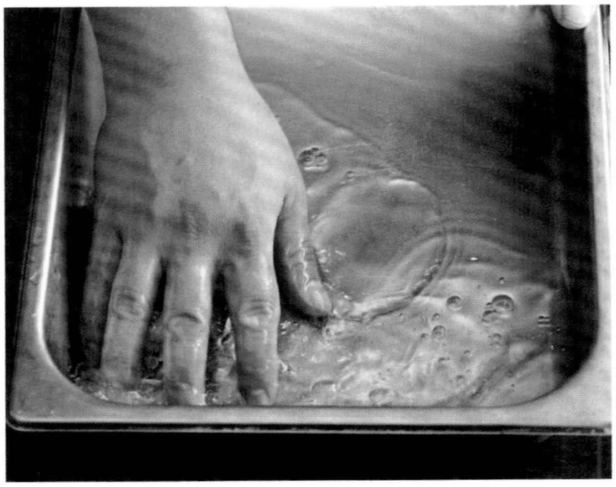

1 製作 7-8% 鹽冰水

2 將木頭浸泡在 7-8% 的鹽冰水裡去除木頭原有的酸味。

3 魚切片，用浸泡好的杉槐木包裹住，冷藏 30 分鐘。

4 即可切片直接生食，或以噴槍稍微漬燒。

TIPS

1. 包裹住的魚肉會有木頭香氣，放冰箱 30 分鐘到 6 小時，再進行後續無論生食、燒烤或油炸，都更美味。
2. 無添加的食用級杉槐木，高級超市即可買到，漬燒時和食材一起烤，味道更棒。

G 檸檬漬熟成法

適合魚種—青花魚類、發光魚類、鯧魚類、沙丁魚
不適合魚種—鰹魚類
示範魚種—黑鯧

當檸檬遇上魚肉，會產生熟透感。淡淡檸檬香，正好帶出魚的清香甜美。

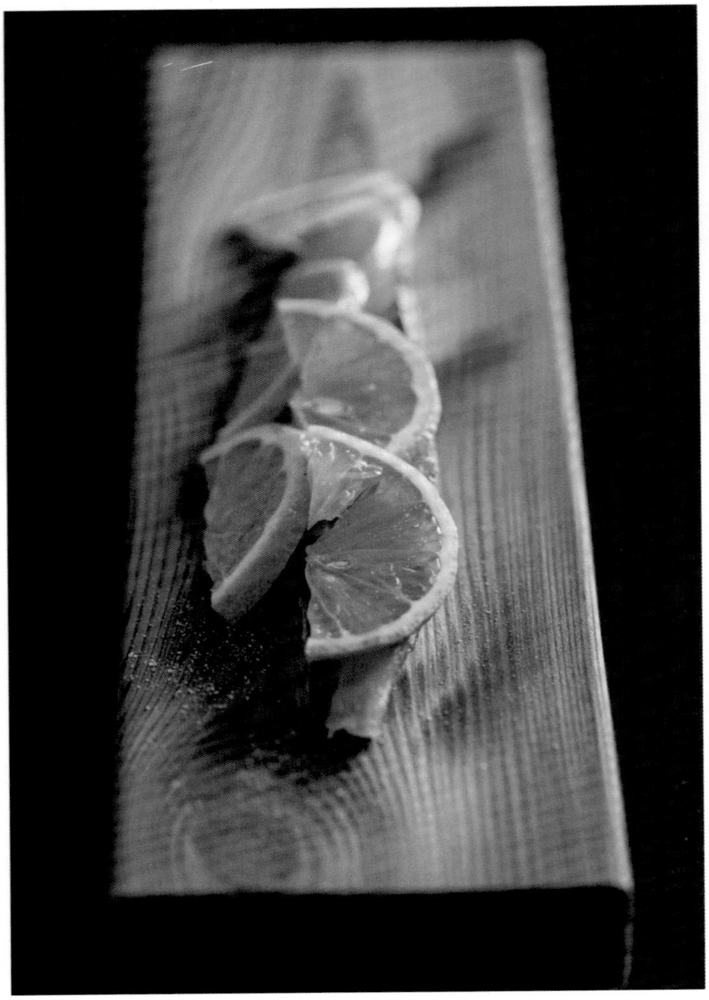

1 檸檬切薄片，放在魚肉上，加一點海鹽。

2 因魚肉遇酸會產生熟成效果，醃至魚肉呈薄薄的白色即可，約5分鐘。

3 將魚肉切片食用，若覺味道不夠，可再加一點海鹽或薄醬油提味。

TIPS

用檸檬熟成時，魚肉只要醃至一點白色即可，若醃到全白魚肉會過酸，檸檬漬熟成法是要用酸來提味，而非用酸把魚味壓下。

H 醋漬熟成法

適合魚種—青花魚類、發光魚類、鯧魚類、沙丁魚
不適合魚種—鰹魚類
示範魚種—黑鯧

利用蛋白質遇酸後的熟透，帶出魚肉的鮮甜，加一點梅子，多一分滋味層次。

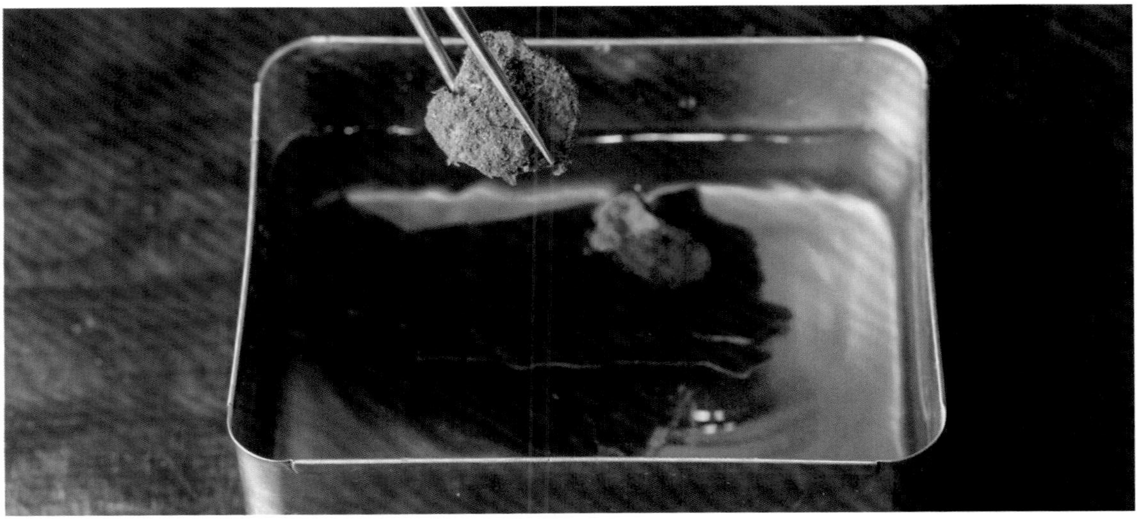

1 將昆布與梅子泡在醋裡，100cc 的醋用一顆乾梅，泡 3-5 分鐘讓梅子味道滲出。

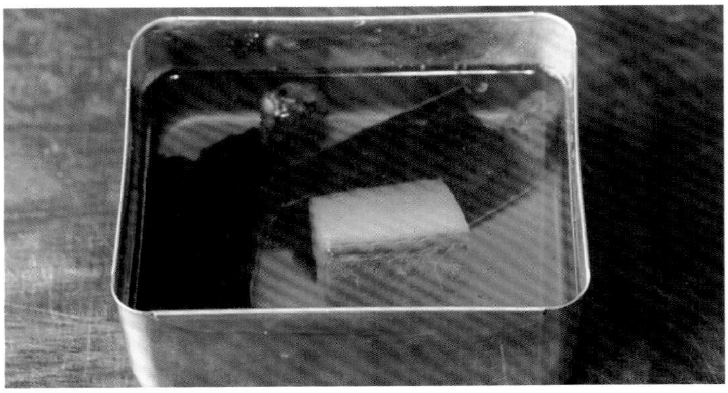

2 將泡過鹽冰水的魚肉放進醋裡，蛋白質遇酸會變白、變熟透，每一種魚熟透的時間不同，泡約 10 分鐘即可。

3 待其熟透後，即可切片生食，或放入冷凍庫待需要時隨時取出解凍即可。

TIPS

建議可以白菊醋來做會更香醇美味。

I 油熟法

適合魚種—發光魚類，如：秋刀魚、沙丁魚、竹筴魚、青花魚、小鯽魚
不適合魚種—紅肉魚類
示範魚種—處理過的大尾丁香魚

發光魚的腐敗速度快，利用油熟醋漬法阻止魚肉跟空氣接觸，可一邊增加美味一邊延長保存時間。

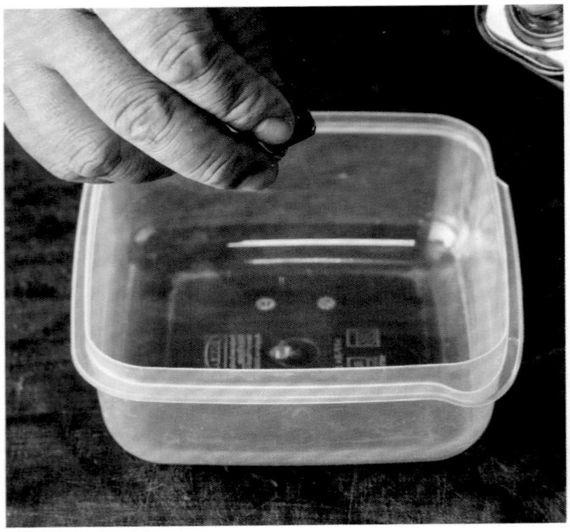

1 將油倒在容器裡。可加幾滴佛手柑橄欖油或一點檸檬薄片增加香氣。

2 將處理過內臟的魚肉完全浸泡在油裡，放入冰箱冷藏 30 分鐘，如果想更入味，可浸泡一天。

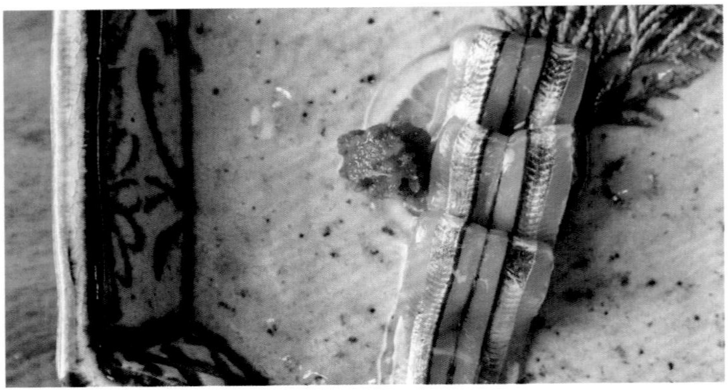

3 熟成完即可裝盤食用，或放入冷凍可擺半年，需要時再隨時取出解凍生食或進行後續的烹調。

TIPS

1. 如果使用整尾丁香魚，需先用鹽撲過 30 分鐘後洗淨擦乾，再進行第一步驟。油熟法吃來的魚肉很像煮熟的感覺，可隨時解凍加在土司裡當早餐。**2.** 以橄欖油、松露油來做，香氣佳，但最棒的莫過於用魚殺完後本身的魚油來醃漬，美味更是一絕。

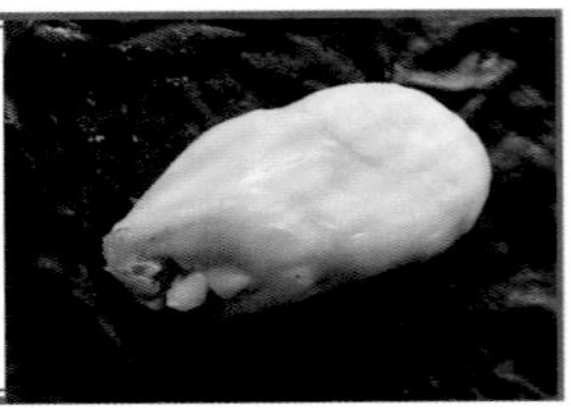

J 紙鹽（鹽水布）熟成法

適合魚種—白帶魚、油帶魚、黑帶魚、馬鞭魚、沙梭魚、土魠魚、旗魚
不適合魚種—紅肉魚類，如：鰹魚、鮪魚等
示範魚種—白帶魚

噴鹽水後風乾，可讓魚肉更緊實有甜味。

1 在餐巾紙上噴鹽冰水，噴到紙巾濕透。

2 加一點昆布粉在溼紙巾上。

3 將魚肉這面放上餐巾紙，把魚包起。

4 放冷凍庫，冰個一天即入味。需要時再取出解凍。可生食、烤，但不適合蒸。

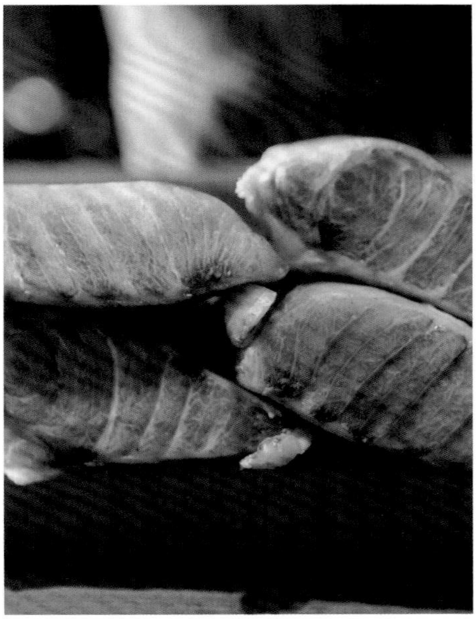

5 此為放冰箱熟成一個禮拜的白旗魚，經過風乾，旗魚的肉變得更緊實，甜度也會被提點出來。

TIPS

鹽水布可讓水分不易流失，形成魚肉的保護膜。

K 鹽焙熟成法

適合魚種—各種發光魚類，如鰹魚、青花魚等
不適合魚種—油脂較少的魚類，如：石狗公、鐵甲等
示範魚種—煙仔虎

利用簡單的火烤，增加魚肉香氣。

1 準備鹽冰水，均勻噴在魚肉上，放一旁備用。

2 正向放置乾昆布，同時也噴灑上鹽冰水。

3 將煙仔虎翻面，魚肉朝下，放在昆布上。

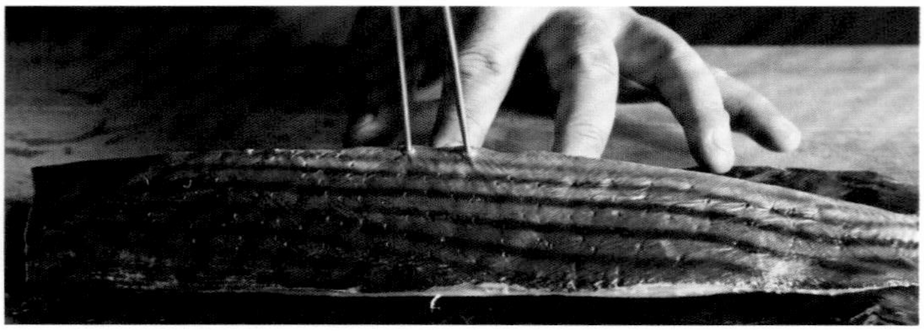

4 用尖型器具，在魚皮表面戳洞。

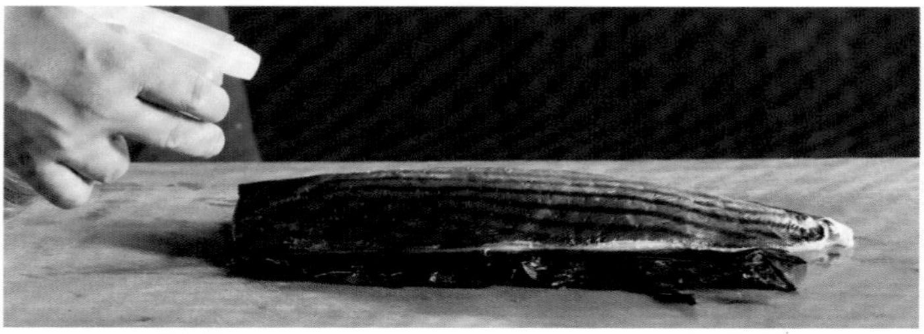

5 在魚皮表面噴一次鹽冰水。

6 邊烤噴槍邊噴鹽冰水，此動作為「鹽焙」。

7 待魚皮表面微焦，出現結晶即可。

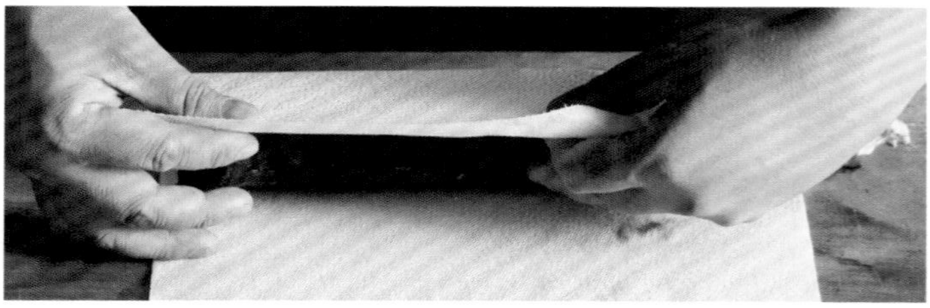

8 以紙巾為底，連同昆布及魚肉一起包住，放冰箱 3 小時，即可生食或燒烤食用。

L 蝦子也可用的熟成法

鹽冰水熟成法 | **適合蝦種**—幾乎所有的新鮮蝦子都適合

台灣有許多很棒的蝦子，如角蝦、紅鐘蝦等，這些蝦子新鮮生食即很美味，但不管哪一種蝦，簡單用鹽冰水熟成法，後續不管生食或做其他料理，蝦子的鮮甜度都加倍。

1 將新鮮的蝦子泡入3% 鹽冰水裡冷藏（急用的話，可泡30分鐘，但最佳味道建議泡6小時），即可剝殼食用。剝殼時切記不可沖到淡水，以免影響蝦子甜味。

2 如果沒有要即時食用，也可泡完鹽冰水後，撈起放冰箱冷凍。冷凍過一次的蝦，會比新鮮的蝦子更甜美，但須兩個禮拜內食用完畢。

3 解凍時，可將蝦子泡入2%鹽冰水讓其慢慢解凍。鹽冰水可脫除蝦子內部多餘的水分，讓蝦子更鮮甜，解凍完即可進行後續的料理步驟。

TIPS

選蝦小訣竅

1. 大家常以為軟殼蝦不好，其實那時蝦正在脫殼，蝦肉較甜美，不過要如何分辨蝦子的軟殼為正在脫殼或不新鮮腐爛？則要看蝦頭跟蝦身之間有無弓起，弓起即表示不新鮮。**2.** 放在2%的鹽冰水裡解凍，可使蝦子的鹽分不過量，蝦子在將多餘的鹽分、水分排除的過程裡，味道會更甜美。

影片連結

台灣的蝦

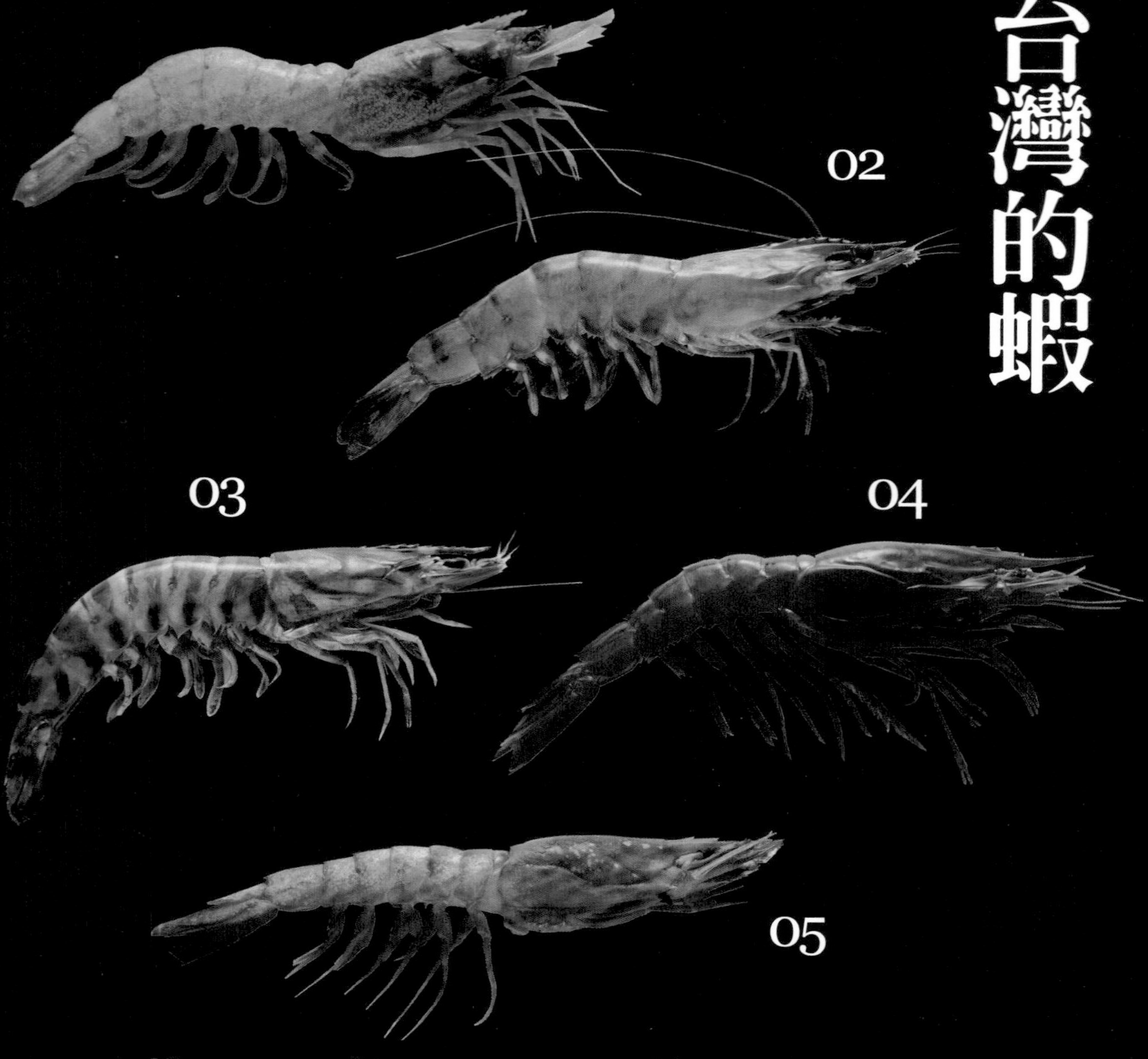

01 紅鐘蝦

宜蘭大溪特有的甜蝦，聚集在海底火山附近的海域，養分很高，肉質肥美好吃，且甜的味道很驚人，比海膽的甜度更高，背後的黃色膏是聖品，最好吃的狀態是生食。

02 明蝦蝦母

用來產卵的明蝦，膏的香氣很特殊，但肉質較硬，烹調時要用溫熱法，先以熱水汆燙後，再泡到75－85度的溫水裡泡熟（水1公升、鹽1大匙、糖3小匙），如此即可把甜味鎖在裡頭。不建議直接加熱，肉質容易硬、老。

03 明蝦／車蝦

台灣常見的蝦子，肉質細緻、軟嫩、Q甜，油炸、燒烤、清蒸都好吃，屬於高檔壽司食材，切記不要過度加熱，以浸泡方式處理。炸、烤、煎的時間盡量不要超過5分鐘，不過也不要太有壓力，因食材本身很優，就算不小心煮全熟也很好吃，但處理的好，好吃度會加倍。

04 大頭紅蝦／胭脂蝦

生長在海底火山附近，屬深海蝦，生食、熟食都美味。含水量高，生食口感與甜度都很優，加熱後肉質會變軟，吃來會粉粉沒有脆感，日本料理店常見到。

05 厚殼紅蝦

出現在台灣冬季的蝦類，殼厚有三層尖角，屬台灣甜蝦類，膏呈紫色很有特色，大溪漁港偶爾會見到。以前會拿來做成蝦味香，這幾年發現其生食的價值，日本料理店會以鹽麴醃漬後加哇沙米生食，味道很好。

06

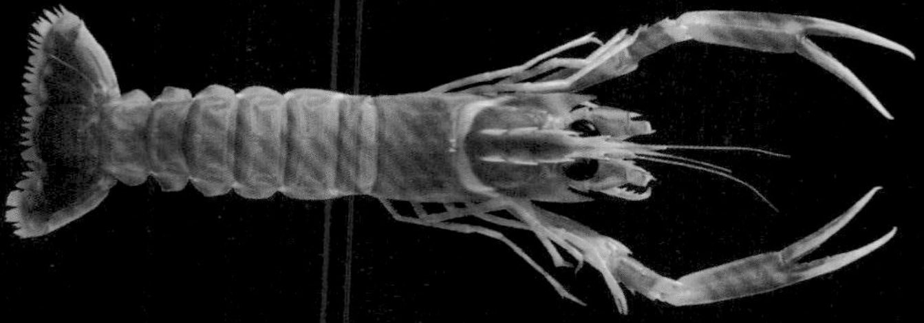

07

08

09

10

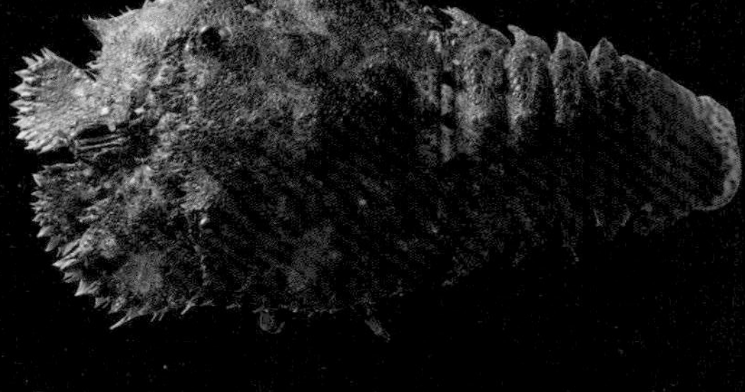

06 角蝦

深海的蝦子，甜味很高，切記不能碰到淡水，甜味會失去得很快，冷凍可幫助脫除多餘水份，讓甜味和香氣更好。生食沒有特別的脆度，卻有很猛烈特別的甜味，入口即化，會瞬間在嘴裡化開，且螃蟹香氣會一直出來。熟食加熱時間最多1分鐘，超過1分鐘甜味會散失至少50％，建議鍋子很熱時將蝦子丟入，酒一嗆，鍋蓋一蓋就送出去了。

07 台灣白蝦

一般炒菜常見的蝦子，很適合汆燙，分野生和養殖，野生數量少，小隻，但肉質很甜，在菜市場見到可買回來試試。

08 劍蝦

國內產量很大的蝦子，常用來快炒或油炸，肉質甜美、價格便宜，無論是熬蝦湯，做蝦仁、曬乾後做蝦米都合適。

09 香蕉蝦

肉很緊實，加熱後蝦殼會有很好的香氣，煎殼時取出裡面的肉，氣味會很獨特好吃。有綜合水果的香氣，也有人取殼做蝦麵。

10 扇蝦

分深海跟淺海兩種，圖片是淺海扇蝦，肉很少卻甜美，在東北角沿岸常有，不論清蒸或乾煎都好吃，有點像龍蝦口感，但比龍蝦甜美，且價格便宜一半。

蝦子的挑選、保存與處理

蝦子吃活的一定最好嗎？冷凍過後的蝦子有沒有可能更安全？其實只要保存、處理得宜，蝦子的生菌數不但會下降，肉質與甜度還會加乘。尤其蝦子經過簡單的熟成處理後，甜味會更好。

新鮮的蝦子吃鮮味，冷凍處理過的蝦子則會有意想不到的甜味。切記不要輕易讓蝦子碰到自來水，沖過淡水的蝦子容易腐敗。

蝦子這樣挑！

1 眼睛越飽滿越好。

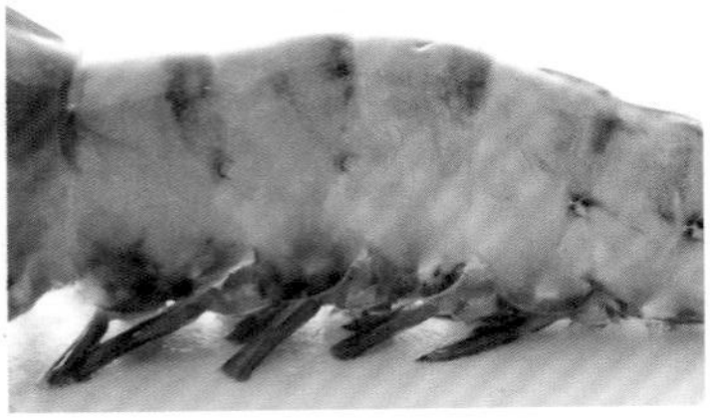

2 選蝦殼堅硬的，殼軟表示蝦子快死亡。

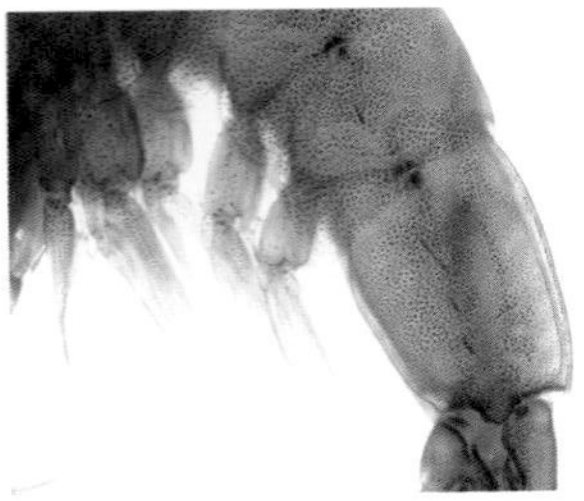

3 蝦殼帶點透明表示新鮮（反白就不要購買了）。

4 頭部與身體接縫處弓起是不新鮮的象徵（上：新鮮蝦子、下：不新鮮蝦子）。

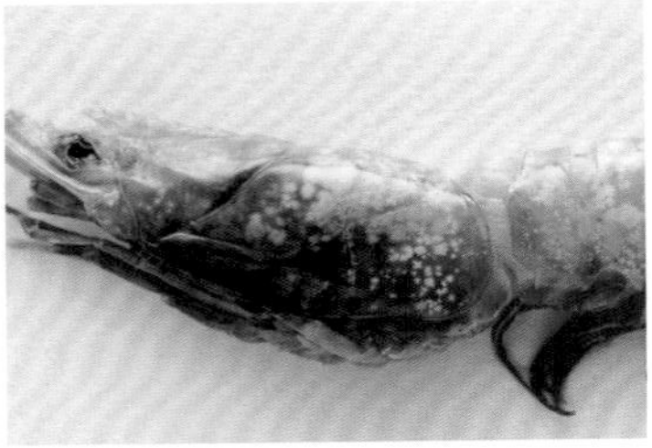

5 蝦殼或蝦尾帶點黑色沒關係，但蝦頭不要黑，否則就不新鮮了。

TIPS
經過熟成處理的蝦子，甜度與味道都會加乘。蝦子的熟成處理，可參考49頁。

替蝦子殺筋

不知道如何漂亮剝蝦、總是把蝦肉弄得爛爛的？跟著下面步驟就能輕鬆完成！

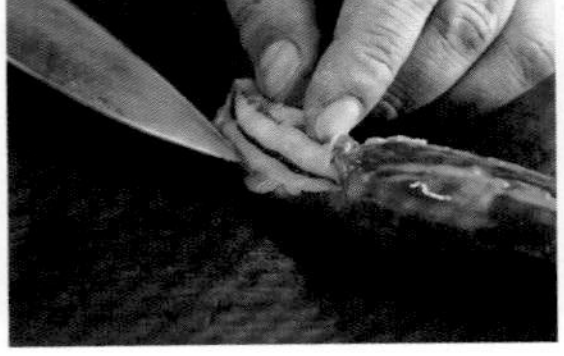

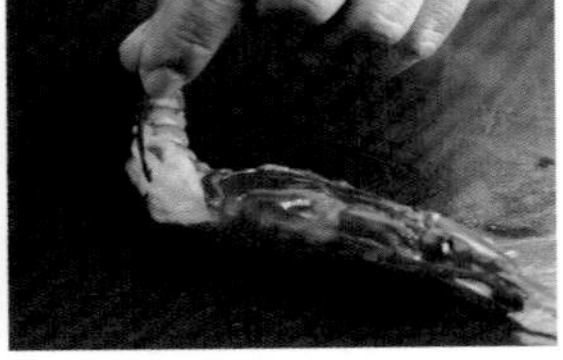

1 剝蝦時，從中間指節的位置，手指扣進去。

2 輕輕一轉，即可將蝦殼剝起，且不會傷到蝦肉。

3 殺筋：從蝦子的背部下刀輕劃，用刀子輕輕一挑，用手取出即可，完成的蝦仁不要再沖水（含鹽冰水）。

TIPS
市面上常可買到處理過後的蝦仁，要小心買到泡過藥水的。新鮮安全的蝦仁會帶紅（如圖左），如買到顏色太白或有藥水味的就要小心。建議找有信譽的商家買整隻蝦子，自己回來剝殼、去筋較安心。

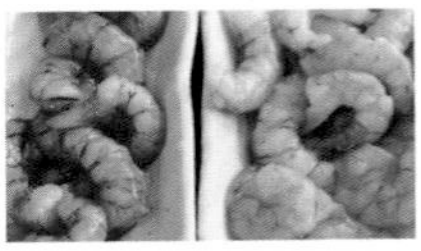

熟成蝦料理：
蛋黃正油漬甜蝦

材料—胭脂蝦 2 隻、蛋黃 1 顆、昆布醬油適量

作法—**1.** 胭脂蝦浸到 3% 鹽冰水後，放入冷藏 3-6 小時（以熟成法處理）。**2.** 把雞蛋放到 75 度的溫水裡，煮 10 分鐘，再將整顆蛋放入冰水，待冷卻後取出半熟的蛋黃。**3.** 倒入昆布醬油，做成蛋黃昆布醬。**4.** 沾著胭脂蝦一起食用即可。

熟成蝦料理：角蝦生魚片

材料—角蝦 1 尾

作法—購買新鮮角蝦，先以 3% 鹽冰水處理法處理後冷凍。欲料理時，再將角蝦放到 2%的鹽冰水裡解凍，且剝殼時不可沖到任何淡水，直接沾醬油或哇沙米即可生食。

熟成蝦料理：松露起士燒明蝦

材料—明蝦 1 尾、松露起司醬適量

作法—**1.** 明蝦先經過鹽冰水熟成。**2.** 剖開蝦背，鋪上松露起司醬，180 度烤箱烤 8 分鐘即可。

TIPS **松露起司醬怎麼做？**

松露 1 湯匙、松露油 200cc、蛋黃 1 顆、起司 100g。先將松露油跟蛋黃拌勻後，再加入松露與起司攪拌即可。也可放在吐司或蟹殼裡一起烤。

貝類一覽

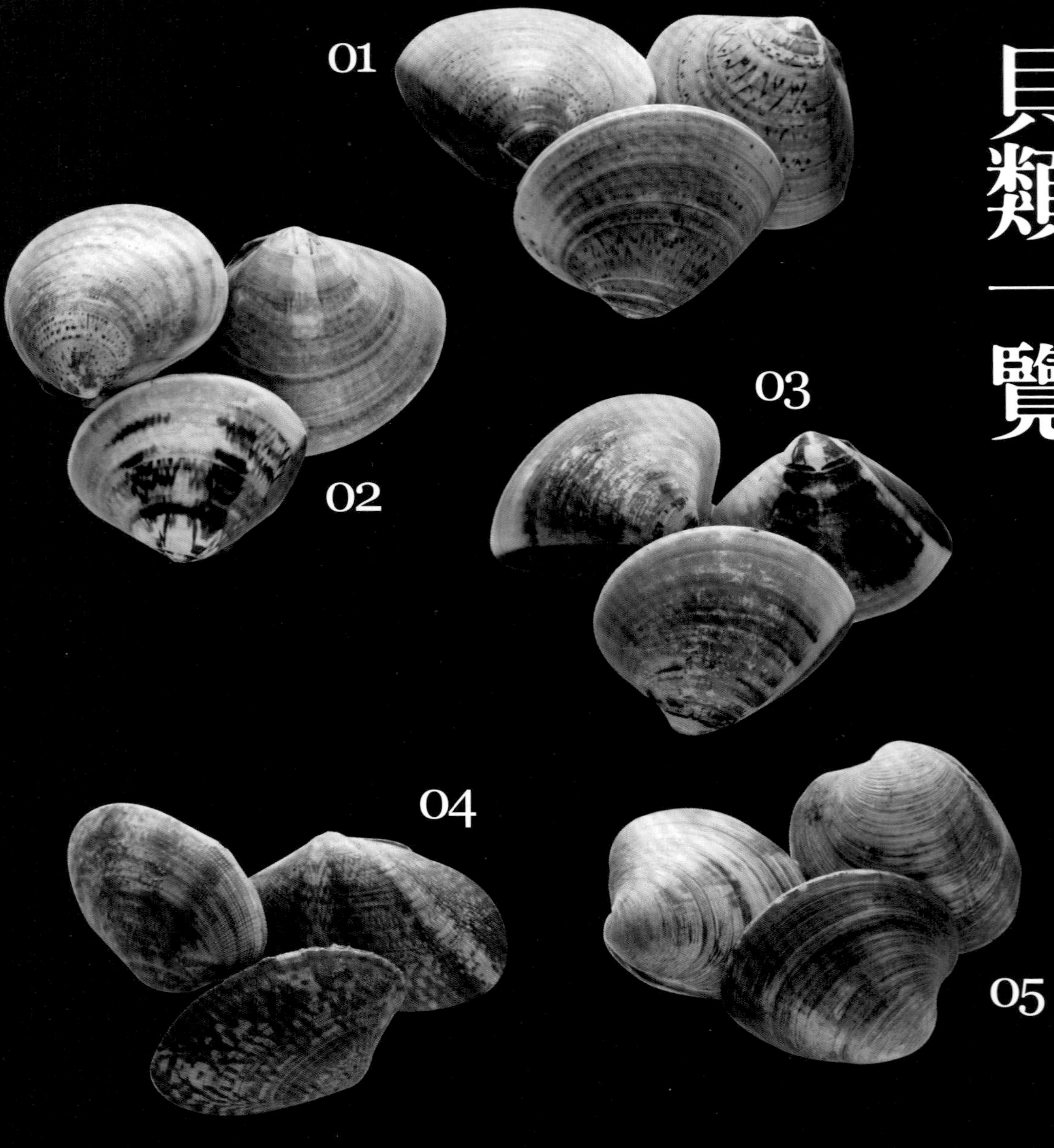

01 **原生蛤**

台灣原生蛤蜊，和大陸蛤長得很像，顆粒小且肉嫩，煮出來的湯汁帶有淡淡乳白色，非常好喝。

02 **大陸蛤**

大陸種的蛤蜊，肉厚且硬，可用清蒸的方式料理，不過不要過度加熱。將昆布水煮滾後把蛤蜊放入，蛤蜊打開立刻拿出來放入碗裡，再把煮滾後的水倒入，稍微浸泡一下即可。

03 **海蛤**

一般蛤仔湯用的就是海蛤，比原生蛤小顆，但肉質飽滿，台灣有大量養殖。

04 **海瓜子**

台灣海瓜子的品質很好，尤其秋季的肉質特別美味。在料理上，很多人會快炒，不過其實海瓜子煮湯也很好，也可取肉後以醬油燴煮，放在飯上一起享用。

05 **北脊貝**

像蜆科的貝類，肉很扎實，厚殼且殼上有細紋，湯汁濃郁，煮湯、清蒸都美味。

06

07

08

10

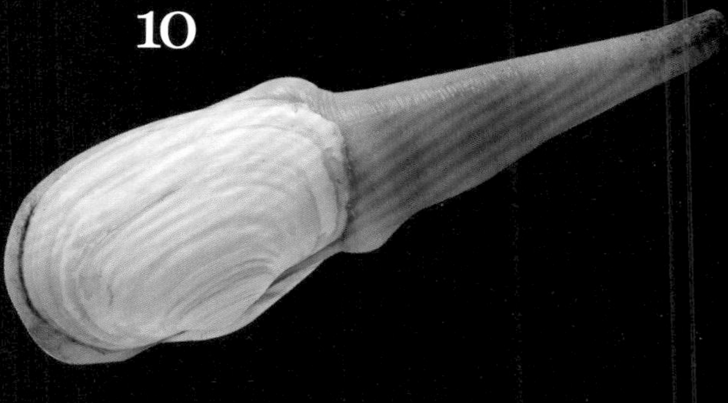

09

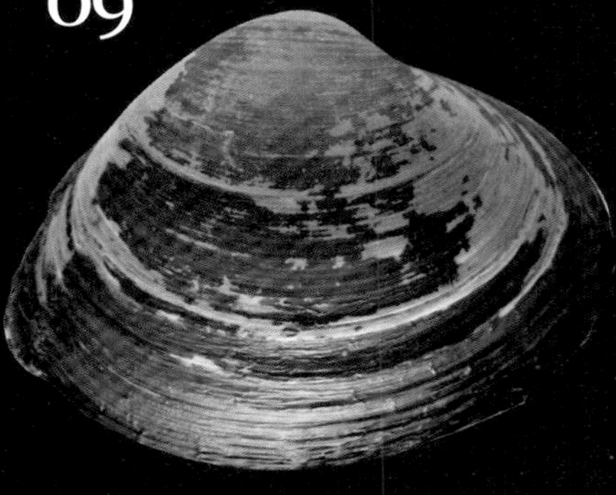

06 粉蛤

台灣最好吃的蛤蜊，澎湖、東沙群島、馬祖都有。斧足呈粉紅色，甜度是一般貝類的兩、三倍，大顆肉嫩，煮出來的湯汁和牛奶一樣呈乳白色。

07 刺嘴蛤

肉質紅色且帶點黃，很適合熬湯，是各種貝類裡，湯汁味道最濃郁的。

08 白玉貝

屬蜆科，但長得很像蛤蜊，肉質細緻又甜，飽水度佳，可取代蛤蜊煮湯、清蒸，台灣開始有養殖，在菜市場裡漸出現。

09 北寄貝

厚足類，生的時候肉質灰色，加熱會變成粉紅色。照片上為日本的北寄貝，菜市場都可買到，可加酒清蒸，以大火蒸2到3分鐘即可。也可買生食等級，肉質脆嫩，直接享用也很美味。

10 雙管象拔蚌

象拔蚌有分單管和雙管，一般市場買到的多是加拿大的單管象拔蚌，但雙管甜味更好，是秋冬的好食材，煮粥配火鍋都適合。

貝類的挑選、保存與處理

煮貝類最擔心煮得過久，讓肉質變硬變老，最好的方法是等水滾後，再把貝類放入，待第二次大滾，立刻關火，讓鍋裡的餘溫繼續加熱貝類，2 分鐘後撈起即成。

貝類的挑選

1 殼越厚越好（如圖右），殼厚表示裡面的肉質飽滿。

2 把兩顆貝類拿起來互相敲擊，聽起來「ㄎㄧㄎㄧㄎㄧ」即沒事，若「ㄎㄡㄎㄡㄎㄡ」代表貝類空心死亡了。

貝類的保存

1 買回來的貝類，放進 1-2% 的鹽水裡吐沙，水放半滿即可，如此貝類會有無水的危機感，有助於把沙吐得更乾淨。

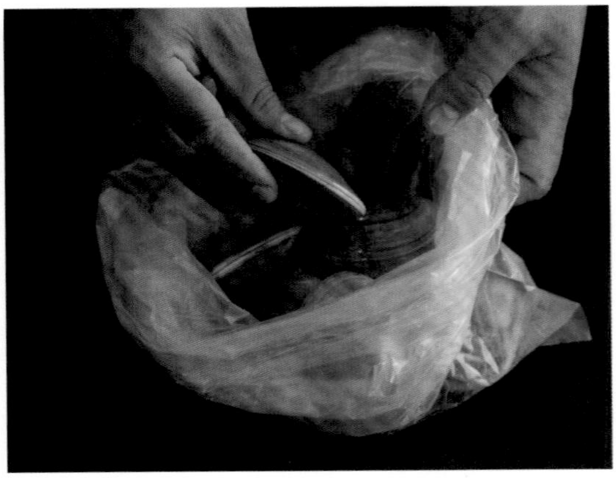

2 準備一個塑膠袋，把吐完沙的貝類放入。

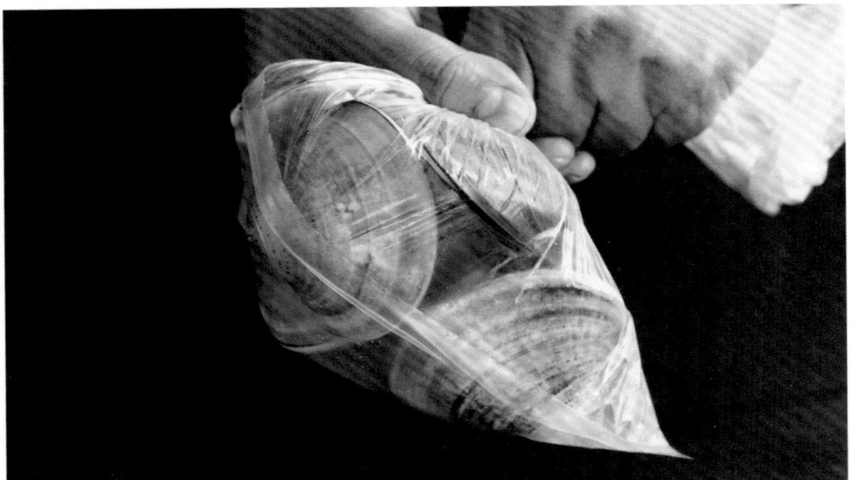

3 把塑膠袋內的空隙擠出，繞圈束緊，束得越緊越好（貝類越不容易死亡）。冷藏可保存 1 個禮拜，如果沒有那麼快要吃，也可放入冷凍，可放約 1 個月，但冷凍會影響口感。

GIANT

PART. 3

春季魚類

產卵前，吃其蓄積能量的肥美鮮甜

春季是不少魚類的產卵期，為了孕育下一代，魚類會讓自己變得肥厚豐美，而每年的冬末春初，正是蓄積養分的美好時刻。

過去大家一直習慣從魚種來辨別魚的好壞，其實每種魚都有好吃的時節，尤其是繁殖期前。吃春天的魚尤其如此，要吃其蓄積能量的結實甜美。

待春末產卵完後，魚肉會開始變得鬆軟，甜度也會下降，因此春天的魚建議在產卵前品嚐，才有機會吃到肥美鮮嫩的味道。

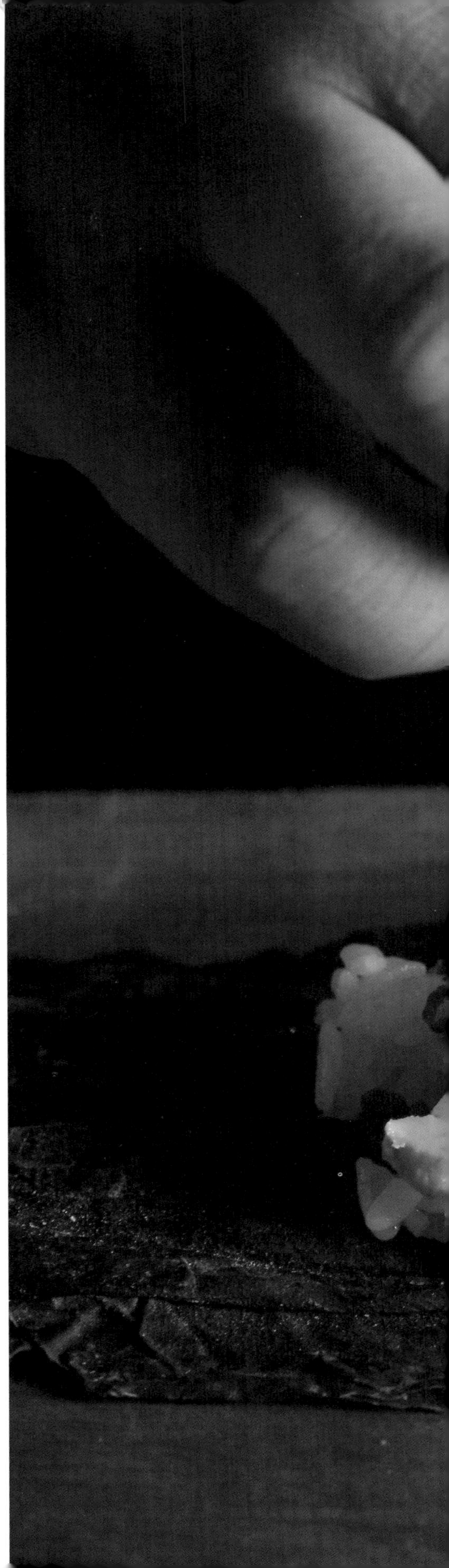

深海四破魚

Decapterus macarellus

別名｜拉洋鰺、頜圓鰺、細鱗圓鰺、紅赤尾、拉洋圓鰺、肉鰛（臺東）、四破（澎湖）、硬尾（澎湖）

口感鬆軟有如年糕

01

春季魚種

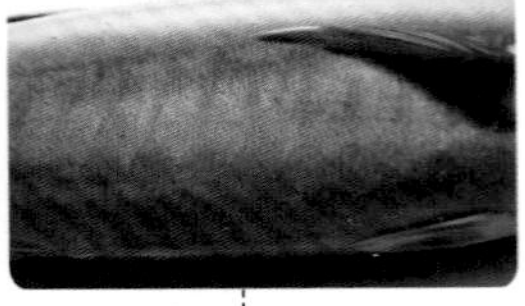

CHECK!

身體圓弧，肥美度高。

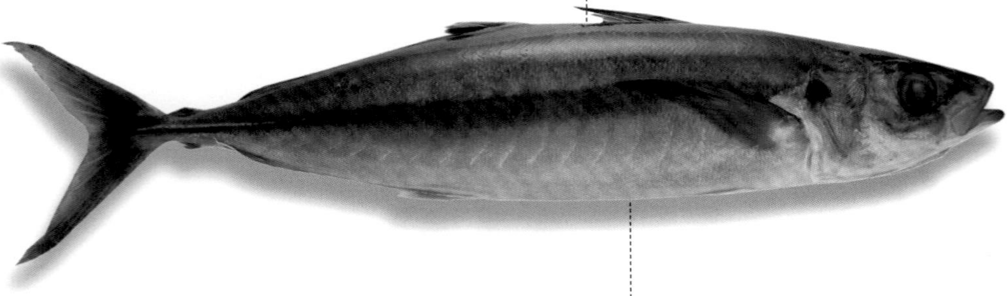

CHECK!

腹部不坍塌，代表內部沒有腐敗。

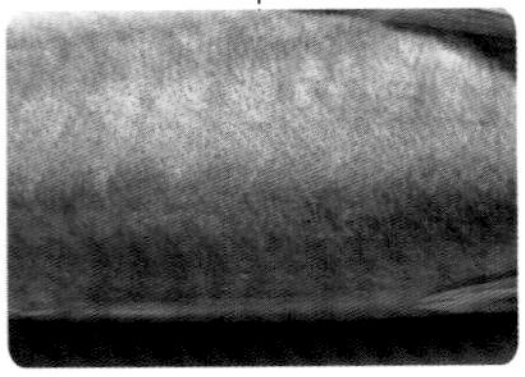

有硬骨的深海魚，沒有腥味，腹部肥美，肉質好吃，擁有很清甜、單純的味道，且口感鬆軟有如年糕，以醋漬過後做成生魚片的生食特別好吃，不適合清蒸，清蒸反而會讓魚肉變酸。

DATA

最大體長｜46cm

分佈狀態｜東部、西部、南部、北部、東北部

季節｜秋季盛產，但春季最好吃。

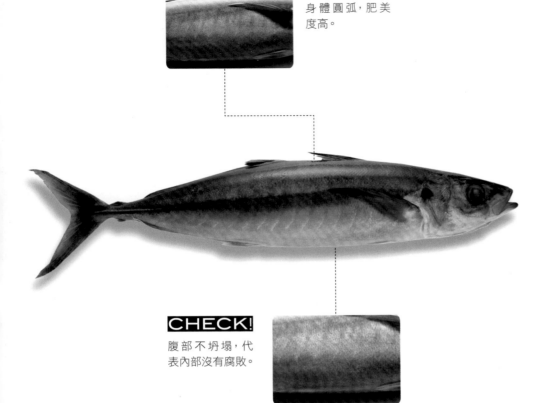

適合料理｜生魚片、燒烤

昆布鹽漬四破魚

材料—深海四破魚適量

作法—**1.** 以昆布粉鹽漬（可參考 39 頁）。**2.** 取出後切片，不用任何沾醬，直接品嚐。

TIPS

深海四破生食味道絕佳，再沾哇沙米或其他沾醬都顯多餘。

白尾竹筴魚

Trachurus japonicus

別名｜日本竹筴魚、巴攏、竹筴魚、瓜仔魚、真鰺

時令對了，生食比熟食更好吃！

竹筴魚分紅尾、白尾兩種，紅尾吃來有蝦的味道，白尾只有甜味。春季的竹筴魚，體內魚白最豐富，營養價值最高，吃起來很像甜的蘿蔔糕，肉質Q彈，鮮度好的時候，會有很棒的自然甜味，肉可做生魚片、烤、蒸或一夜干，但因紅尾竹筴魚略帶酸性，若要做一夜干建議以白尾竹筴魚來做。且因竹筴魚油脂豐厚，做成生魚片比熟食更好吃！

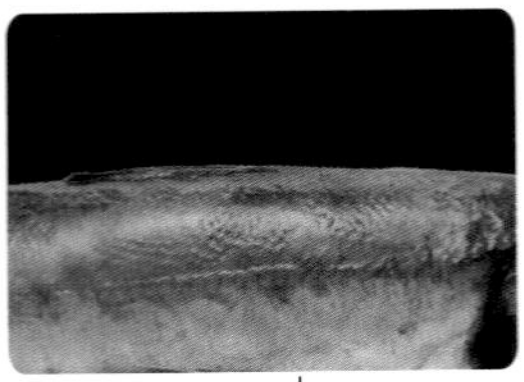

CHECK!
背部硬質代表鮮度好。

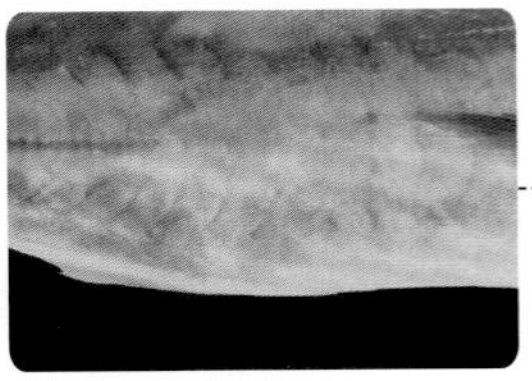

CHECK!
腹部越圓滾越肥美。

DATA

最大體長｜30cm
分佈狀態｜東部、西部、南部、北部、澎湖

季節｜春天，3月到5月
適合料理｜生魚片、燒烤、一夜干、煮湯

竹筴魚紫蘇胡麻

材料—竹筴魚魚肉 200g、辣蘿蔔泥適量、胡麻油適量、紫蘇葉適量、鹽巴少許

作法—**1.** 竹筴魚經湯霜法(或油熟醋漬法)熟成(詳見40頁)。**2.** 魚肉切絲,加上一點鹽巴和胡麻油充分攪拌。**3.** 盛盤時再加上辣蘿蔔泥即可。

TIPS

辣蘿蔔泥怎麼做?

1公斤白蘿蔔洗淨削皮後,加入100cc的水用果汁機打成泥,打完第一次後將水濾掉,加入1-2根紅辣椒繼續打第二次,最後加入少許的醋或檸檬汁,即可做成搭配用的辣蘿蔔泥!

圓身竹筴魚

Decapterus macarellus

油熟醋漬，肉質更鮮甜

別名｜頜圓鰺、紅赤尾、拉洋圓鰺、硬尾仔

03

春季魚種

CHECK!

魚身圓滾表示肥美。

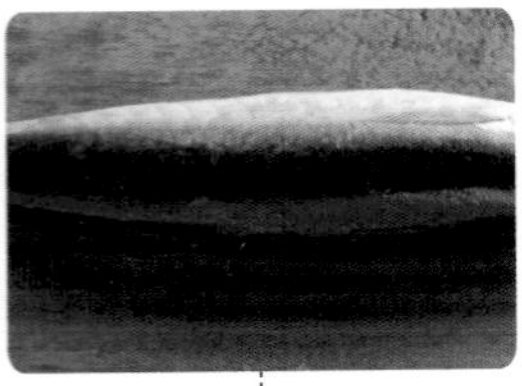

CHECK!

魚身要厚，表示肥美。

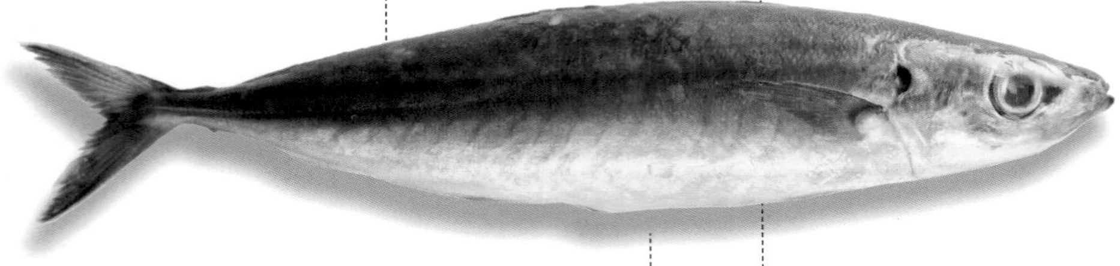

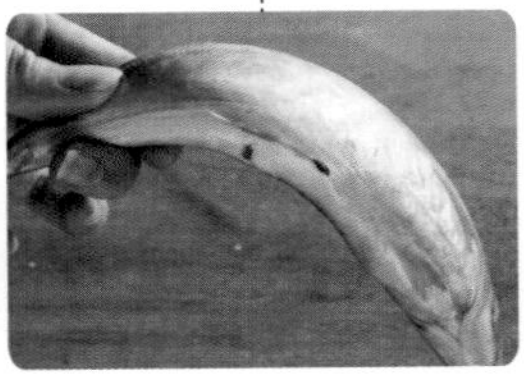

CHECK!

魚身直挺不要軟，否則表示不新鮮。

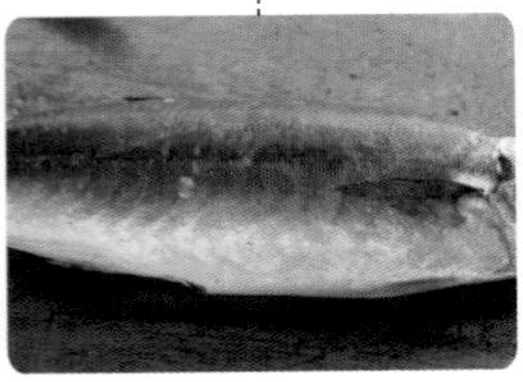

CHECK!

魚身上下寬一點，且不要有瘀青。

身體圓滾，魚肉腐敗速度快，得趁新鮮吃。屬於春秋雙季節肥美的魚種，可先用油熟、醋漬法處理，讓肉質更為鮮甜後做成生魚片，一般自助餐常用做炸魚，也可做成一夜干。另還有紅尾與白尾竹筴魚。

DATA

最大體長｜40cm

分佈狀態｜東部、西部、南部、北部、東北部

季節｜春，3月；秋，11月，秋季魚白特別好吃。

適合料理｜以油熟、醋漬法做生魚片、一夜干、酥炸，或去除內臟後，直接加鹽與蒜頭一起乾煎。

蒜香乾煎竹筴魚

材料—竹筴魚 1 尾

作法—**1.** 以炸過蒜頭的油（1 斤蒜頭對 1000cc 的油）煎魚。**2.** 煎到外表酥脆即可。

TIPS

用蒜頭油煎魚特別好吃。而炸蒜片也可用作料理的點睛配菜，美味的炸蒜片怎麼做？可見 177 頁。

盤仔魚

Evynnis cardinalis

魚皮有柚子香氣

別名｜鯿鯛、血鯛

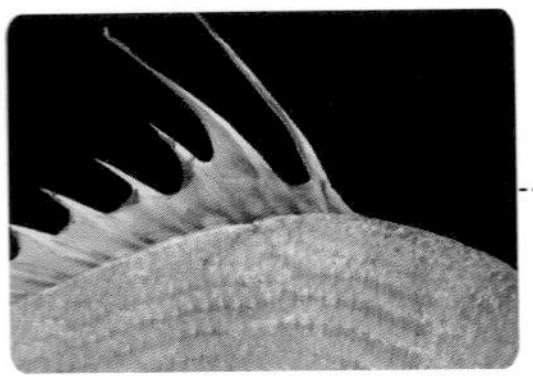

CHECK!

和赤鯮長相相似，但盤仔背鰭特別長且突出，赤鯮則無。

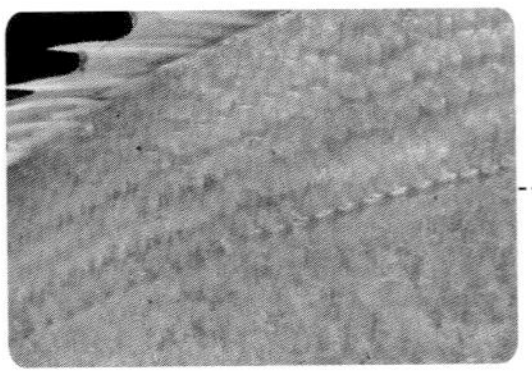

CHECK!

魚身紅亮，鮮度夠好。

屬於鯛科魚類，適合乾煎、燒烤，肉質軟嫩，嚐來有螃蟹香氣。長相和赤鯮相似，因此有句諺語叫「盤仔假赤鯮」，但背鰭有一條青線，市面上見到的多半都是小隻的，常被自助餐拿來做炸魚或煎魚，大隻的多從東南亞來，購買時可特別留意產地。

DATA

最大體長｜40cm

分佈狀態｜西部、南部、北部、東北部

季節｜春末、夏天，5–8月

適合料理｜乾煎、酥炸，大隻的可用湯霜法做成生魚片。

赤鯮

Dentex hypselosomus

高級的燒烤魚

別名｜黃背牙鯛、赤章

CHECK!
背鰭有黃色代表肥美。

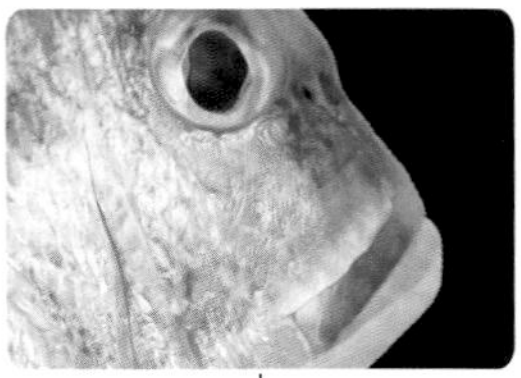

CHECK!
鼻子帶有淡淡的黃色，表示肥美。

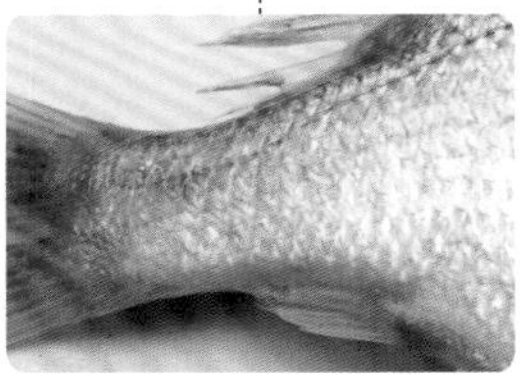

CHECK!
尾巴凸凸的表示肥美。

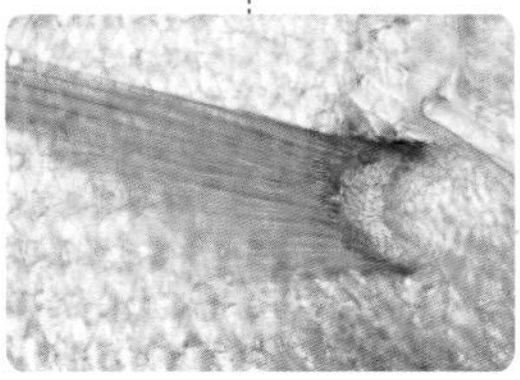

CHECK!
胸鰭拉起，鼓鼓的油脂豐富。

魚肉細緻，有甲殼味，屬高級的燒烤魚種，簡單燒烤、乾煎就很美味。燒烤時有螃蟹跟蝦殼香，清蒸則有淡淡的海潮味，有分大小隻，其中大隻的甲殼味道會特別明顯。

DATA

最大體長｜30.6cm

分佈狀態｜西部、西南部

季節｜春、冬，12–4月。尤其過年時節油脂最豐富。夏天也有，但較不肥美。

適合料理｜燒烤、清蒸、生魚片

05

赤鯮三味湯刺身

作法—**1.** 醬油、味醂、糖、昆布水以 1:1:1:8 的比例做成湯底。**2.** 第一味大根漬湯刺身:將赤鯮先以昆布熟成法處理(詳見 38 頁),切片後放入湯底,並加入少許的鮭魚卵與白蘿蔔泥。**3.** 第二味紫蘇山藥湯刺身:紫蘇 1 片、山藥泥 1 小湯匙淋上湯底,並選擇經過熟成且有汆燙過魚皮的赤鯮魚肉。**4.** 第三味辣味湯刺身:將燙熟的刺鯮魚肉放入湯底,並加上少許的七味粉與辣蘿蔔泥 。

TIPS

以同一魚肉不同的料理方式(熟成、魚皮燙熟、整片魚肉燙熟),加上不同湯底所製成的三味湯刺身。三種一起品嚐,口味多元,亦可獨沽一味,單獨享用。

銀鯧

Monodactylus argenteus

別名｜銀鱗鯧、金鯧、銀鯧

膠質多，熬湯後魚肉有蛤仔味

魚皮和刺鯧不同，尾鰭較長，且肉質細緻，帶點螃蟹味，建議可把內臟去除後，直接用烤箱烤即非常美味。屬於平民魚，西半部常有，因膠質多，很適合熬湯，熬出來的湯與魚肉會帶有蛤仔的味道，且湯汁濃郁呈乳白色，營養美味。

06

春季魚種

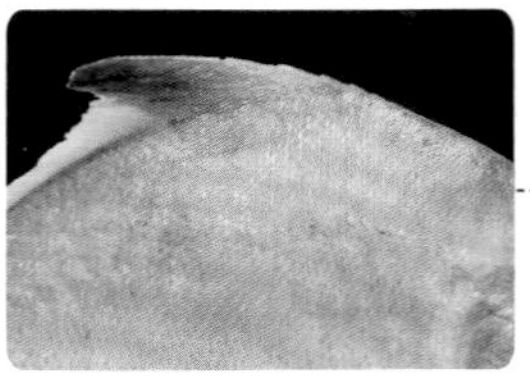

CHECK!

背部越厚實越好。

CHECK!

尾鰭呈淡淡金黃色代表肥美。

DATA

最大體長｜25cm

分佈狀態｜西部、南部、北部、小琉球、東沙

季節｜春天，2–4月

適合料理｜最適合熬湯，也可清蒸、乾煎、酥炸、燒烤。

07

春季魚種

明石鯛

Sparus major

別名｜日本真鯛、日本明石鯛

怎麼料理都美味的萬用魚

日本人過年會吃的魚，有帝王鯛魚之稱，魚肉細緻豐富，有甲殼香氣，適合一夜干、燒烤，生食，基本上各種料理方法都好吃，且越大隻越美味。因長時間在游速很強的海域，肉質比一般鯛魚更緊實，和加納魚長相相似，但尾骨有凸起，吃來美味程度差不多，是同科不同種的魚。

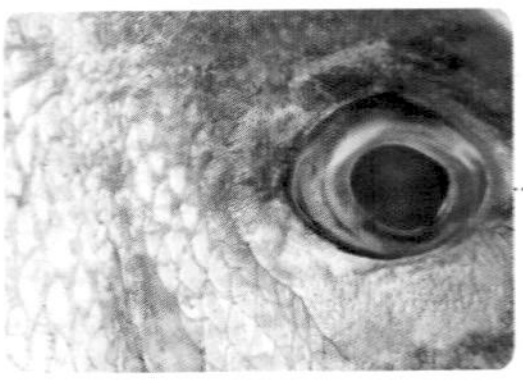

CHECK!

大隻的眼睛上方會帶青，此為繁殖期的性癥。

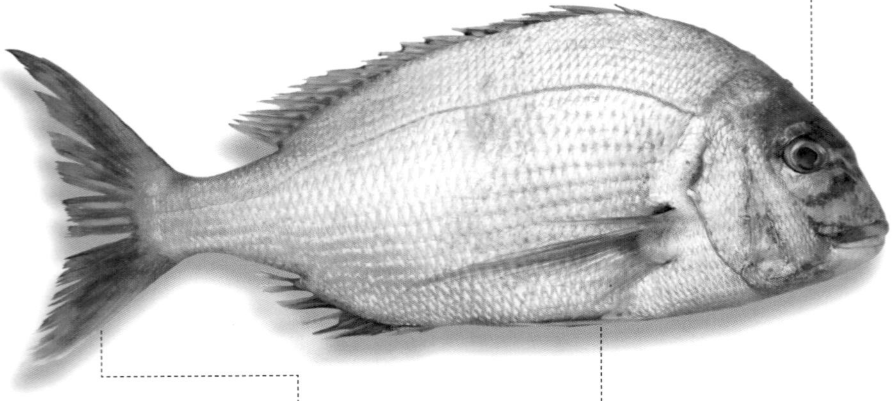

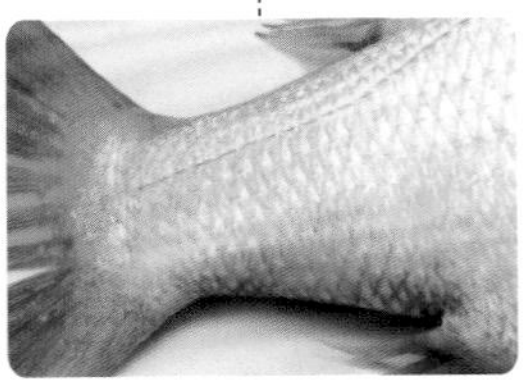

CHECK!

尾部圓鼓鼓的代表肥美；底下有黑紋表示新鮮。

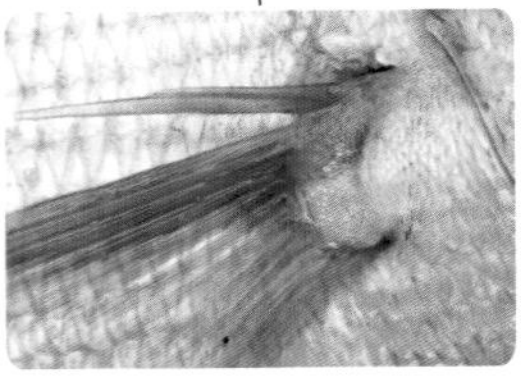

CHECK!

胸鰭拉開，有肥白。

DATA

最大體長｜100cm

分佈狀態｜西部、南部、北部、東北部、澎湖

季節｜深海明石鯛是冬、春，12–2月美味；淺海是秋冬，9–2月好吃。4–6月是產卵季，可特別吃其魚卵。

適合料理｜生食、燒烤、清蒸、乾煎、一夜干皆有很棒的甲殼香氣。魚卵可取下後泡著牛奶一起蒸。

加納魚

Pagrus major

日本人的節慶魚

別名｜日本真鯛、嘉鱲魚、正鯛、加臘、加蚋、加納

08

春季魚種

影片連結

CHECK!

魚身上的藍點是野生的證明。

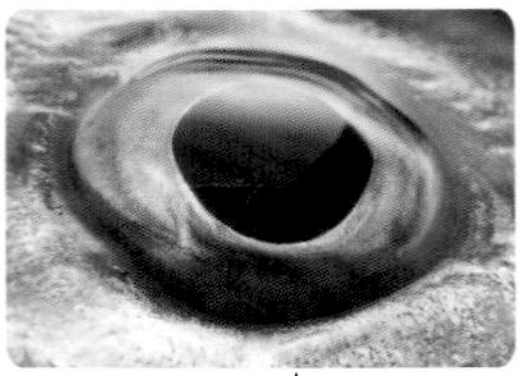

CHECK!

眼睛周圍黃色代表肥美。

CHECK!

下巴越厚，攻擊性越強，肉越好吃。

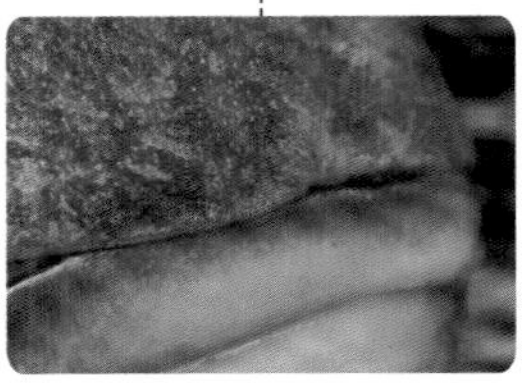

CHECK!

嘴巴上緣黃色代表肥美 。

在日本，加納魚是屬於過年一定要吃的年節魚，也稱「真鯛」。有分深海、淺海兩種，深海的味道較濃郁，淺海的肉質較細緻，但吃來都有微微螃蟹的味道，做生魚片或蒸或烤都很美味。在市場上買到的多是淺海養殖的加納魚，若想品嚐深海加納魚的滋味，得特別到漁港購買。

DATA

最大體長｜100cm

分佈狀態｜西部、南部、北部、東北部、澎湖

季節｜冬末春初，12-2月，秋天最瘦。

適合料理｜生魚片、蒸、烤、炸

加納魚球壽司

材料—加納魚 200g、醋飯適量

作法—**1.** 以保鮮膜為底放醋飯，再把切片的加納魚擺上。**2.** 用保鮮膜將醋飯與魚包起來放 10 分鐘，讓魚肉跟醋飯充分結合。**3.** 將保鮮膜拔起，魚肉稍微用噴槍烤一下烤到焦黃，上點醬油即可。

TIPS

醋飯怎麼做？

購買市售的壽司醋加兩顆乾梅，浸泡一天後即成梅子壽司醋。熱飯和梅子壽司醋以 8:1 的比例攪拌均勻即成醋飯。醋和飯的比例可依個人口味微調。而做好的梅子壽司醋也可用來醃魚或搭配其他海鮮。

長尾瓜

Alepes djedaba

別名｜甘仔魚、吉打副葉鰺

生食有小黃瓜香氣

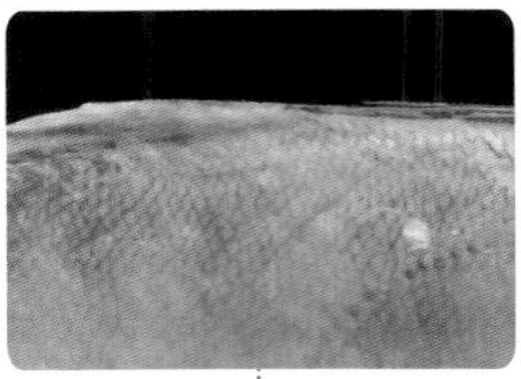

CHECK!
背鰭前的魚肉厚實代表肥美。

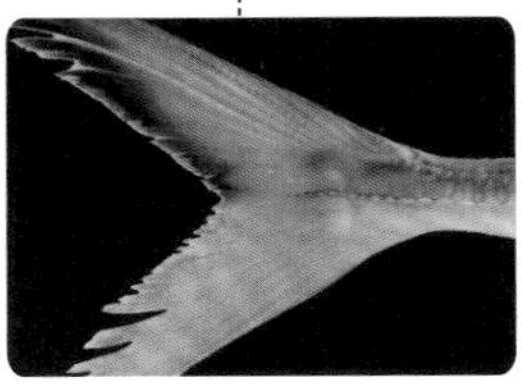

CHECK!
尾巴黃色肥美。

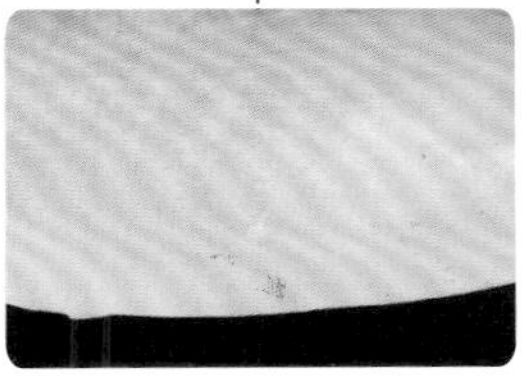

CHECK!
腹部越渾圓越好。

魚肉較澀，適合拿來醃魚，可將內臟拿掉，用鹽醃過，做成鹹魚後，再拿來搗碎做鹹魚炒飯。以前人生活困苦，都用長尾瓜來煮鹹菜魚湯。魚肉有小黃瓜香氣，鮮度非常好時可用醋漬來做生魚片。台灣特有種，生食相當好吃。

DATA

最大體長｜35cm
分佈狀態｜東部、西部、南部

季節｜夏季5-8月盛產，但春季最好吃。
適合料理｜煮湯、做成鹹魚

09
春季魚種

龍占魚

Lethrinus nebulosus

別名｜青嘴龍占魚、龍尖、龍占、青嘴仔

用蘿蔔泥去除草味

魚體比較大，因在海裡都吃海藻，腹內有很重的草味，若怕草味，可僅用頭尾煮湯。殺肚時不要把胃裡的東西殺破，每年11月開始在澎湖出現，此時最肥美，為最佳賞味期。

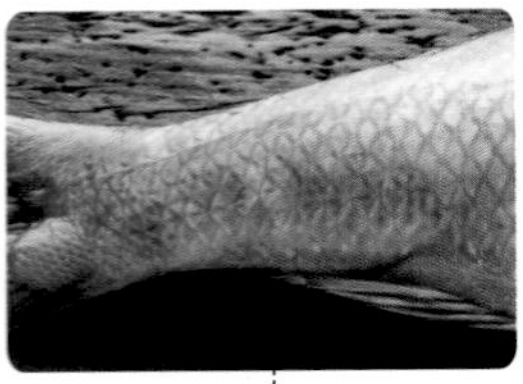

CHECK!

尾鰭有圓鼓鼓的圓球表示肥美。

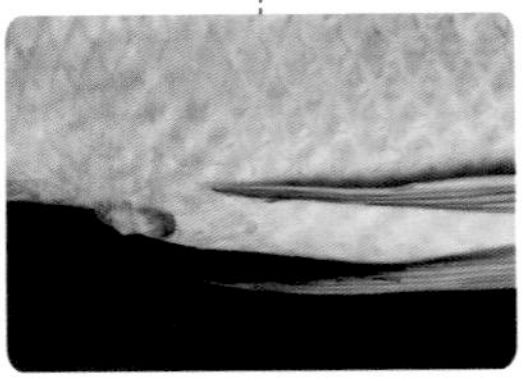

CHECK!

生殖線沒有東西噴出來，代表內臟沒有腐敗。

DATA

最大體長｜86cm

分佈狀態｜西部、南部、北部、東北部、澎湖

季節｜11月時會在澎湖出現，冬、春為最肥美的時候。每年4–5月產卵為次肥美期。

適合料理｜肚子裡有很重的草味，不適合用蒸的，但做生魚片有鯛魚口感。且因其油脂含量低，也不適合烤，吃來肉會太柴。

去草味妙方｜可將蘿蔔泥塞入魚腹內，放置冰箱冷藏一小時，讓蘿蔔泥吸附味道，最後再將蘿蔔泥取出即可。

薄切龍占魚

材料—龍占魚肉 200g、味噌適量、糖適量

作法—**1.** 味噌、糖以 1:1 的比例,薄薄塗抹在魚皮和魚肉上,以味噌醃漬,放冰箱冷藏 6 小時。**2.** 用刀背將魚肉身上的味噌抹除,直接片切即可。因經過醃漬,吃來會帶有煙燻火腿之感,此為味噌冷凍熟成法。

TIPS

處理龍占魚時,可先將整尾魚泡到 2% 的鹽冰水裡,讓魚肉冷卻收縮後再殺。且特別留意,不要破壞肛門口附近有尿素味道的生殖腺。

虱目魚

Chanos chanos

別名—海草魚、遮目魚、安平魚、國姓魚、殺目魚、麻虱目仔（台語）、麻薩末（西拉雅語）

可從頭吃到尾的國姓魚

11

春季魚種

CHECK!

眼睛不要出血，出血代表捕撈時經歷過撞擊，血酸過高肉會不好吃 。

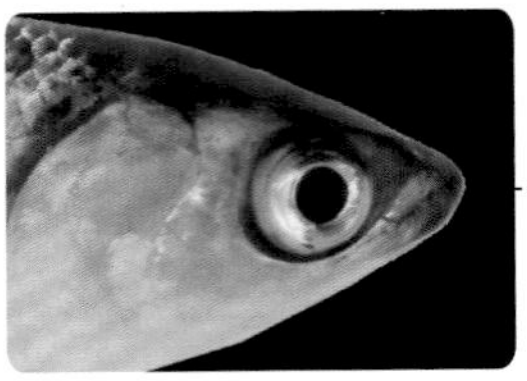

虱目魚

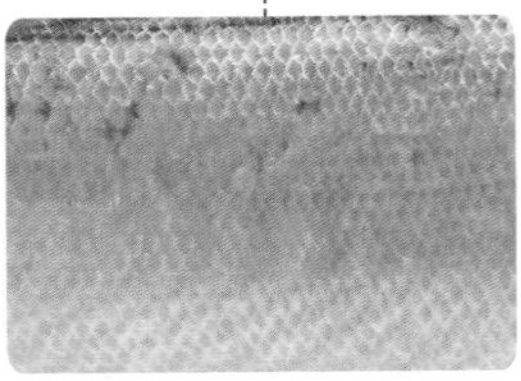

CHECK!

挑選時，選魚鱗呈半透明狀表示新鮮。

爛糟

（假虱目魚、大眼海鰱）

和虱目魚外型相似，魚刺亦多，因內臟容易腐爛故稱為爛槽，可去除內臟後做成醃魚或提煉成魚露使用。

虱目魚、爛糟怎麼分？

爛糟嘴巴較闊

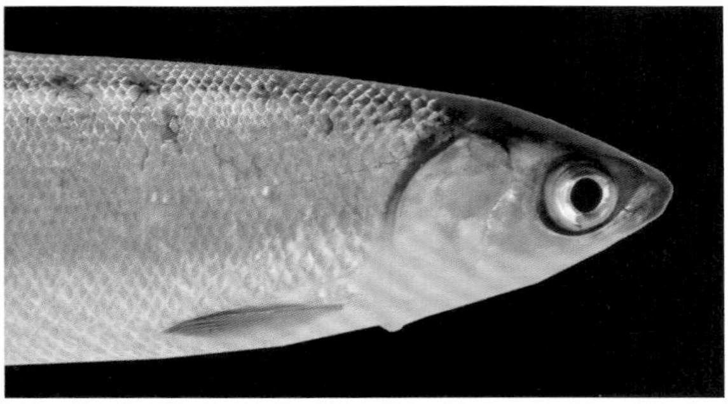

虱目魚嘴巴較小

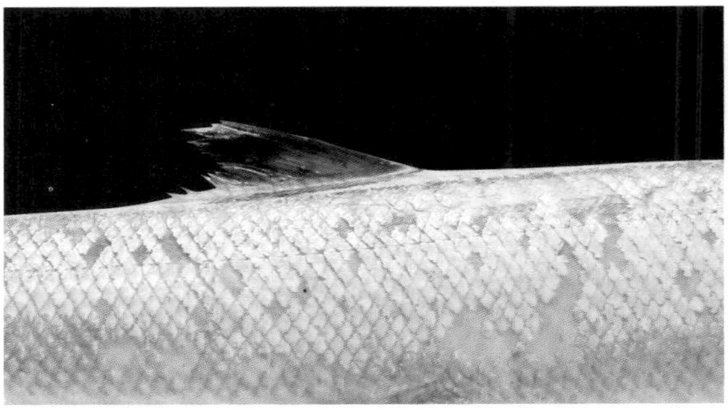

爛糟背鰭帶黃色

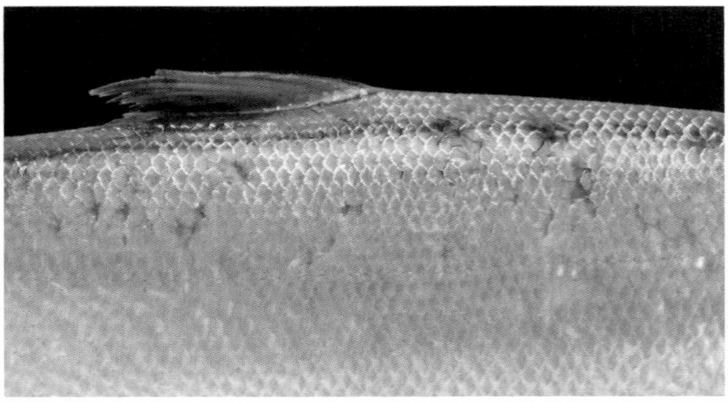

虱目魚的背鰭為白色

虱目魚有分野生和養殖，野生的通常體型較大。虱目魚從魚皮、魚肚、魚油、魚腸、魚腎、魚肉都非常美味。魚皮汆燙後放在冰水裡做涼拌魚皮或煮魚皮湯；魚腸、魚肚可利用其油脂直接乾煎，魚肉亦可做成滷魚肉，像魯肉飯一樣拌著白飯一起吃。

DATA

最大體長｜180cm

分佈狀態｜東部、西部、南部、北部、綠島、東沙

季節｜養殖一年四季都有；野生春天，過完年後兩個月，每年約3–4月時最肥美。

適合料理｜清蒸、煮湯、乾煎、以豆醬、破布子滷魚頭、魚身都很美味。

影片連結

尖梭

Sphyraena japonica

清明前後的夢幻魚種

別名｜日本金梭魚、大眼梭子魚、倭魣、竹操魚、針梭、竹梭、巴拉庫答

尖梭價格便宜，不論煎、烤、煮湯、做生魚片都適合，且烤後的滋味一點都不輸鯖魚，魚頭煮湯則特別鮮美。因丟給尖梭什麼他都會追著吃，南部人又稱他為「笨魚」。每年清明前後的產卵期是最肥美的時刻，此時，只要簡單烘烤一下，把油脂逼出來，就超夢幻的好吃！

12
春季魚種

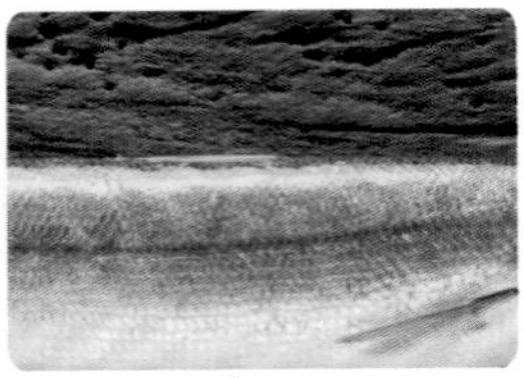

CHECK!

鱗片不要剝落或斷裂。

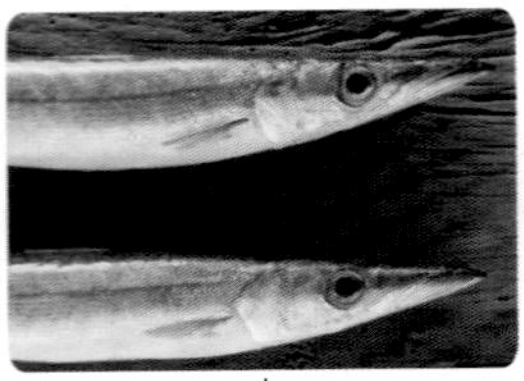

CHECK!

摸起來有彈性，保鮮度佳。

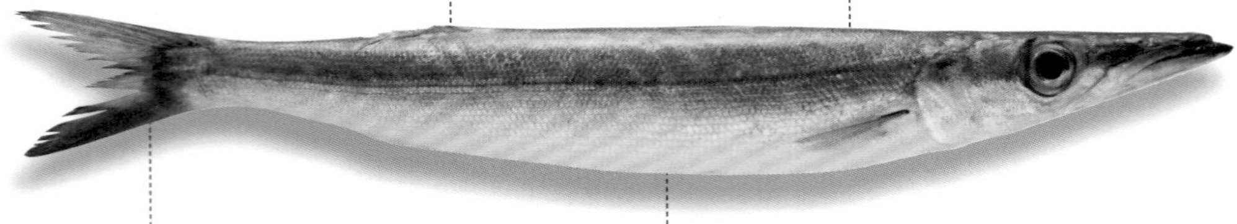

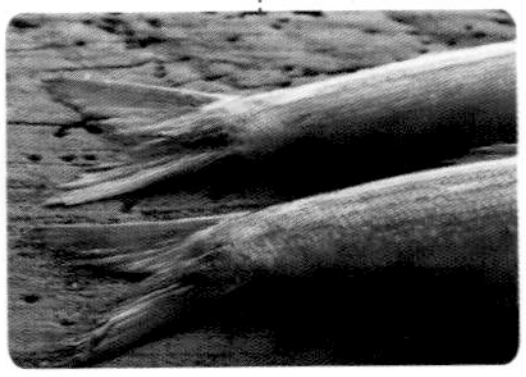

CHECK!

尾部有圓圓鼓起，較肥美好吃。

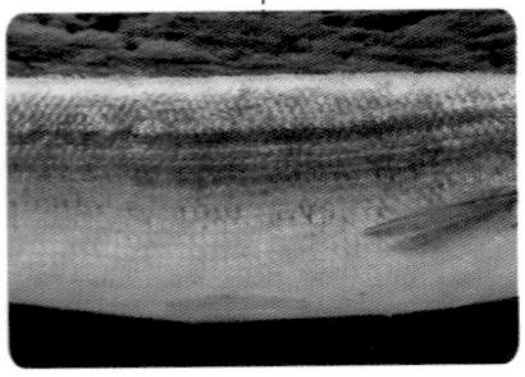

CHECK!

肚子肥美，有魚卵的比較好。

DATA

最大體長｜35cm

分佈狀態｜東部、西部、南部、北部、東北部、澎湖、小琉球、蘭嶼

季節｜12月後，3-4月產卵期前特別肥美。季節外肉質較柴。

適合料理｜乾煎、燒烤、煮湯、生魚片

尖梭處理方法

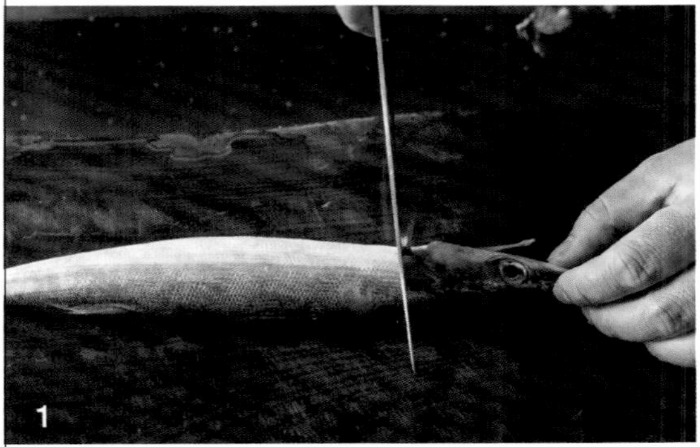

尖梭鱗片洗一下就掉，鱗片處理完後先將魚頭切下。

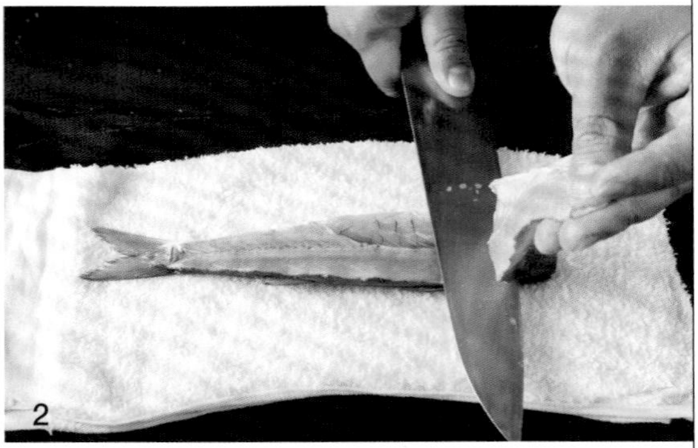

從尾巴下刀，貼著魚骨把魚肉片下來（砧板下可墊布止滑）。

魚肉切下後立刻噴鹽冰水，噴有魚肉的那面即可。

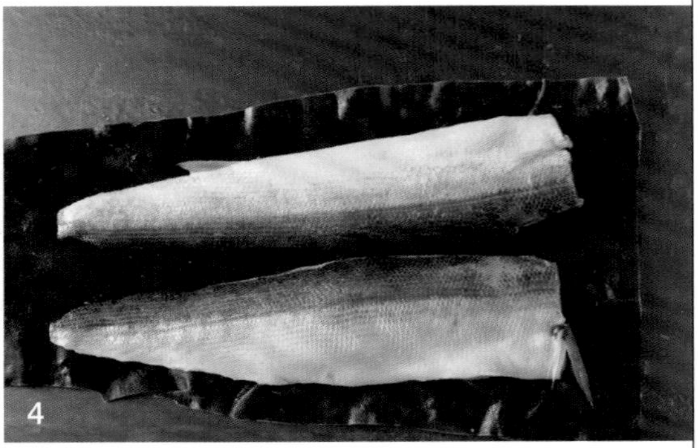

將噴鹽冰水的那面放在昆布上。

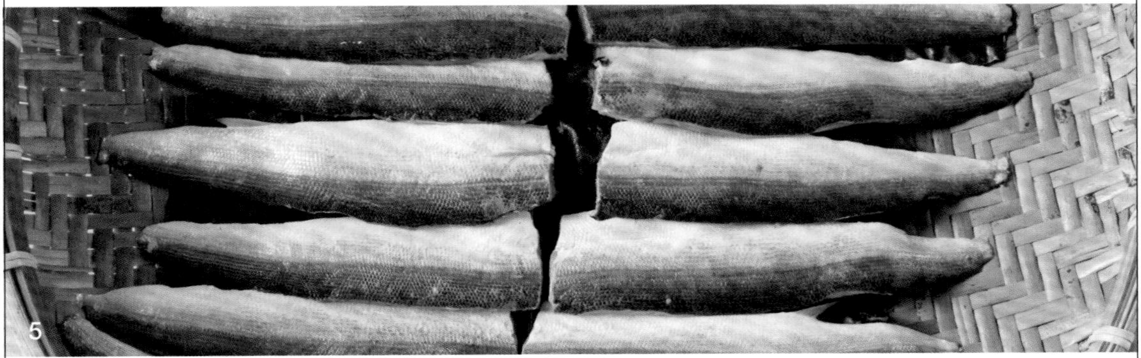

放冰箱 3 小時後，即可烤、煎、切成生魚片食用。或冷藏一天待其入味，再放入冰箱冷凍，需要時取出烹調，可保存半年。

TIPS 噴鹽冰水主要是形成鹽層保護膜，免於魚肉受到污染，也讓鹽味滲透，魚肉會更鮮甜。鹽冰水比例為 2%。

昆布烤尖梭

材料—尖梭魚 1 條、昆布適量

作法— **1.** 尖梭殺好後，在魚肉噴上鹽冰水，放在昆布上冷藏 3 小時待其入味。**2.** 取出尖梭魚，連同昆布放入 180 度的烤箱烤約 12 分鐘即可。

TIPS

將昆布墊在魚肉下一起進烤箱，魚肉才不易乾掉，昆布的味道與魚本身的油脂更能融合，吃來層次鮮明豐富。

金龍魚

Pomadasys kaakan

產後煮湯好魚

別名｜星雞魚、雞仔魚、石鱸、厚鱸

河口魚類，屬於半海水半淡水的魚。西半部沙岸河口地形才有。肉質較柴，但若趁新鮮時煮湯則可帶出牠的美味。湯汁呈乳狀，適合產後喝。魚鱗較粗，也可用鹽烤方式料理。

13

春季魚種

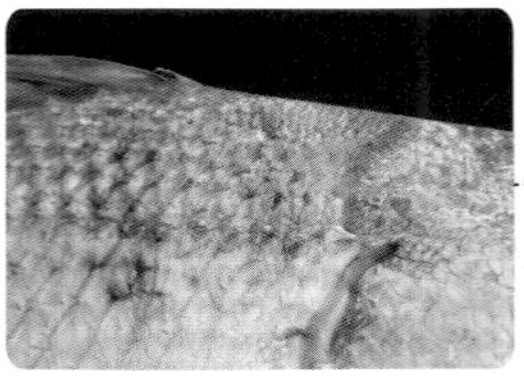

CHECK!

背肉厚實，代表結實度好。

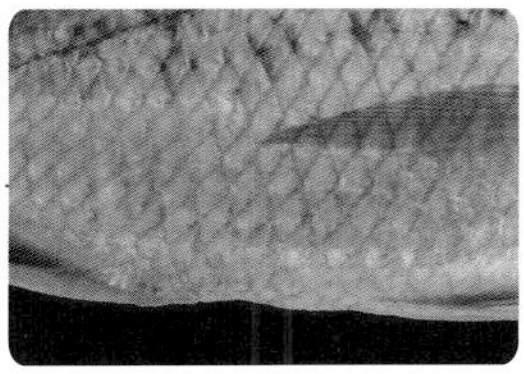

CHECK!

肚子胖胖的比較肥美。

DATA

- **最大體長**｜100cm
- **分佈狀態**｜西部、北部
- **季節**｜春天，2–6月
- **適合料理**｜煮湯、紅燒、糖醋、鹽烤、酥炸

星點比目魚

Pseudorhombus arsius

酥炸好魚

別名｜大齒斑鮃、扁魚、皇帝魚、半邊魚、比目魚

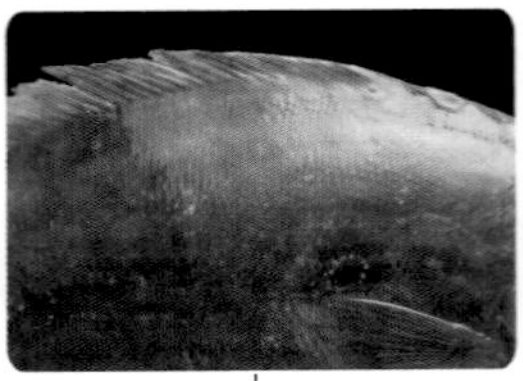

CHECK!

魚身越厚實越好。

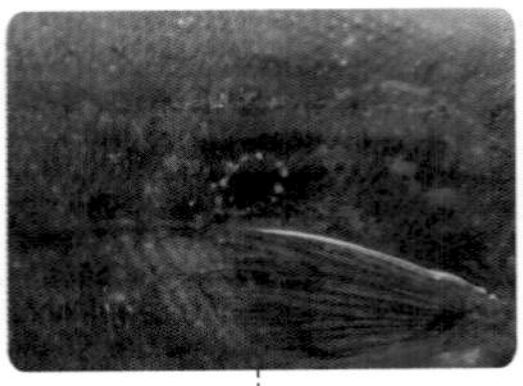

CHECK!

身上有星點為主要特徵。

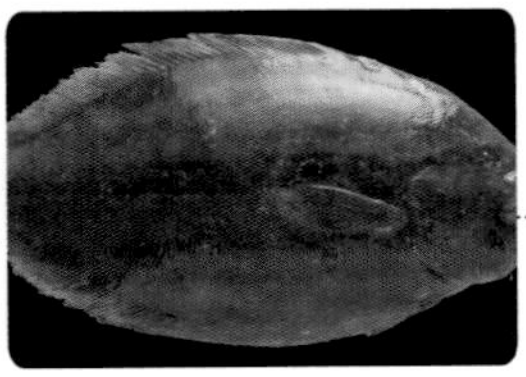

CHECK!

身體越渾圓越肥美好吃。

扁魚的一種，身上有星點，油炸特別美味，骨頭可完全炸酥，吃起來脆脆的，和鰈魚相似，可以眼睛來辨別，左比目右鰈魚（眼睛在左邊的稱比目魚），大隻的可做生魚片。

DATA

最大體長｜45cm

分佈狀態｜西部、北部、澎湖

季節｜冬、春，以12–4月最多

適合料理｜生魚片、酥炸，用清酒蒸。

14

春季魚種

酥炸星點比目魚

材料—星點比目魚 1 尾、太白粉適量、蛋黃 2 顆

作法—**1** 魚清洗乾淨，順著魚骨將魚肉片下。**2.** 先炸魚骨，炸到魚骨酥黃呈金黃色。**3.** 魚肉先沾蛋黃再沾太白粉，以 180 度油溫慢慢酥炸，炸約 4 分鐘 + 魚肉浮起。**4.** 可淋上薄醬油或自己喜歡的醬汁。

TIPS

酥炸魚肉時，先沾蛋黃再沾太白粉，可將蛋黃香氣增添在魚肉上，吃來會別有一番滋味。

皇帝魚

Paraplagusia bilineata

別名｜雙線鬚鰨、牛舌、龍舌、扁魚、皇帝魚、比目魚

梅雨季節，肉最緊實

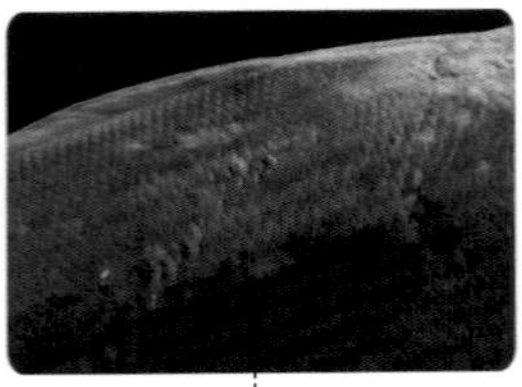

CHECK!
魚身紅邊是其主要特徵。

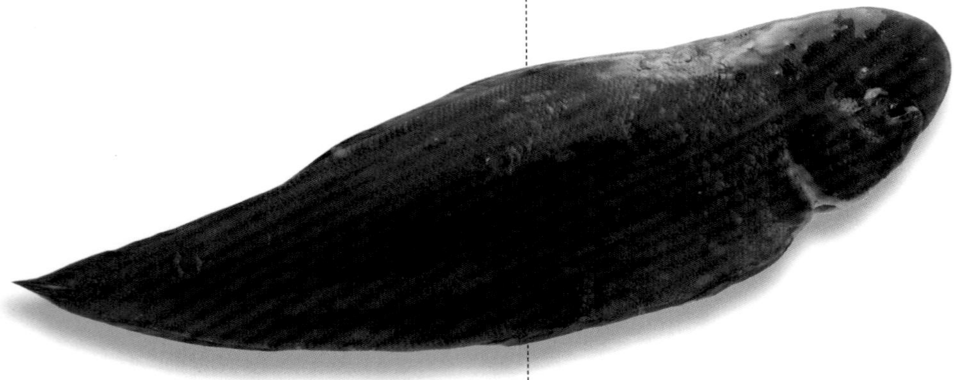

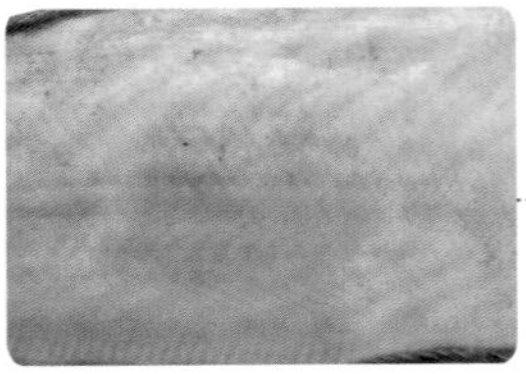

CHECK!
翻到背面，不新鮮時背面會出現紅紋，代表魚肉開始潰散了。

又稱牛舌魚，因嘴巴與魚身一圈紅色，也稱做紅邊魚。聽到皇帝魚就知道其屬於高級且肉質細緻的魚種，春夏交替，梅雨季時數量最多，此時海水鹹度下降，魚肉會較緊實。技術好的師傅可以將其做成生魚片，肉質非常鮮甜，不然清蒸油炸也都美味十足。

15
春季魚種

DATA

最大體長｜30cm
分佈狀態｜西部、南部、北部、東北部、澎湖

季節｜梅雨季，4–5月，此時東石漁港的皇帝魚特別好吃。
適合料理｜清蒸、油炸、煮醬油糖

皇帝魚昆布蒸

材料—皇帝魚 1 尾、昆布醬油適量

作法—**1.** 皇帝魚先泡鹽冰水 30 分鐘，去鱗擦乾，放冰箱冷藏不蓋保鮮膜放一天。**2.** 入油鍋時加入昆布醬油，以中小火慢慢煮，煮到熟透收汁即可。

小秘訣—因皇帝魚較易出水，放冷藏一天除了讓其更熟成美味外，還可以適度讓魚肉脫水，烹煮時即不會釋出過多的水分來稀釋醬汁。

TIPS

滷煮昆布醬油怎麼做？

兩條昆布對 1000cc 的水，將昆布泡在水裡 30 分鐘做成昆布水後，昆布水、醬油、味醂、清酒，以 5:1:1:1 攪拌均勻即可。

貓過

Cephalopholis boenak

別名｜橫紋鱠、橫帶鱠、過魚、石斑、黑貓仔、黑絲貓、竹鱠仔、黑青貓仔（澎湖）、烏絲（香港）

16

春季魚種

富含蝦蟹味，肉質超細緻

長相和黑貓過魚類似，但肉質更為細緻，帶有絲質的口感，且有蝦跟螃蟹的甜味，可做生魚片或清蒸，但易有暗鱗，處理時可先過熱水，再用刀子稍微掃一下即可去除。大隻的肝是絕品，帶有鴨肝的純熟香氣。

CHECK!

背鰭黃色越多越肥美。

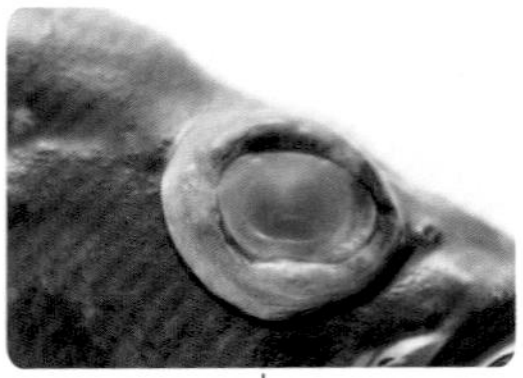

CHECK!

眼白處帶黃，越黃越肥美。

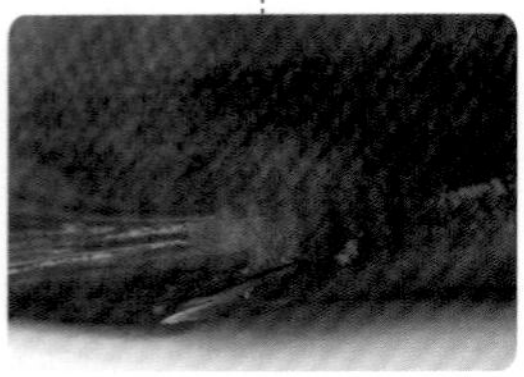

CHECK!

生殖腺不要分泌東西，否則代表不新鮮。

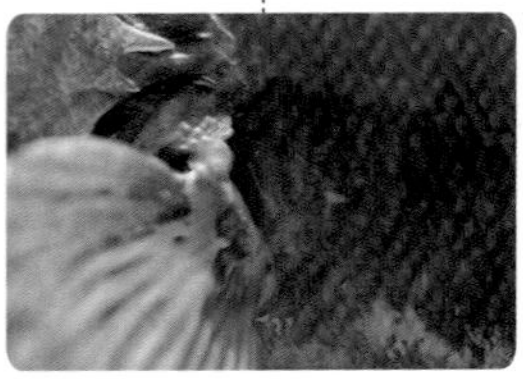

CHECK!

生殖線沒有東西噴出來，代表內臟沒有腐敗。

DATA

最大體長｜30cm

分佈狀態｜東部、西部、南部、北部、東北部、澎湖、小琉球

季節｜冬末到春初

適合料理｜清蒸、煮湯、酒蒸（泡著酒下去蒸）

香煎貓過

材料—貓過 1 條、鹽巴適量、地瓜泥咖哩醬適量

作法—**1.** 魚肉擦乾後兩面抹適量鹽巴。**2.** 以薑煉過的油將魚肉煎熟。**3.** 可搭配地瓜泥咖哩醬佐食。

TIPS

地瓜泥咖哩醬怎麼做？

1 公斤地瓜蒸熟搗成泥，加 1 湯匙咖哩粉和魚高湯少許燴煮，可視喜好加一點牛奶與鮮奶油。除了煎魚外，烤蔬菜、貝類，肉類都好用。魚皮擦乾、熱鍋冷油是煎魚漂亮小秘訣。

黑條

Cephalopholis argus

別名｜眼斑鱠、藍星斑、斑點九刺鮨、斑點九棘鱸、眼斑鱠、過魚、石斑、油鱠、青貓、黑鱠僅、黑鱠仔（澎湖）

17

春季魚種

擁有扎實又富含香氣的魚背肉

跟紅條魚很像，魚肉味道像是螃蟹跟昆布的混合，蒸完後甜味非常高，東南亞和台灣都有，但台灣澎湖的無論肉質或香氣都好。很適合清蒸，大隻的可做成生魚片，背肉油脂剛剛好，比腹肉更好吃，口感很像煮熟的干貝。

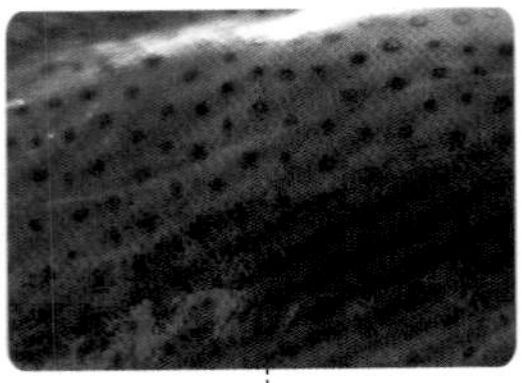

CHECK!

身上的藍點越清楚，表示越新鮮。

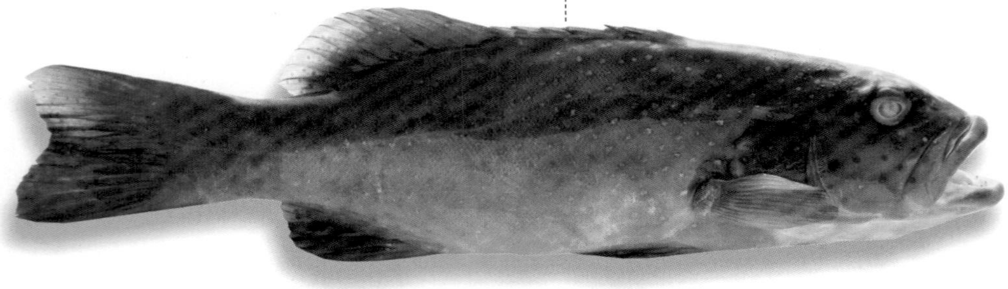

DATA

最大體長｜60cm

分佈狀態｜東部、南部、北部、東北部、澎湖、小琉球、蘭嶼、綠島、南沙

季節｜春末

適合料理｜清蒸、煮湯、大隻的可做生魚片。

昆布蒜黑條

材料—黑條 1 條、蒜頭 3 顆、清酒 100cc
作法—**1.** 把蒜頭塞到魚肚內，淋上清酒。**2.** 放入蒸鍋，蒸 6 分鐘後燜 3 分鐘即可。

TIPS

蒸 6 分鐘燜 3 分鐘，此種蒸 6 燜 3 作法，可讓魚肉肉質不會過老，魚皮也能保持得比較漂亮。

PART. 4

夏季魚類

品嚐富含結實的甜

夏季魚類有如放山雞，雖然油脂不豐，卻可品嚐富含結實的甜。其中最富價值的常常在不起眼的魚皮、魚胃、魚心臟等，取出後燒烤、醃漬都很迷人。

而夏季也相當適合吃沙岸地帶的魚，高溫岸邊養分多，使沙岸地區的魚略食性增強，吃飽後便容易囤積脂肪，像黃魚、帕頭魚、三牙魚等都是夏季盛產又美味的魚種。

也有一些魚，如花身雞魚等會在夏季繁殖，此時，正是他們最精華的時刻，一定要細細品味。

01
夏季魚種

黃魚

Larimichthys crocea

別名｜大黃魚、黃瓜、黃花魚

魚油、魚腹皆美味的夢幻魚

野生年產量不超過一公噸的夢幻魚，體型越大越肥美好吃。肚子裡的魚油融合了螃蟹、干貝、蚵仔、魷魚等味道，且魚腹旁有豐富的膠質，肉質細緻；但因產量少，價錢昂貴，不過市面上還有養殖的可供選擇，也可試試。

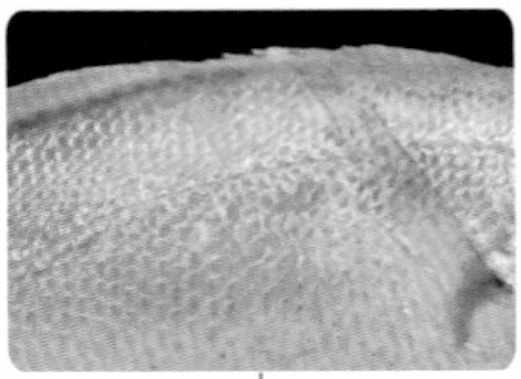

CHECK!
體型越大隻，油脂和膠質越豐富。

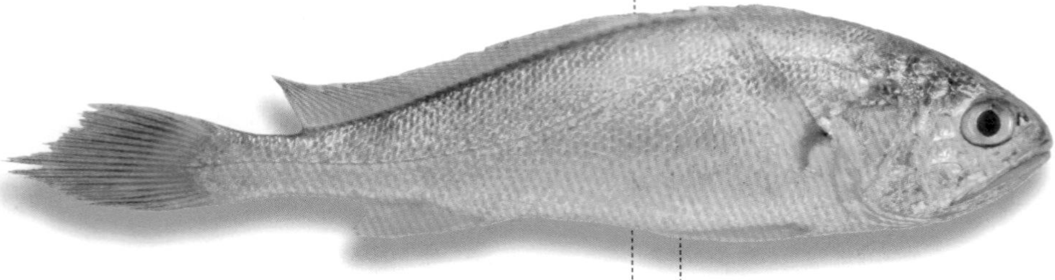

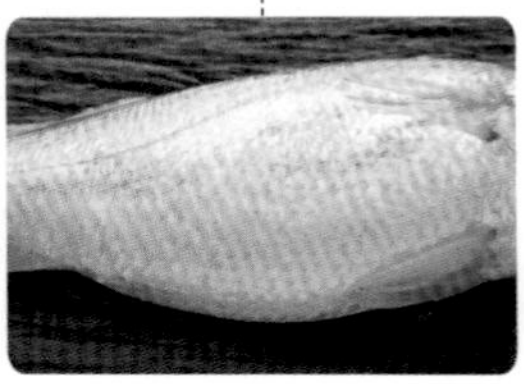

CHECK!
腹部越黃、代表越肥美。

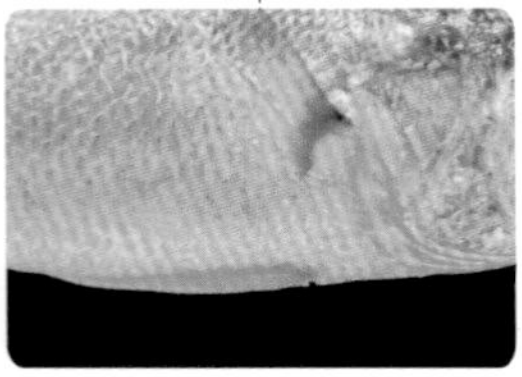

CHECK!
胸鰭可看到黃色油脂是肥美的象徵。

DATA

最大體長｜80cm
分佈狀態｜西部

季節｜夏天，6–9月
適合料理｜煮湯、清蒸。因肉質細緻，不適合乾煎，魚肉容易裂開。

蒜頭蒸黃魚

材料—黃魚 2 尾、蒜頭 2 顆、昆布 1 片

作法—**1.** 新鮮蒜頭去皮後整顆塞入黃魚的鰓內。**2.** 將魚墊在昆布上，使昆布和蒜頭的香氣能融入魚肉內，蒸 8-10 分鐘即可。

TIPS

面對夢幻黃魚，還有另一種簡單的煮法。可將昆布和黃魚放入水中一起煮，煮到有點熟度後，切幾片麻糬進去，讓麻糬吸收黃魚香氣，無論黃魚、湯還是麻糬都會非常美味可口。

02

夏季魚種

淺水帕頭

Pennahia argentata

別名｜白姑魚、白口、帕頭、黃順

沒錢吃帕頭，有錢吃黃魚

帕頭分淺水和深水兩種，因魚腥味較重，不適合生食或煮湯，料理方式多乾煎或油炸，且因價格便宜，市面上很多自助餐裡的炸魚都是用帕頭來做，很容易和黃魚搞混，可特別辨明。

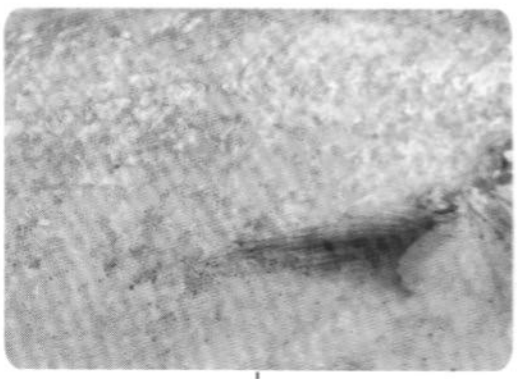

CHECK!

魚鱗掉越少越新鮮。

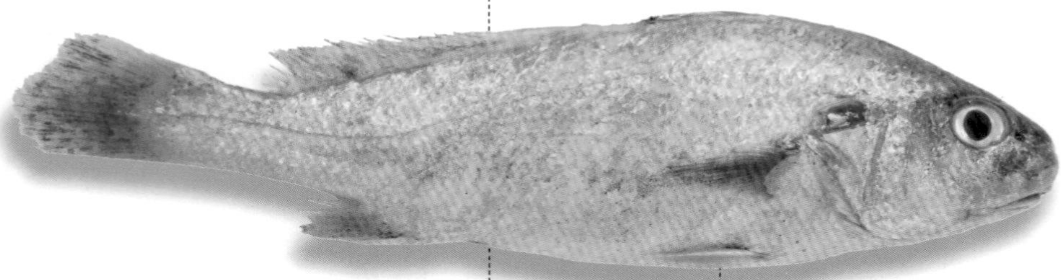

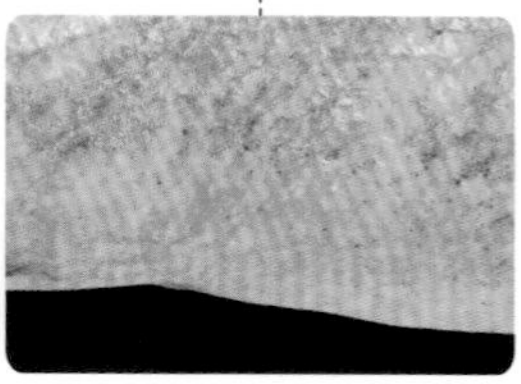

CHECK!

背厚腹肥為佳。

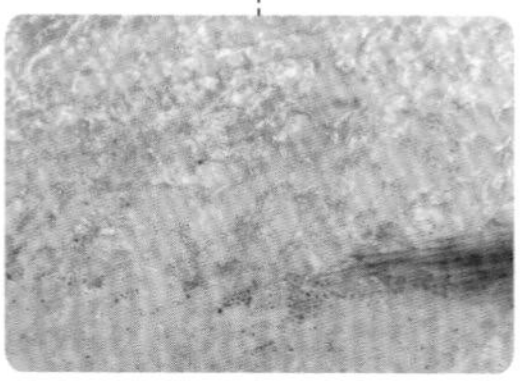

CHECK!

內臟容易腐爛，從外觀上看不出來，可聞有無臭味 。

DATA

最大體長｜28cm

分佈狀態｜西部、北部、澎湖

季節｜夏季，6–9月

適合料理｜乾煎、酥炸

深水帕頭

Pennahia anea

魚肉有螃蟹香氣

別名｜截尾白姑魚、帕頭

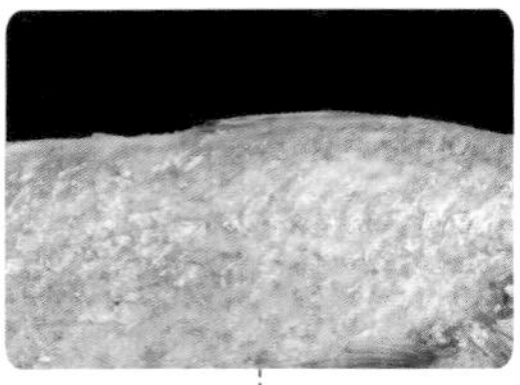

CHECK!

背部硬質表示鮮度好。

CHECK!

魚鱗不剝落鮮度好。

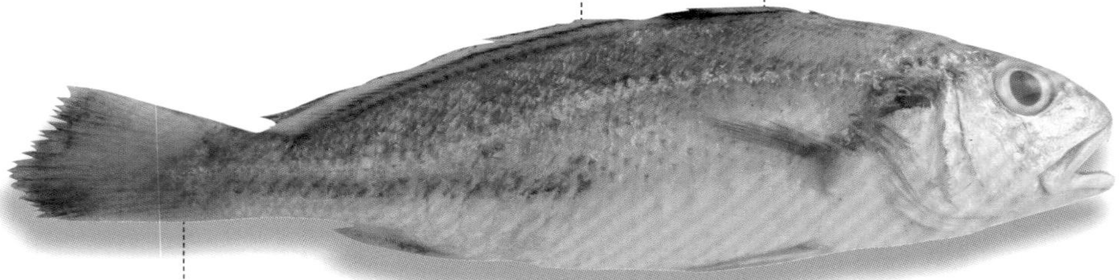

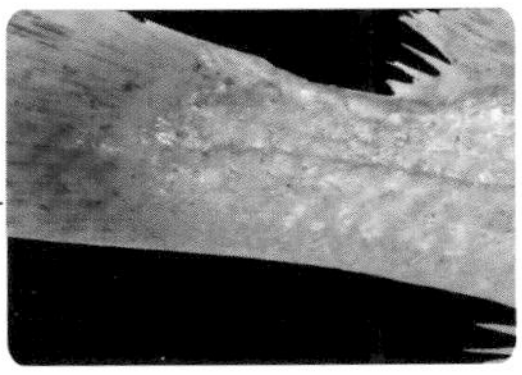

CHECK!

尾鰭肥厚，代表肥美。

帕頭魚類的魚都不能生食，因魚肉生食時會帶一股腥味，但加熱後腥味即會消失。魚肉有甲殼類香氣，不適合煮湯，甜味會流失，乾煎可保留魚皮香氣。

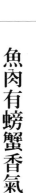

DATA

最大體長｜30cm

分佈狀態｜西部、北部

季節｜夏季，7月會出現；冬季，11-2月

適合料理｜乾煎、酥炸

03

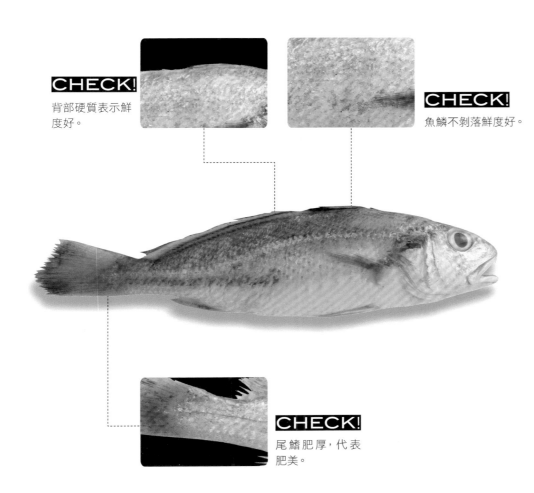

夏季魚種

乾煎帕頭魚佐柚子醬

材料—深水帕頭 1 尾、鹽巴適量、柚子醬適量

作法— **1.** 以小火熱鍋，將魚放入鍋內後加鹽。**2.** 慢慢煎，隨時查看翻面。**3.** 用筷子插一下看是否能穿透，筷子穿透後即可起鍋。**4.** 淋上沾醬即可。

TIPS

柚子醬怎麼做？

醬油膏、醬油、番茄醬、柚子醬、水，以1:0.3:0.5:1.5:1的比例，攪拌加熱，煮到略為收汁即可。也可以加入一點紫蘇，增加醬汁香氣。

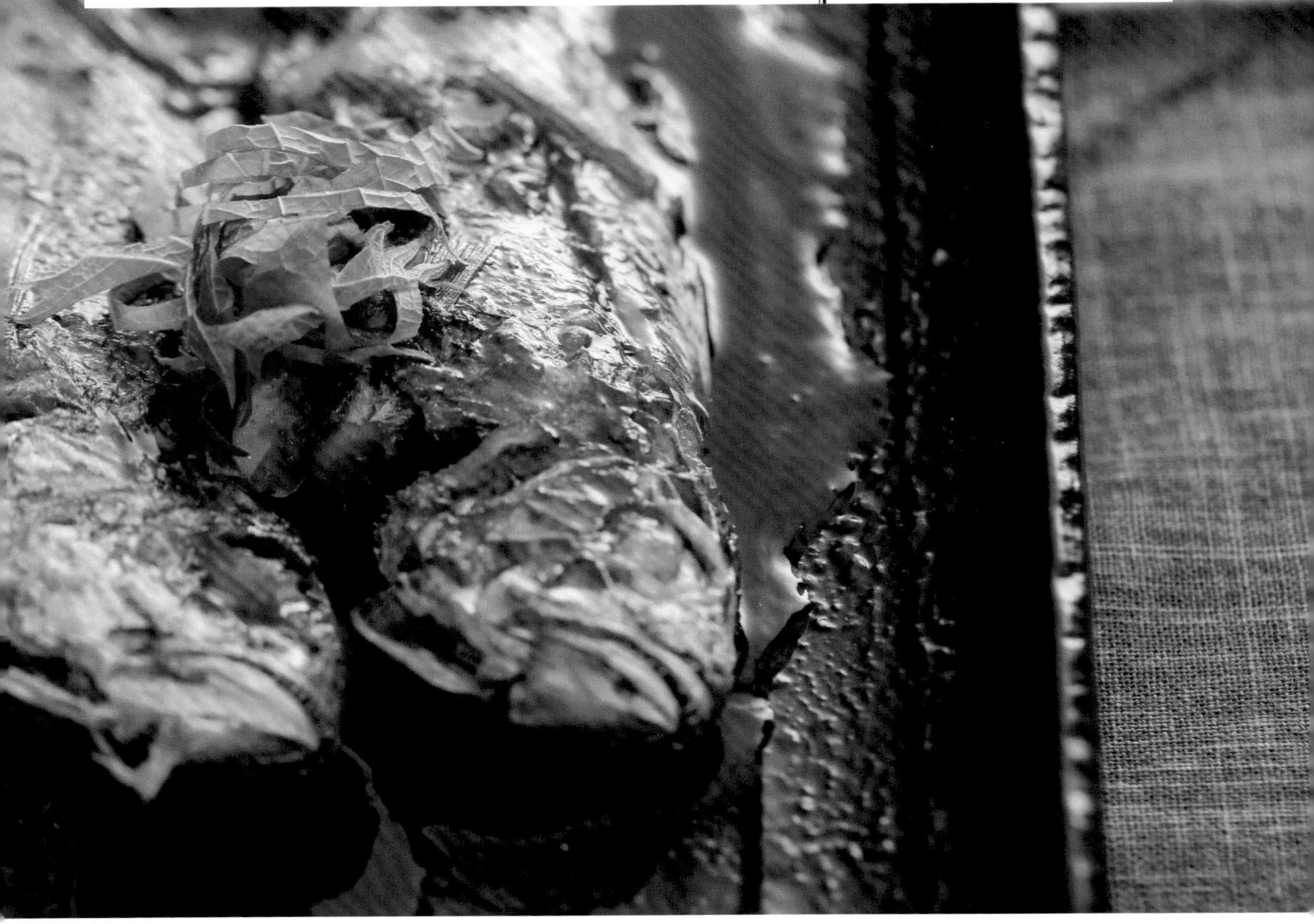

帕頭和黃魚怎麼分？

黃魚的下顎較長且呈黃色。

帕頭的下顎較短，且呈粉色。

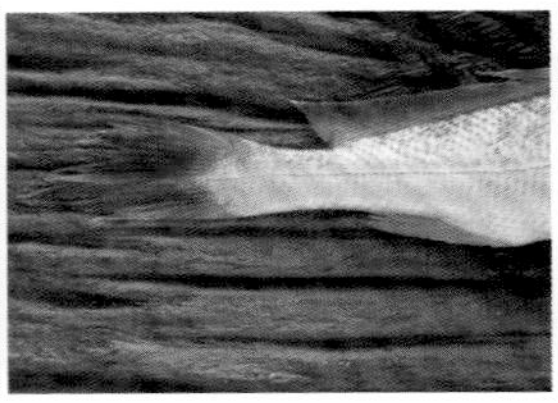

黃魚的尾鰭較尖。

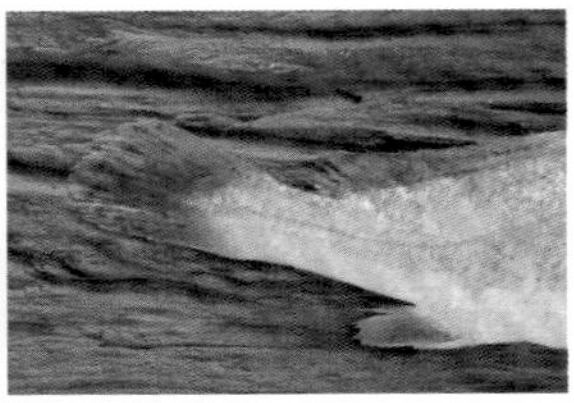

帕頭的尾鰭較圓。

午仔白

Polydactylus sexfilis

有蝦子香氣，適合煎炸的小魚

別名｜六絲多指馬鮁、六絲馬鮁、午仔

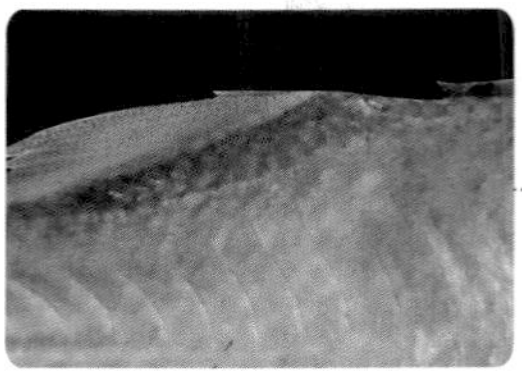

CHECK!
背部越厚實越肥美。

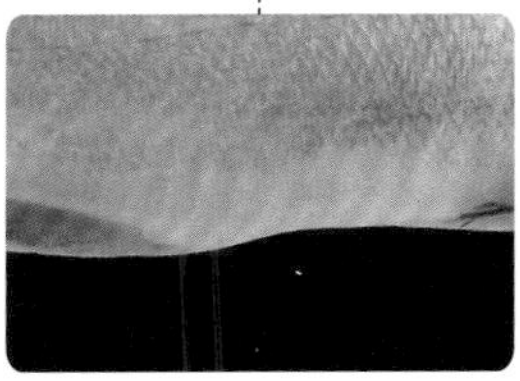

CHECK!
腹部摸起來堅硬代表鮮度佳。

雖然名字和午仔相近，但價錢只有午仔的1／10。因捕撈量多所以價錢較平實。魚刺多，吃來得特別小心，可以用破布子或豆豉一起蒸。

DATA

最大體長｜61cm
分佈狀態｜西部、南部、澎湖
季節｜夏季，6–9 月
適合料理｜乾煎、酥炸、清蒸

05
夏季魚種

三牙魚

Otolithes ruber

有黃魚口感，價錢卻只有1/10

別名｜紅牙、白牙、紅牙鰔

嘴上前面有三個特別顯著的牙齒，所以稱為三牙魚，分為紅三牙與白三牙兩種，白三牙的肉質稍微細緻一點，因魚體菌多，不適合做生魚片，但兩種魚清蒸、煮湯、乾煎都很美味，尤其蒸起來有黃魚的細嫩口感，價錢卻只有黃魚的1／10，魚肉帶有淡淡的蝦與檸檬香。

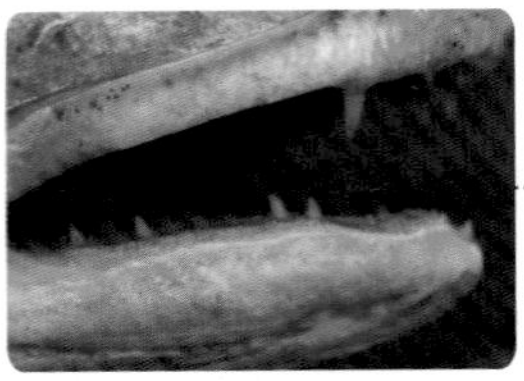

CHECK!

上顎2顆牙，下顎1顆牙的為紅三牙；白三牙則是上顎1顆牙，下顎2顆牙。

紅三牙

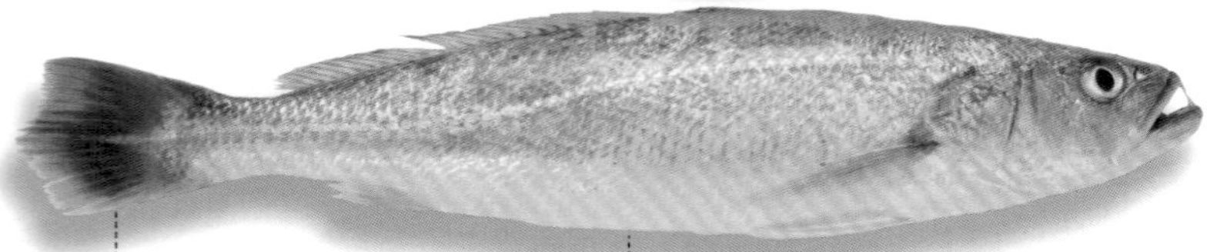

白三牙

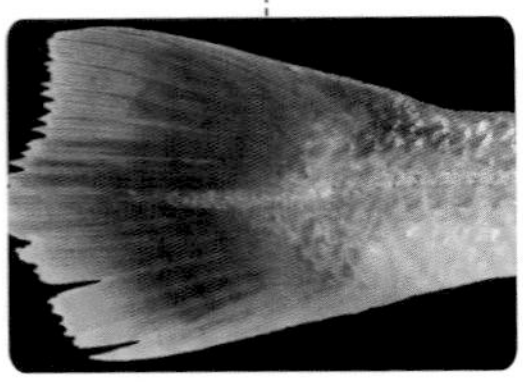

CHECK!

下巴、背鰭、尾巴越金黃代表越新鮮肥美。

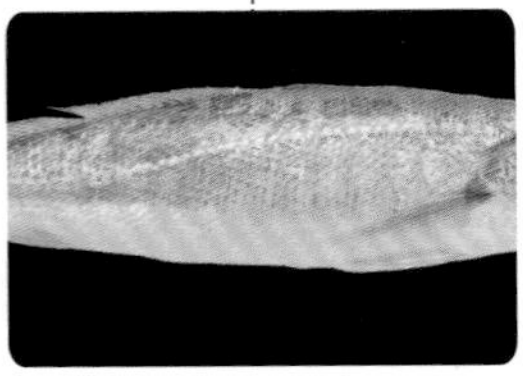

CHECK!

因屬長形魚，身體越渾圓越肥美好吃。

DATA

- **最大體長**｜90cm
- **分佈狀態**｜西部
- **季節**｜夏季，6–9月
- **適合料理**｜清蒸、煮湯、乾煎

昆布三牙魚西京燒

材料—魚肉 200g、白味噌 100g、清酒 100cc、味醂 100cc、酒粕 20g、昆布 1 條

作法—**1.** 白味噌、清酒、味醂、酒粕攪拌均勻後，將魚肉包裹住，放冰箱冷藏一天。**2.** 隔天用刀子將魚肉表皮的味噌抹除，昆布泡水 10 分鐘後撈起擦乾。**3.** 將魚肉放在昆布上燒烤 8 分鐘即可。

TIPS

西京燒為以味噌醃漬魚肉的一種料理法。將魚肉墊在泡過水的昆布上烤，烤出來的昆布水會往魚的身上附著，讓魚的水分不流失。

花身魚

Terapon jarbua

夏天煮湯好魚

別名—花身仔、斑吾、雞仔魚、三抓仔

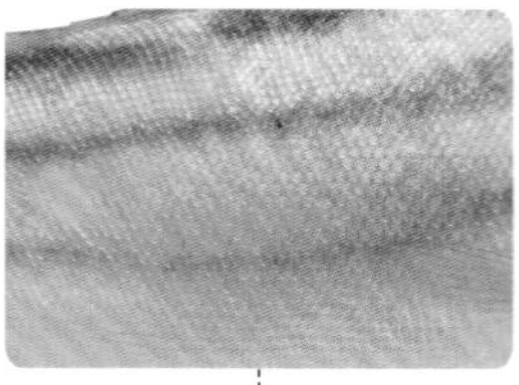

CHECK!

魚鱗不要脫落，脫落表示不新鮮。

花身雞魚

花身舅

Pelates sexlineatus

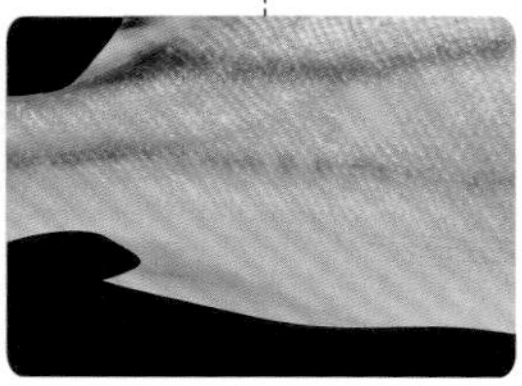

CHECK!

拿起時，身體不能太軟，太軟表示久放。

06

夏季魚種

花身雞、花身舅怎麼分？

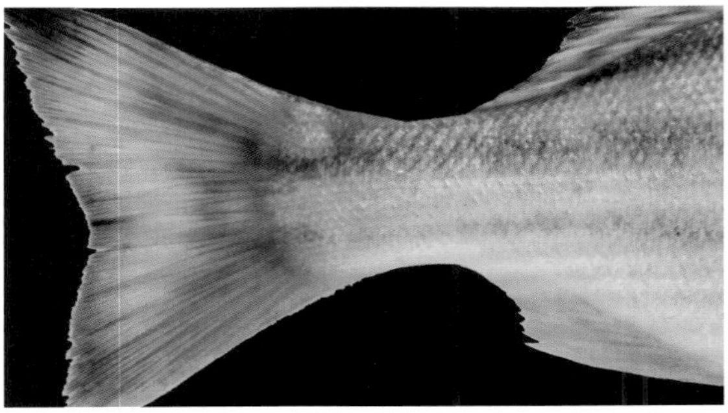
花身舅尾巴為點紋

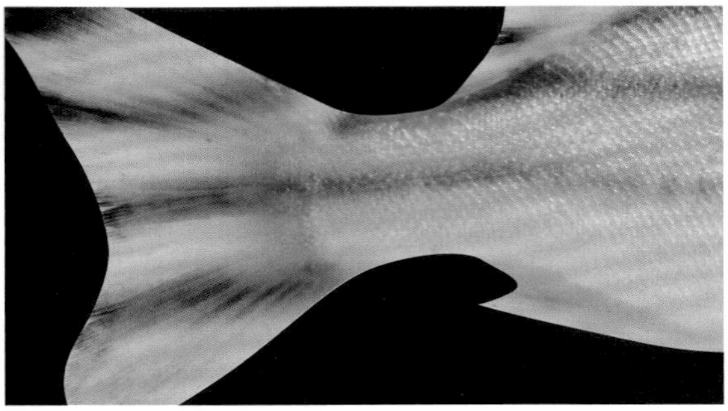
花身雞魚尾巴為橫紋

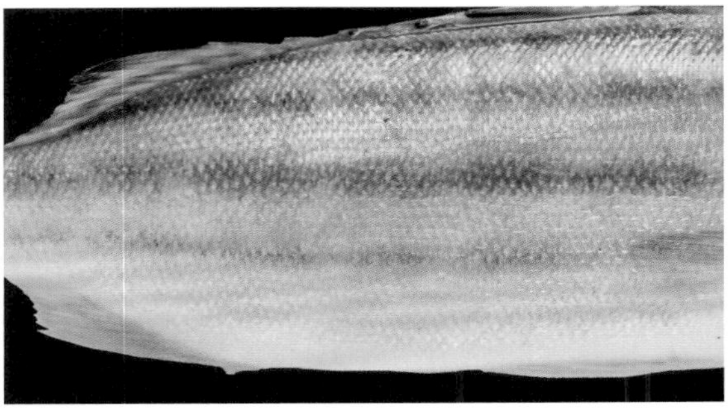
花身舅魚身較窄

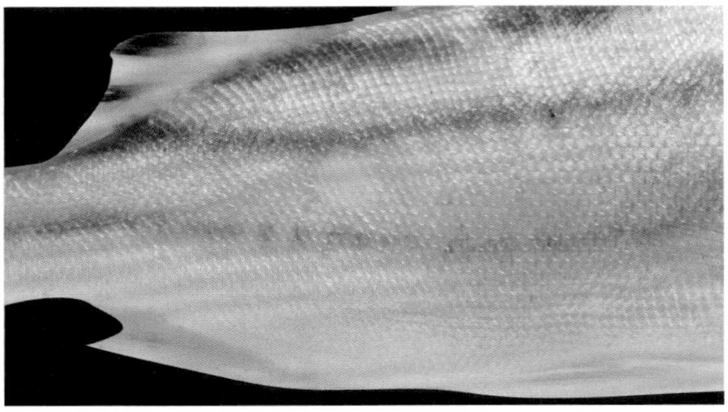
花身雞魚身較寬

花身魚越大越美味，小花身魚稱花身雞魚、大花身魚稱花身舅，通常用來煮湯，但同石斑（鮢過）魚一樣，不可長時間以火直接加熱，火一滾半熟後即可關火，再用燜煮法慢慢將其燜熟，如此便可保留住魚肉的甜味並防止過硬。煮湯時，湯頭會有淡淡的蛤蜊味，但花身魚的魚刺較多，食用時請特別留意。

DATA

最大體長｜36cm

分佈狀態｜西部、南部、北部、東北部、澎湖、小琉球、東沙

季節｜夏天，7–9月

適合料理｜煮湯，也可加破布子清蒸，但需用燜煮法，避免魚肉過老。不適合乾煎，魚肉容易碎掉。

鳳茄雞魚湯

材料—花身雞魚 1 尾、昆布高湯 200cc、切塊鳳梨 3 塊、小番茄 12 顆、鹽巴適量

作法—**1.** 將小番茄加200cc的昆布高湯一起煮約3分鐘。**2.** 整條花身魚、鳳梨入鍋一起煮。**3.** 水滾後，立刻關火，用燜煮法將魚肉燜熟，再加適量鹽調味即可。

TIPS

鳳梨和番茄會讓魚湯有很棒的香氣。煮湯時會出現小泡泡，泡泡可是最營養的部分，千萬別撈掉！

盤鯧

Drepane longimana

07

夏季魚種

別名｜條紋雞籠鯧、銅盤仔、金龍、雞倉、加破埔

最適合跟豆類清蒸的魚

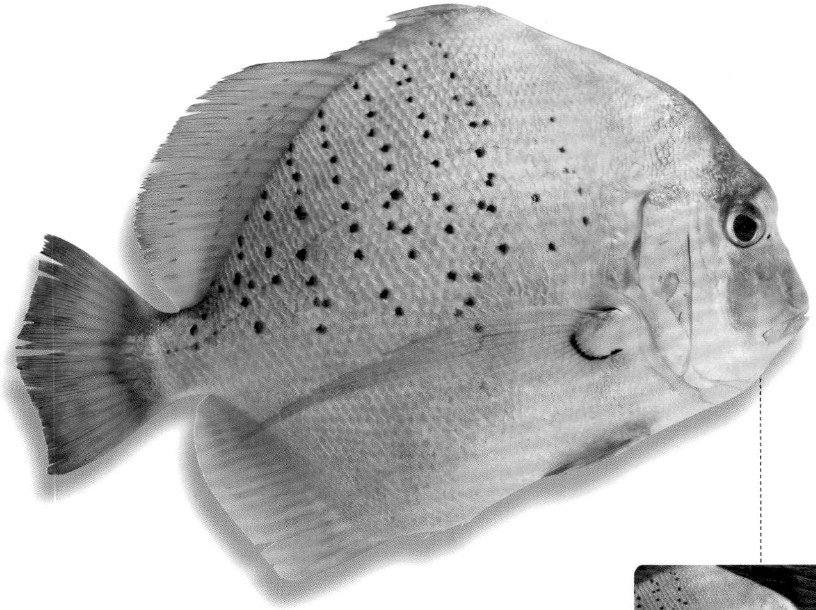

CHECK!

龍頭越大越肥美。

南部菜市場常見的魚種，因腐敗速度快，內臟要儘快去除，且因肉質較粗、偏酸性，雖屬鯧魚的一種，卻不適合乾煎，清蒸是比較好的作法。

DATA

最大體長｜50cm

分佈狀態｜西部、南部、北部

季節｜夏天，5–8月

適合料理｜清蒸、煮湯

銅鏡魽仔

Alectis indica

別名｜印度絲鰺、大花串、鬚甘、東京瓜仔、白鬚公、期鮊

大家都不知道可以做生魚片的魚

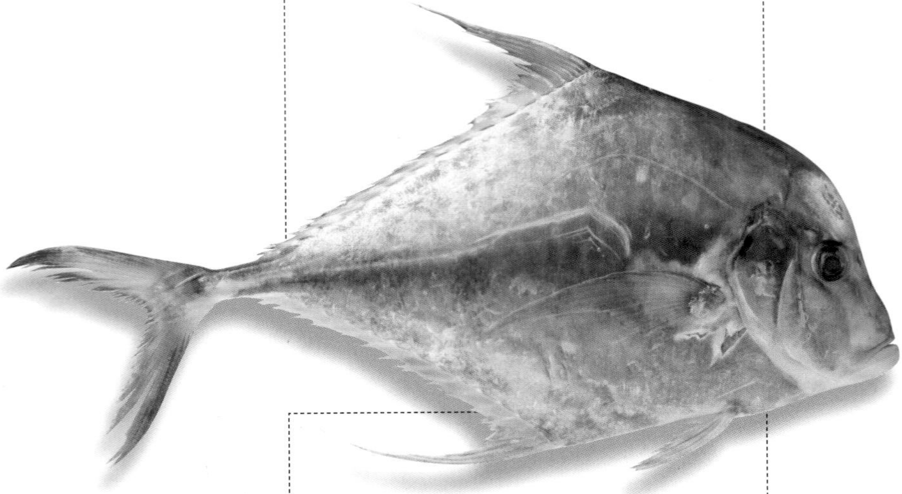

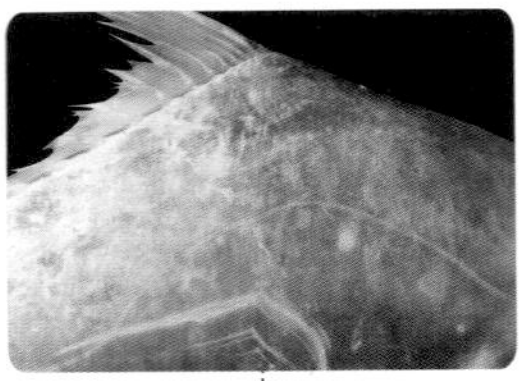

CHECK!
拿起時，魚身要堅硬，太軟表示不新鮮。

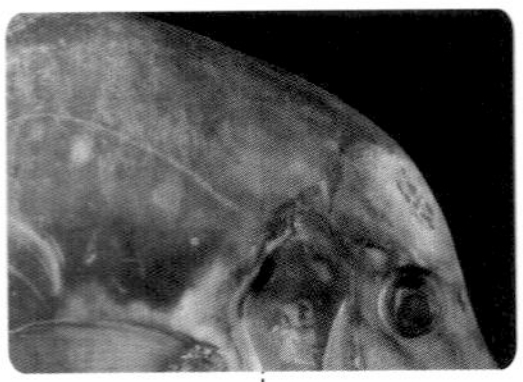

CHECK!
頭部越隆起越肥美。

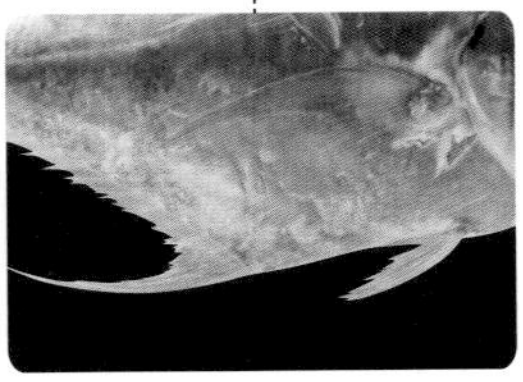

CHECK!
背鰭、腹鰭、臀鰭紅色代表肥美。

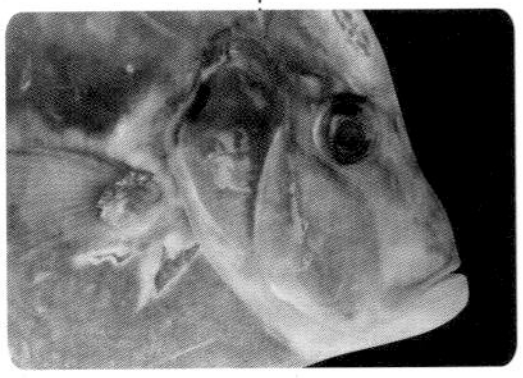

CHECK!
嘴巴圓圓鼓鼓，越透明越好。

魚肉可做生食，肉質緊實，屬亮皮魚。因亮皮魚較容易腐敗，可在餐巾紙上噴一點白醋，直接擦在魚皮上，不但可清潔魚身，也可進行簡單的醋漬，讓魚肉保存較久。因魚尾部的中骨較難去除，可從尾部下刀，將硬骨片下即可。

DATA

最大體長｜155cm
分佈狀態｜東部、西部、南部、北部、東北部、澎湖、小琉球、蘭嶼

季節｜夏季，以 7 月最美味
適合料理｜生魚片、煮湯、紅燒

08
夏季魚種

銅鏡鮋仔湯霜刺身

材料—魚肉 100g

作法—**1.** 魚皮以熱水汆燙後，泡入鹽冰水 5 分鐘（可參考 40 頁湯霜法）。**2.** 將魚肉擦乾後，用餐巾紙包裹住放冰箱冷藏 1 天讓魚肉穩定熟成。**3.** 取出切片即可。

蘇眉魚

Cheilinus undulatus

魚頭、唇部，老饕最愛

別名｜曲紋唇魚、拿破崙、龍王鯛、海哥龍王、大片仔、石蚱仔、汕散仔、闊嘴郎、波紋鸚鯛

體型越大肉質越緊實，口感細緻，帶點干貝的味道，腹部油脂豐富，入口即化，頭部跟嘴唇膠質最多，為老饕的最愛，也是海鮮餐廳裡的高檔食材，近年因數量稀少，已被列為保育類魚種，需要眾人一起保護。

09
夏季魚種

CHECK!

此種魚很容易受到壓力而使眼睛變濁，新鮮與否要看周圍的黏液，眼睛周圍黏液越多越好。

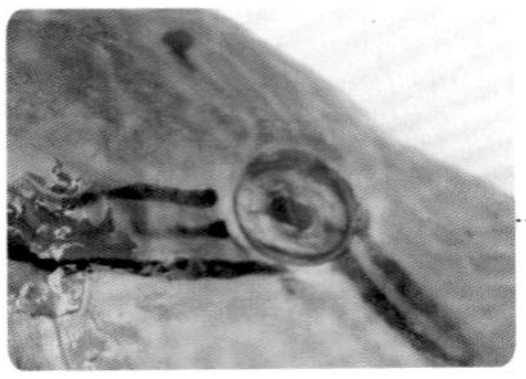

CHECK!

魚鱗不剝落富含膠質。

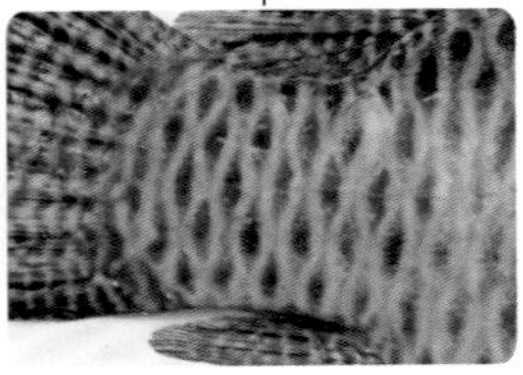

CHECK!

胸鰭黏液多代表新鮮。

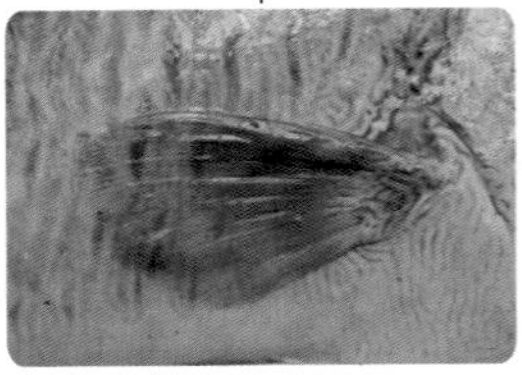

DATA

最大體長｜229cm

分佈狀態｜東部、西部、南部、北部、東北部、澎湖、小琉球、蘭嶼、綠島、東沙、南沙

季節｜夏、秋，7–10 月

備註｜2014 年 7 月 1 日，台灣將蘇眉魚列為保育類魚種。左頁的「燒霜山藥漬」為蘇眉魚的經典料理，為保育台灣的野生魚類，建議以石老魚、白鮨魚等魚類取代。在此也感恩蘇眉魚曾帶給我們在料理與口感上的驚喜。

燒霜山藥漬

材料—魚肉 150g、青海苔少許、昆布醬油 20cc、昆布 1 條、山藥泥 50g、白醋 20cc、味醂 50cc、昆布水 50cc

作法—**1.** 魚肉用昆布包裹冷藏一天後，取出去皮。**2.** 魚肉切小刀紋用熱水燙過一次，過 5% 鹽冰水 5 分鐘後撈起備用。**3.** 將魚肉擦乾放冰箱 20 分鐘後取出切塊。**4.** 山藥泥加入昆布水、白醋、味醂攪拌均勻。**5.** 用噴槍燒烤魚肉表皮直到產生香味，再鋪到山藥泥上即可。

TIPS

切小刀紋可增加魚肉口感，而汆燙後過鹽冰水，不但可去除魚生食的海藻味，也可在魚肉身上形成保護膜。

黑鯛

Acanthopagrus schlegelii

帶有螺肉香氣

別名｜沙格、烏格、黑格

10
夏季魚種

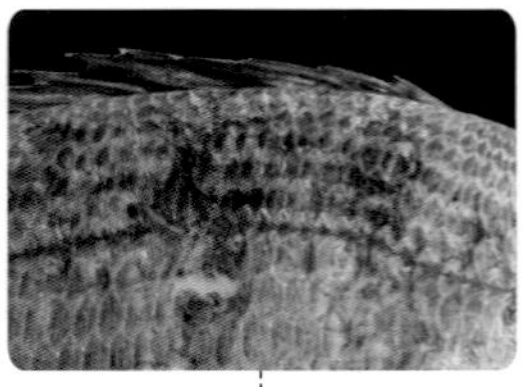

CHECK!
背上黑紋越多代表肉質越厚實肥美。

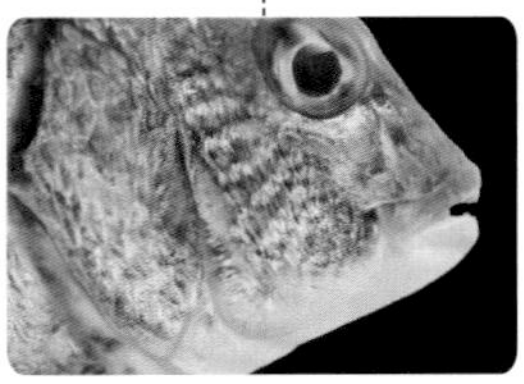

CHECK!
嘴巴上緣黃色代表肥美 。

屬於一般漁港或港邊很容易釣到的魚。沒有特殊香氣，較適合用烤的，是很容易取得到的鯛科類魚種。拜拜時若要選便宜好料理的魚種，黑鯛是不錯的選擇，但腐敗速度比較快，買回來時先泡鹽冰水，可多保存3－4天。

DATA

最大體長｜50cm
分佈狀態｜東部、西部、南部、北部、東北部、澎湖

季節｜夏天，6–9月
適合料理｜燒烤、乾煎、紅燒

黑鯛酒粕燒

材料—黑鯛魚肉 200g、酒粕適量、鹽巴少許、昆布 1 片

作法—**1.** 在酒粕上加入一點鹽巴。**2.** 將酒粕和鹽巴充分拌勻。**3.** 魚肉噴鹽冰水（2%）。**4.** 以餐巾紙將魚肉擦乾。**5.** 將酒粕平均塗薄薄一層在魚肉上。**6.** 用昆布包裹魚肉 30 分鐘。**7.** 以預熱的烤箱 250 度烤 8 分鐘即可。

鐵甲

Megalaspis cordyla

別名｜大甲鰺、扁甲

以熱水汆燙輕鬆去魚鱗

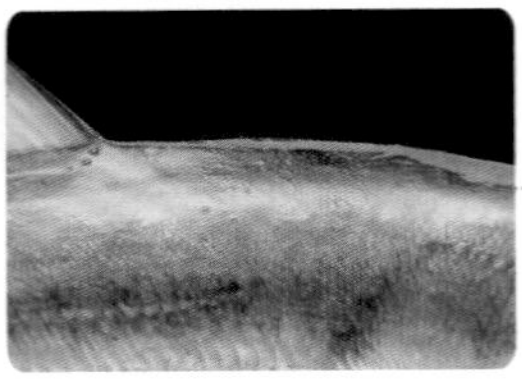

CHECK!
魚身上半部越黑，越有光澤代表鮮度越佳。

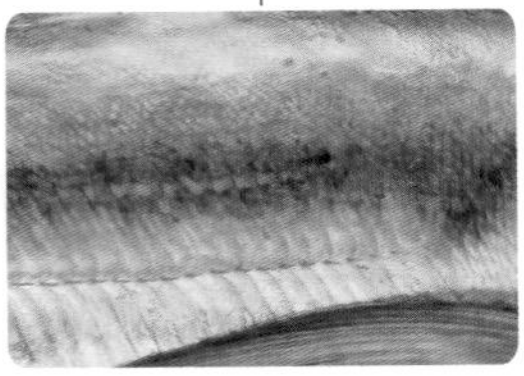

CHECK!
魚鱗硬，摸起來有如鐵甲。

魚鱗厚，一般常為取魚鱗而煩惱，可先用熱水汆燙，再沖冷水，魚鱗便可輕鬆剝除。肉質帶有淡淡螃蟹香，但會隨著鮮度變差而降低。可不去鱗，直接用鹽包裹住整條魚，烤完後剝開吃魚肉，裹鹽烤可讓魚肉變得比較甜美好吃。

DATA

最大體長｜75cm
分佈狀態｜東部、西部、北部、澎湖、小琉球

季節｜夏初，5-6月
適合料理｜裹鹽烤、油炸、乾煎、煮湯

11
夏季魚種

鐵甲昆布醬燒

材料—鐵甲 1 尾、醬油 50cc、味醂 20cc、甜椒少許、切塊鳳梨半顆、昆布高湯適量

作法—**1.** 整條魚下油鍋煎 3-5 分鐘後翻面。**2.** 翻面後立刻放高湯，高湯敷蓋住魚半身即可。**3.** 加鳳梨、味醂與醬油，慢慢收汁。**4.** 收汁剩下 1/3 即可起鍋，起鍋前加一點甜椒配色即可。

TIPS

鳳梨和味醂可將魚的甜味帶出來。如果喜歡甜一點的溫順口感，也可加入適當的冰糖在昆布湯裡一起收汁。

白帶 *Trichiurus japonicus*

12
春夏魚種

影片連結

別名｜日本帶魚、白帶、瘦帶

白帶吃春夏；油帶吃秋冬

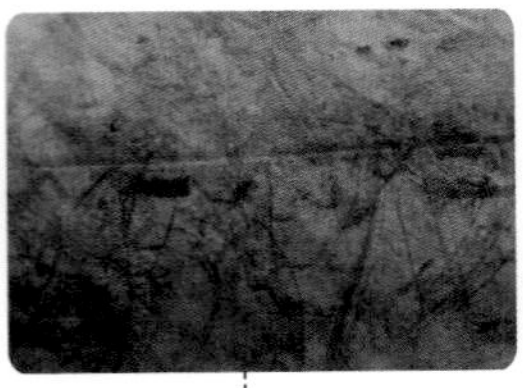

CHECK!
魚皮越亮，代表越新鮮。

CHECK!
頭越大越好，眼睛清澈透明表示鮮度佳。

白帶

CHECK!
粉紅色的切面代表肉質新鮮。

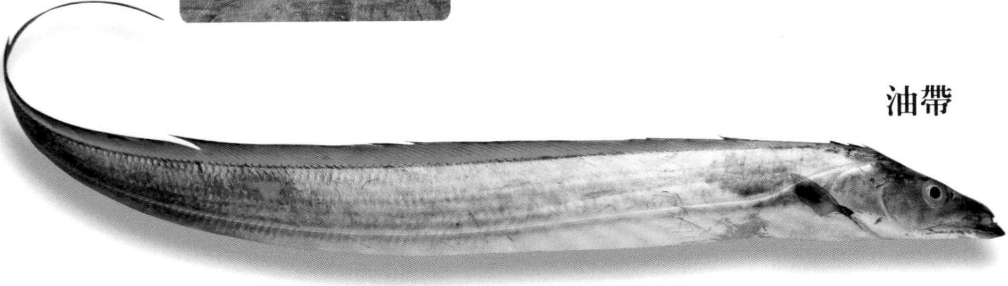

油帶

白帶魚小隻和大隻口感不同，超過5斤才可以做生魚片；生食有清甜的貝類香氣，魚皮微微燒烤則會有很棒的魚香味。屬於平價魚種，但大隻白帶魚的價錢卻是小隻的數倍。和油帶長相類似，但油帶的肉質較緊實，做生魚片會有淡淡的柚子香。通常春夏吃白帶、秋冬9－1月吃油帶。

DATA

最大體長｜135cm

分佈狀態｜東部、西部、南部、西南部、北部、東北部、澎湖、小琉球

季節｜一年四季都捕撈得到，但春夏，2–8月，腹部有卵，油脂較豐富。

適合料理｜乾煎、清蒸、頭部煮湯。生食通常會用昆布熟成法讓魚的味道更鮮明美好。

紙鹽熟成烤白帶

材料—白帶魚 200g、昆布粉少許、2% 鹽冰水少許、餐巾紙 1 張

作法—**1.** 在餐巾紙上噴鹽冰水，噴到紙巾濕透。**2.** 加一點昆布粉在溼紙巾上。**3.** 將魚肉這面放上餐巾紙，包起放冷凍庫，冰個一天即入味。**4.** 取出解凍後直接用噴槍烤，烤到表面化油即可。

TIPS

不一定每種魚新鮮與否都看眼睛，不過帶魚的眼睛特別敏感，死亡過久立刻反映在眼睛上，因此眼睛反而是帶魚新鮮與否的重要指標。

影片連結

黃鰭鮪

Thunnus albacares

13
夏季魚種

別名｜黃鰭金槍魚、串仔、黃奇串

用醬油去除魚肉的酸味

鮪魚的一種，是生魚片店會用的魚，口感較軟，有人將其做為海底雞或鮪魚沙拉罐頭，南部的菜市場常見，但黃鰭鮪的魚肉容易有酸味，可用醬油醃魚肉 5 分鐘，即可去除。

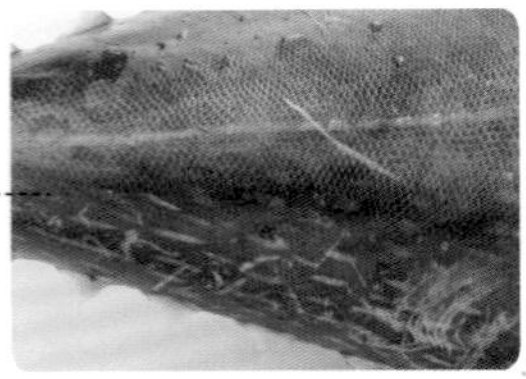

CHECK!
臀鰭到尾鰭間要有黃色的鰭。

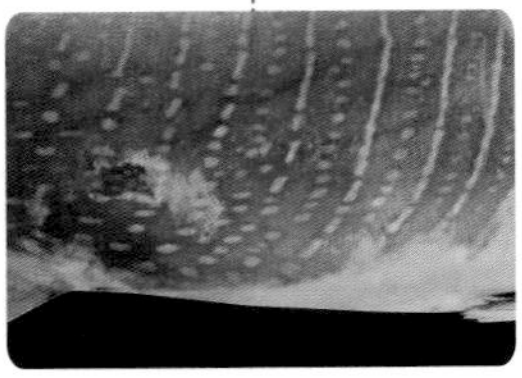

CHECK!
腹部越油，表示油脂越豐富。

DATA

最大體長｜280cm
分佈狀態｜東部、南部、北部、東北部、小琉球、蘭嶼、綠島、南沙

季節｜夏季，6–9 月
適合料理｜沙拉、海底雞等加工品

魚蒲葉燒

料—鮪魚 100g、自製芝麻味噌醬適量
法—**1.** 鮪魚切塊，熱油鍋，直接下去煎一分鐘後，外層香即可翻面再煎一分鐘。**2.** 起鍋後淋上自製白芝麻味噌，加點龍鬚菜配色即可。

TIPS

白芝麻味噌醬怎麼做？
白芝麻搗碎，拌入以 1:1 調製好的味噌和味醂中（味醂可用紅酒醋替代）。做好的芝麻味噌醬可當成烤杏鮑菇或烤蔬菜的醬料，也可配著蔬菜沙拉一起吃。

香魚

Plecoglossus altivelis altivelis

別名｜鰈魚、Ayu、年魚

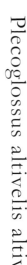

愛吃蔬菜，肉質細緻的年魚

14
夏季魚種

最好吃是夏季，秋季過後漸死亡，屬年魚，前六個月生成成魚後，後六個月即為了地域性而打架。肉質緊實，台灣許多乾淨溪流，如：新竹尖石和烏來山區都有，但因魚刺多，且淡水魚含菌量高，不適合做生魚片。因香魚愛吃蔬菜，捕釣時不適合用餌，而是以友釣法，即用一隻香魚來引誘另一隻，是日本料理店常烤的魚種之一。

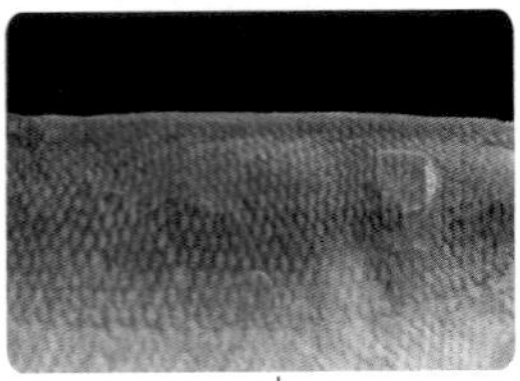

CHECK!
魚背上的顏色深邃，代表肉質結實香甜。

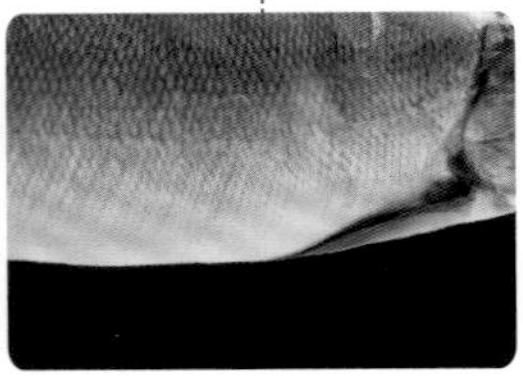

CHECK!
魚肚特別渾圓代表內有魚卵，肥美好吃。

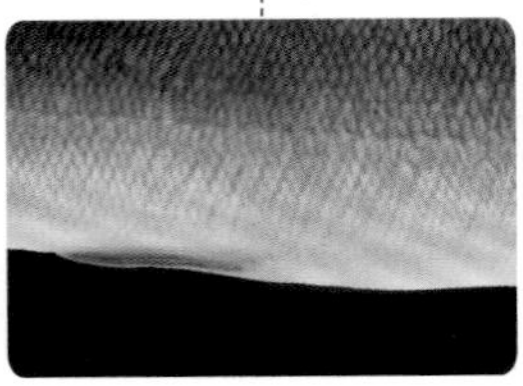

CHECK!
注意肚子不要破裂，破裂代表肚內有腐敗。

DATA

最大體長｜70cm
分佈狀態｜北部、中部

季節｜夏天，5–8月
適合料理｜燒烤、乾煎

鹽燒香魚

材料—香魚 1 尾、鹽巴適量

作法—**1.** 將香魚泡在鹽冰水裡 5 分鐘。**2.** 擦乾後，兩面抹上一層薄薄的鹽巴。**3.** 放入烤箱，以 180 度的溫度烤 6-8 分鐘，表面焦香即可。

TIPS

烤香魚看似簡單，但其實烤得漂亮卻不容易。關鍵之處在於魚體一定要擦乾不能有水分，不然燒烤時魚肉容易裂開。

竹葉甘

Seriola rivoliana

15
夏季魚種

別名｜長鰭鰤、油甘、黃尾鰺

同時擁有青甘和紅甘的柚子香

台灣特有魚種，魚肉非常美味，在水裡就像一片葉子的紅甘，端午前後的紅甘最不適合食用，但此時卻是竹葉甘最好吃的時候，肥美時連骨頭都會出油，魚香帶點薄薄蚵仔味道，堪稱夢幻魚（紅甘介紹請見150頁）。

CHECK!

魚身上有淡青色的線條，越明顯越新鮮 。

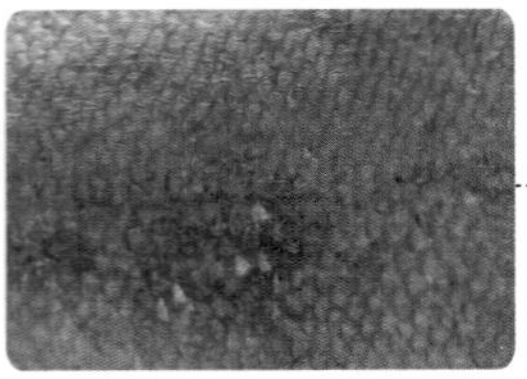

CHECK!

腹部摸起來硬實，代表油脂豐美，肉緊實。

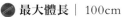

DATA

最大體長｜100cm
分佈狀態｜東部、西部

季節｜春夏魚種，端午前後最好吃
適合料理｜生魚片、燒烤、炸魚片、乾煎

竹葉甘生魚片

材料—竹葉甘 200g

作法—**1.** 將魚肉片下後，在魚肉那面噴 2% 鹽冰水，形成保護膜。**2.** 以熱水澆燙魚皮來回兩三次，魚肉會因熱而捲曲，此為湯霜法。**3.** 立刻浸入鹽冰水 5-8 分鐘。**4.** 用布一片片包起來，放入冰箱 6 小時，再取出切片即可。

TIPS

此為魚肉熟成的湯霜法。作法 3 的浸鹽冰水主要是形成一個鹽層保護膜，免於魚肉受到污染，也讓鹽味滲透，魚肉會更鮮甜。（湯霜法詳見 40 頁）

16

夏季魚種

七星仔

Scomberoides tol

別名｜托爾逆鈎鰺、棘蔥仔、鬼平

適合用醬燒法料理的魚種

屬平價、肉多之好魚，夏天肉質乾澀，冬天多油脂，肉質偏硬，不宜過度加熱，且不能生食。屬於較有水性的魚類，很適合清除內臟後燒烤食用。烤過的肉會變得較有彈性。因魚肉偏酸，最好能先放血，南部人最喜歡以醬燒法來煮。

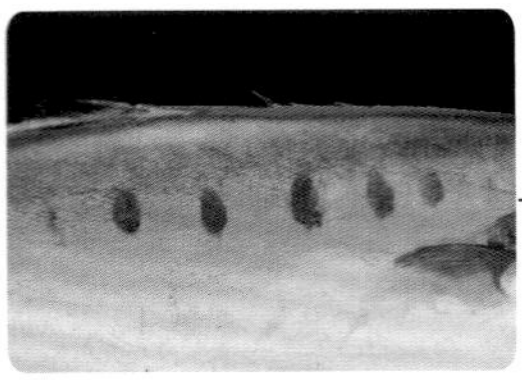

CHECK!

魚皮上的黑點越明顯越好 。

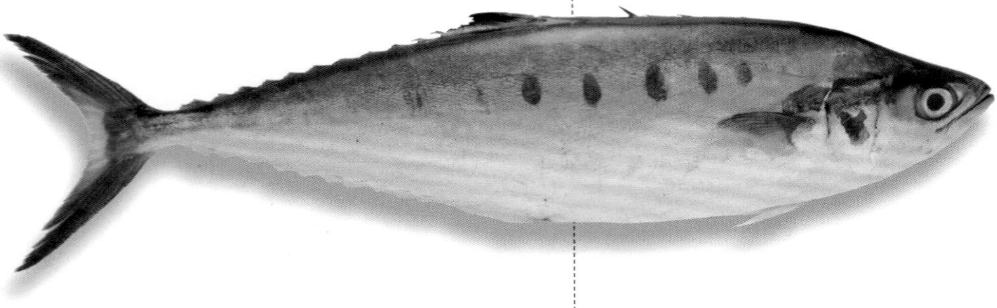

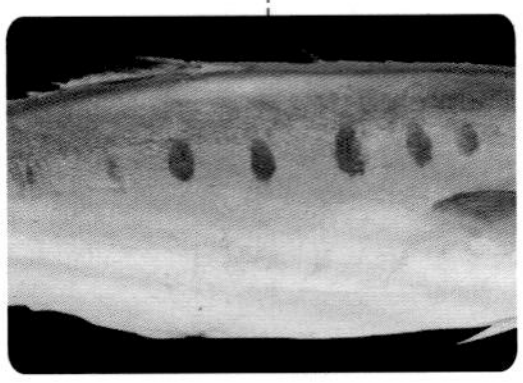

CHECK!

身上有 7 點，但因屬未成熟期，所以有 2 點較不明顯，和七星飛刀屬於同科不同種，但肉質相近。

DATA

最大體長｜55cm

分佈狀態｜東部、西部、南部、北部、澎湖、小琉球

季節｜秋末到冬天，9–12 月，屬於產卵期，最肥美；4–5 月會追著小魚出現，此時也美味。

適合料理｜燒烤，但以醬燒煮法最好吃。

如何醬燒煮｜魚肉先煎熟。將醬油、酒、水以 1：1：1 的比例，加入冰糖一小匙，以小火和魚肉慢慢煮，煮到收汁即可。

七星飛刀

Scomberoides commersonnianus

別名｜大口逆鈎鰺、棘蔥仔、鬼平、龜濱、龜柄

只能煮一次，有如鬼頭刀一樣的肉質

肉多且帶酸性，肉質類似鬼頭刀或牛港鰺，可趁鮮度好的時候乾煎。清蒸肉容易老，煮湯只能煮一次，冷掉再加熱肉質會較老較硬。南部較常見，北部若要購買，可到崁仔頂或南方澳漁港。日本人喜歡吃腦後方的腦天，油脂豐富、結實有彈性，也可做生魚片用。整條魚則常被拿來做成魚排使用。

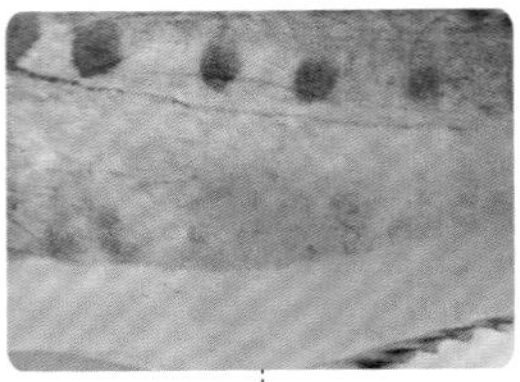

CHECK!

魚身上有七點。

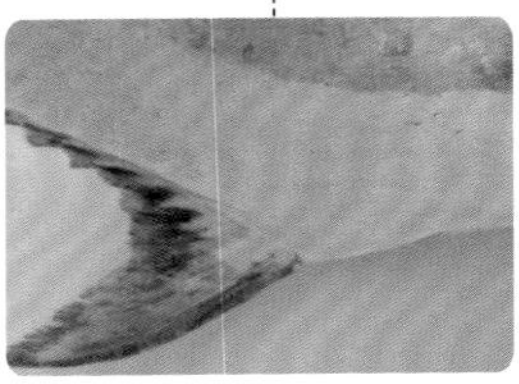

CHECK!

從臀鰭到尾鰭，下腹部黃色代表肥美 。

DATA

最大體長｜110cm

分佈狀態｜東部、南部

季節｜5到7月盛產，以西半部較多，冬季1月份為產卵期，特別有油脂。

適合料理｜生食、乾煎、油炸，由於含水量豐富不可久煮，屬於需當餐吃完，不能再加熱（肉質會變老變硬）的魚種。

黑松露煎七星飛刀

材料—魚肉 100g、黑松露油適量、奶油黑松露醬適量、蒜頭 2-3 顆

作法—**1.** 將魚肉用黑松露油浸泡 10-20 分鐘。**2.** 用橄欖油、拍碎蒜頭下油鍋煎魚 4 分鐘後，淋上奶油松露醬即可。

TIPS

奶油松露醬怎麼做？
無鹽奶油 100g、蒜片（三顆蒜頭）、市售松露醬 200g，混合後煮成微溫即可。

歪美仔

Eubleekeria splendens

別名｜黑邊布氏鰏、碗米仔、金錢仔、黑邊鰏

18

夏季魚種

魚肉帶有椰子殼香氣

中南部市場常看到，便宜又好吃，吃起來有蟹肉的口感，香氣像椰子殼，是很少人知道的好吃魚種，屬於西半部魚，如果有機會看到可以買來嚐鮮。

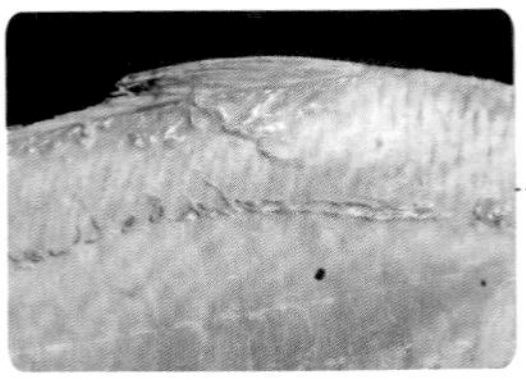

CHECK!

魚鱗保存盡量完整。

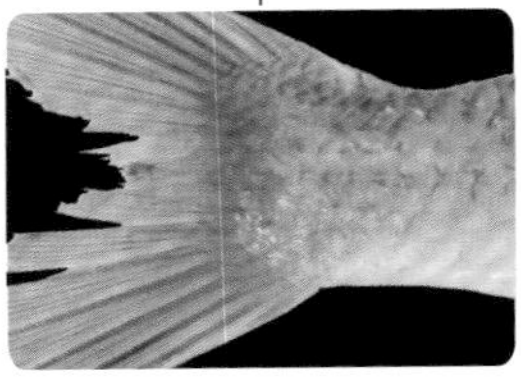

CHECK!

尾鰭帶點黃色光亮，代表肥美。

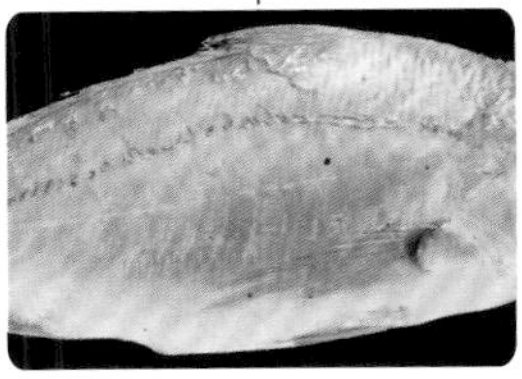

CHECK!

抓起來肉身微硬，鮮度佳。

DATA

最大體長｜14cm

分佈狀態｜東部、西部、南部、北部、澎湖

季節｜夏天，5–8月；冬天快過年，1月下旬、2月上旬西半部也會出現，此時為產卵期。

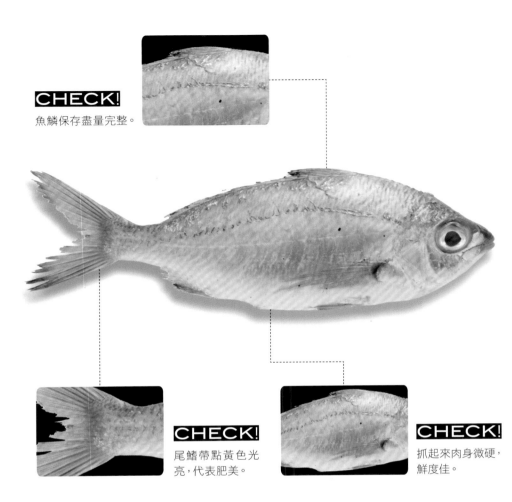

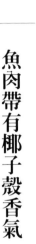

適合料理｜乾煎、油炸、滷煮

白瓜仔

Carangoides equula

別名｜高體若鰺、甘仔魚、平鰺

肉質似凍豆腐，得趁新鮮享用

屬價格便宜的扁身魚，膠質豐富，肉質細緻，蒸出來會像牛奶一樣呈乳白色，營養價值高，口感有如水豆腐，但腐敗速度快，得趁新鮮時儘快享用。

19
夏季魚種

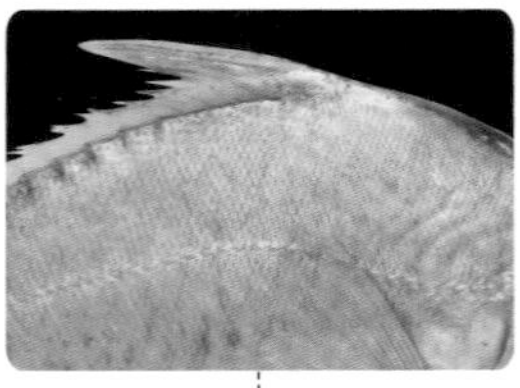

CHECK!
魚身越亮表示鮮度越好。

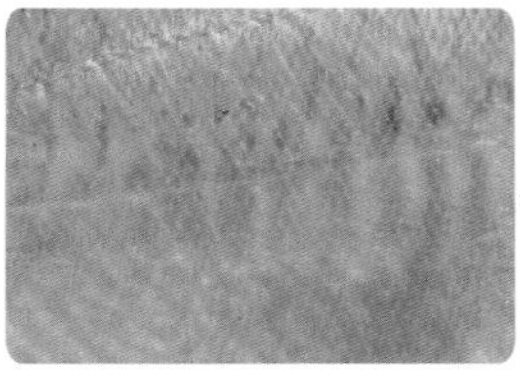

CHECK!
身上魚鱗盡量不要脫落代表新鮮。

DATA

最大體長｜34cm
分佈狀態｜東部、西部、南部、北部、東北部、澎湖

季節｜夏天，5–8 月
適合料理｜可和大頭菜一起燉湯，燉出來的湯頭特別鮮甜。此魚較不容易入味，也可和豆豉一起清蒸。

吻仔魚

Encrasicholina punctifer

給小孩的營養品

別名｜銀灰半稜鯷、刺公鯷、白饒

20
夏季魚種

越小隻越透明越好，如果可以找到肚子上有一點紅色的更佳，不過因有保育上的疑慮，不建議多吃。最好選海域乾淨的地方，如可在南方澳買。

DATA

最大體長｜13cm

分佈狀態｜西部、南部、北部、東北部、澎湖

季節｜4月–7月，但9月份也有兩個禮拜的盛產期。

適合料理｜加入蛋裡一起蒸、煎，或和青菜一起煮湯，新鮮的話生食亦可。

吻仔魚的其他料理方法

1

以乳熟法處理吻仔魚

吻仔魚加一點鮮奶油蒸5分鐘，牛奶的油脂會保護蛋白質，讓肉質甜味不流失，嚐起來有蟹膏的味道，很適合煮給小孩吃。

2

生食吻仔魚

新鮮的吻仔魚，可加醬油、白醋、薑末、金桔拌著一起吃，尤其薑末超點睛，是夏天絕佳開胃菜。

吻仔魚蒸蛋

材料—吻仔魚 20g、蛋 1 顆、水 120cc、醬油或哇沙米鹽巴適量

作法—**1.** 把蛋打散，加入 20g 的吻仔魚，拌打均勻。**2.** 入電鍋蒸大約 15 分鐘。**3.** 加點醬油或哇沙米鹽巴即可。講究一點的可加龍鬚菜配色。

TIPS

這道菜超適合給小朋友吃，吻仔魚多加一點沒關係。而且蒸蛋的時候，鍋蓋要稍微打開，蒸出來的蛋才會漂亮。

石老魚

Choerodon azurio

別名｜藍豬齒魚、石老、四齒仔、西齒、簾仔、寒鯛

澎湖人的月子魚，吃來有甲殼類香氣

21
夏季魚種

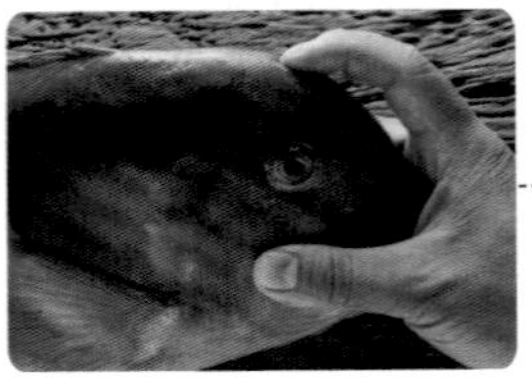

CHECK!
龍頭越胖代表越肥美。

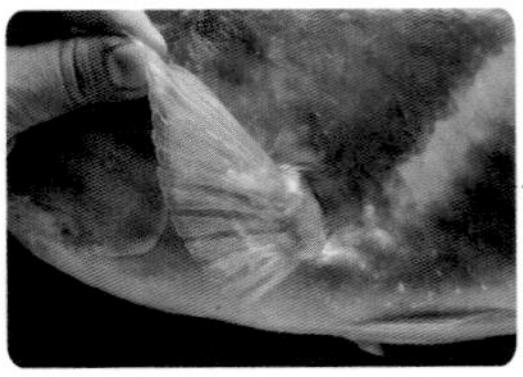

CHECK!
胖就胖在蝴蝶袖。將腮拉起，胖胖的代表肉質肥美。

澎湖人坐月子喜歡吃的魚，營養好、膠質多、價錢便宜，魚肉用蒸的、炸的都好吃。如果做成生魚片，因肉質含水量高，口感鬆軟，吃來有甲殼類的香氣，味道會像麻糬一樣在嘴裡綿延。不過內臟常有藻類，若不喜歡藻類氣味，生食時，可泡冰水3小時去除。有黑紋和紅紋兩種，黑紋比紅紋更好吃。

DATA

最大體長｜40cm

分佈狀態｜東部、西部、南部、北部、東北部、澎湖、小琉球、蘭嶼、綠島、南沙

季節｜6–9月，天氣開始熱的時候出現。颱風過後越來越少，屬熱帶性魚。

適合料理｜蒸、煮、烤、炸都適合，雖然較少人做成生魚片，但其實做生魚片的口感極佳，肉本身的含水量高，可切成較有厚度，吃來會有像麻糬一樣綿延的口感。

鹽烤石老魚

材料一魚肉 200g
作法一 **1.** 將石老魚噴 5% 的鹽冰水後，放冰箱冷藏靜置半天待其入味。**2.** 放入預熱好的烤箱以 250 度烤 6-8 分鐘即可。

TIPS

1. 以鹽冰水放入冰箱風乾後，烤起來的滋味會更鮮甜！**2.** 石老屬礁石魚，含水量高，因此鹽冰水比例需調升，保鮮效果才會好。

赤黃金線魚

Nemipterus aurorus

別名｜金線鰱

乾煎好魚

CHECK!
尾鰭帶黃粉紅色
表示新鮮肥美。

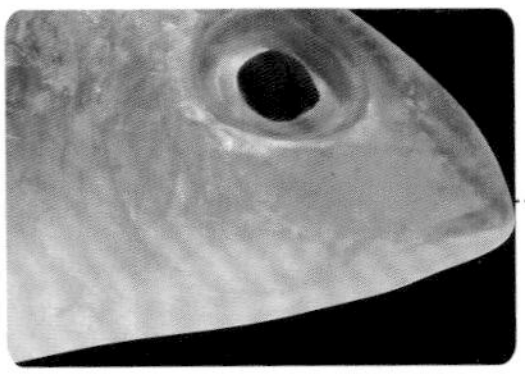

CHECK!
下巴有微微黃色
的代表油脂多。

很容易跟長尾金線魚（可見158頁）搞混，常出現在澎湖、西半部的魚市場也很容易看到，產量高，有人會拿來做魚漿。不同產區味道口感也不同，通常西半部捕撈到的肉質較軟嫩，且有蚵仔味；東半部的肉質較硬，有海藻味，是乾煎好魚。

DATA

最大體長｜20cm
分佈狀態｜南部

季節｜夏季，6–8月，3月有一個月為產卵季，也很美味
適合料理｜乾煎會帶有淡淡的蚵仔味、煮薑湯、清蒸。

23

夏季魚種

黑點仔

Lutjanus russellii

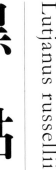

別名｜勒氏笛鯛、加規、火點、黑星笛鯛

肉質細緻，有微微貝類香氣

和紅魚長相相似，但身上有黑點，5月的黑點仔特別肥美，肉很細緻，有微微貝類香氣。適合用蒸的，但不能過度加熱，先蒸後燜，裡面的油脂會像奶一樣融出，是適合配白酒的魚，尤適合搭上有高粱酒香的食物。

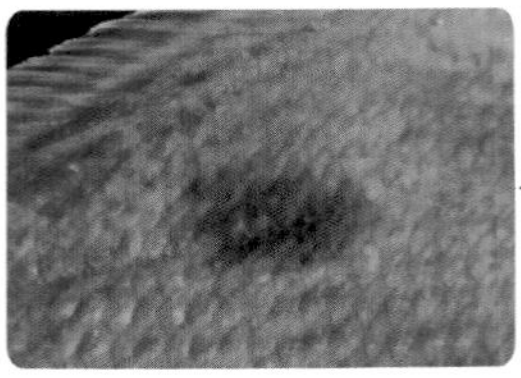

CHECK!

和紅魚（如星紋笛鯛可見258頁）長相相似，但紅魚身上為白點，黑點仔為黑點，可特別辨明。

CHECK!

將胸鰭拉起，可見肥肥的油脂就對了。

CHECK!

腹鰭、胸鰭、腮蓋帶黃表示肥美。

DATA

最大體長｜50cm

分佈狀態｜西部、南部、北部、東北部、澎湖、蘭嶼、綠島、東沙、南沙

季節｜春夏魚種，5月的黑點仔特別肥美，為最佳賞味期

適合料理｜油脂豐富，最適合清蒸，可用蒸燜法，即：原本蒸5分鐘的魚，改為蒸3分，燜2分，以3:2將其蒸熟，魚肉才會細嫩好吃。

槌頭鯊

Sphyrna lewini

別名｜路易氏雙髻鯊、路易氏丫髻鯊、紅肉丫髻鮫、紅肉雙髻、犂頭沙、雙髻鯊、雙過仔

頭部熬湯富含膠質

頭部熬湯有很棒的膠質，常拿來做魚漿後製成天婦羅，主要是吃其膠質而非油脂，魚鰭也可以做魚翅。深海鯊魚油即是萃取此種魚的內臟提煉出來的油脂，非常營養美味。

24
夏季魚種

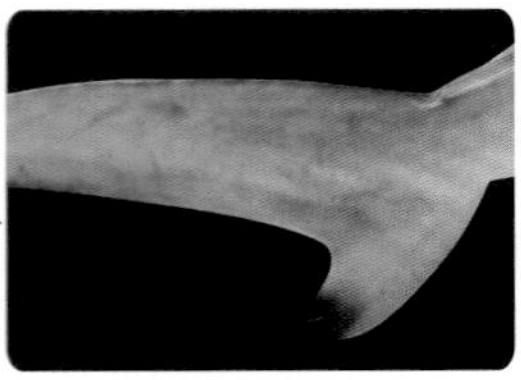

CHECK!
尾巴越長膠質越多。

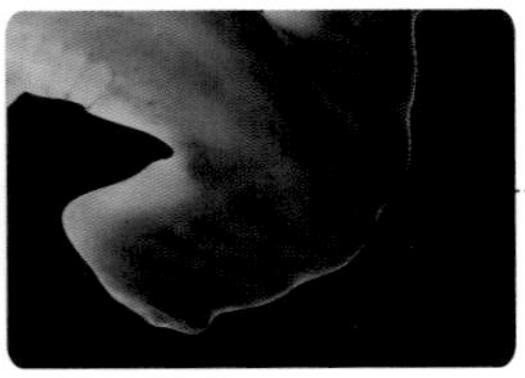

CHECK!
頭部越隆起膠質越多。

DATA

最大體長｜430cm
分佈狀態｜東部、西部、南部、綠島

季節｜一年四季
適合料理｜熬湯、快炒

槌頭鯊魚翅湯

材料—昆布高湯 500cc、處理好的槌頭鯊魚 200g、太白粉少許
作法—**1.** 備好一昆布高湯，將槌頭鯊魚皮、魚鰭、魚肉放入一起煮約 8 分鐘，慢慢入味。**2.** 將煮好的魚肉拿起。**3.** 用太白粉少許勾芡，加入湯汁內。**4.** 再把湯倒入碗裡即可。

黑斬眞鯊

Carcharhinus sorrah

別名｜沙拉真鯊、沙條、沙拉白眼鮫、沙魚（台東）、黑斬（澎湖）、烏翅尾（澎湖）

尾部煮湯特別濃郁

尾部煮出來的湯膠質特別濃郁，魚的味道較鮮明，和一般鯊魚不同。不管體型大小，身上的阿摩尼亞味道加熱後都會不見。有人用這種鯊魚的魚肉和羊肉一起燉煮（魚羊鮮），會產生很棒的湯頭，大小隻都美味。

25
夏季魚種

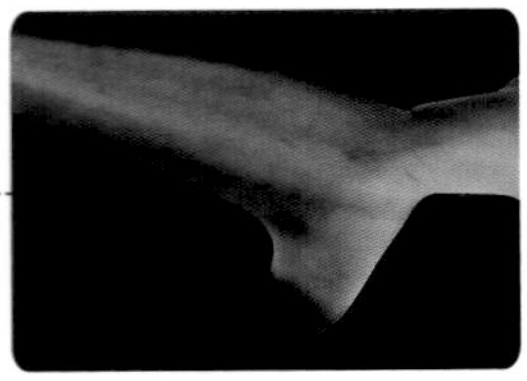

CHECK!
尾部有黑點是牠的特徵，熬湯就對了。

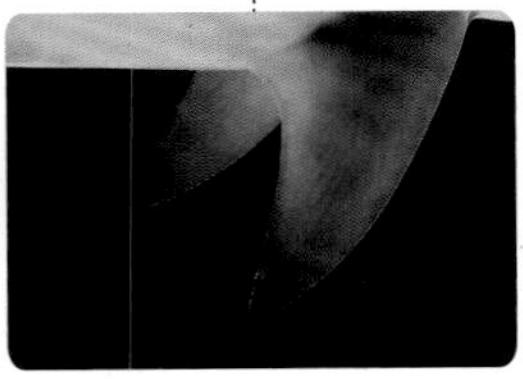

CHECK!
胸鰭、腹鰭有黑點是其特徵。

DATA

最大體長｜160cm
分佈狀態｜東部、西部、南部、東北部、綠島

季節｜一年四季都有
適合料理｜熬湯，和黃豆醬、黑豆一起熬煮，和蒜苗快炒，鯊魚卵可煎麻油，是高營養食材。

豆豉鯊魚

材料—馬鈴薯 1 顆、市售的鯊魚肉片 100g、蜂蜜或柚子醬適量、豆豉少許

作法—**1.** 馬鈴薯切片入鍋加水煮 7-8 分鐘。**2.** 鯊魚肉切塊，丟進鍋裡一同煮。**3.** 加入少量的豆豉，不能太多，避免過鹹。**4.** 加一點蜂蜜或柚子醬。**5.** 煮約 7-8 分鐘，魚肉熟透，豆豉入味即可撈起。

TIPS

料理時，用蜂蜜或柚子醬來取代糖，味覺層次上會更豐富。

點鮫

Rhizoprionodon acutus

26 夏季魚種

加熱，可去除阿摩尼亞味

別名｜尖頭曲齒鯊、沙條、尖頭沙、尖頭曲齒鮫

身體有點紋，骨頭比一般鯊魚軟，肚子裡有一個富含膠質的氣囊，非常美味。可用熱水汆燙後把魚皮刷掉，加熱後即不會有阿摩尼亞味，煮湯、燒烤或做成魚翅都很棒。

CHECK!

魚身、魚頭有點紋是主要的特徵，有點紋的鯊魚特別美味。

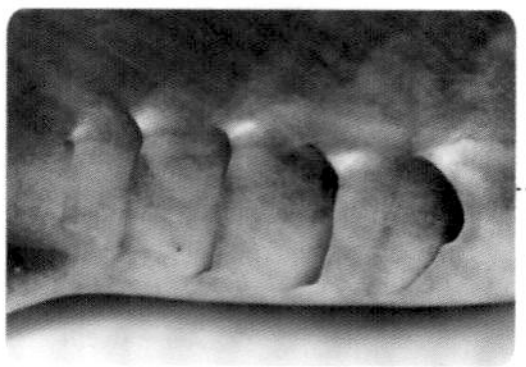

CHECK!

呼吸孔要特別切除，否則容易有臭味。

DATA

最大體長｜175cm
分佈狀態｜西部

季節｜秋冬10-2月盛產，但夏季時最好吃。
適合料理｜煮湯或一夜干，因鯊魚魚肉水分多，經過醃製將水分脫除後，烤起來效果較好。

日本灰鮫

Hemitriakis japanica

別名｜日本半鱗唇鯊、日本翅沙、日本翅鯊、沙條、胎沙、日本灰鮫、白鯊仔（澎湖）、赤匏仔（澎湖）

27
夏季魚種

熬湯時，骨頭與膠質會化入湯裡的美味

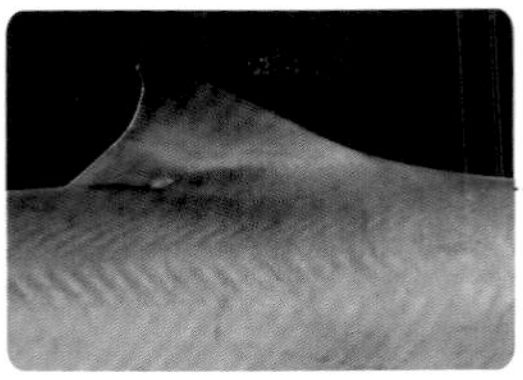

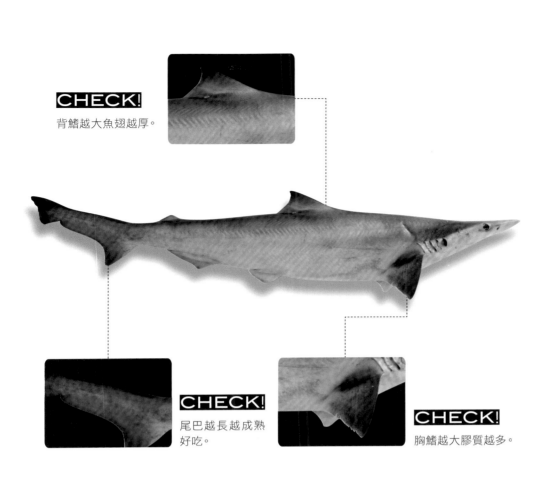

CHECK!
背鰭越大魚翅越厚。

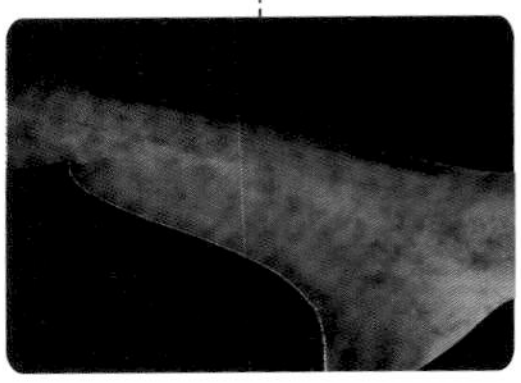

CHECK!
尾巴越長越成熟好吃。

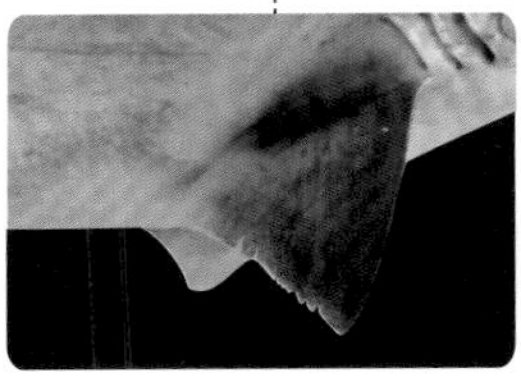

CHECK!
胸鰭越大膠質越多。

新鮮鯊魚會有阿摩尼亞—氨的味道，那是魚自然的味道，只要加熱即可去除。以前大家都覺得小鯊魚沒有價值，其實小鯊魚的肉質非常細緻，且價格不貴，無論做料理、魚片、魚漿都非常適合，許多餐廳裡的魚翅都是用小鯊魚來做。

DATA

最大體長｜110cm
分佈狀態｜西部、北部

季節｜夏季，6–9月
適合料理｜煮湯、乾煎、和黃豆醬（蒜苗）快炒

28
夏季魚種

布式金梭魚

Sphyraena putnamae

別名｜針梭、竹梭、巴拉庫答、倒牙魣

只能一次加熱的魚種

肉質較柴，因此可善用其肉質特性直接做成烤魚乾，也可以煮湯，但僅能一次加熱，即當餐要食用完畢，再次加熱肉質容易過硬。

CHECK!
嘴巴帶點黃紋代表肥美。

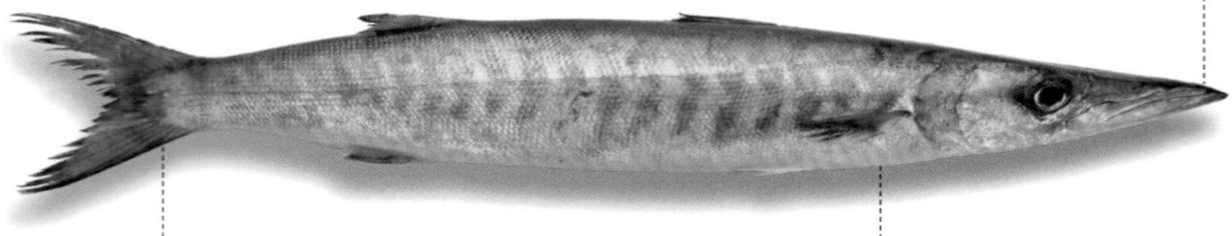

CHECK!
尾部有突出的尖骨，越突出越好。

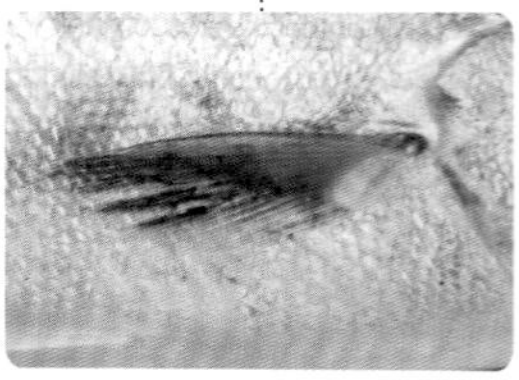

CHECK!
胸鰭底下胖胖的有油脂。

DATA

最大體長｜90cm

分佈狀態｜東部、西部、南部、北部、東北部、澎湖、小琉球、蘭嶼、綠島

季節｜夏季，5–7月數量多但不肥美；秋末、冬，10–2月，此時剛好是儲存油脂的時候，最肥美。

適合料理｜燒烤或直接做成魚乾。也適合煮湯，但僅能一次加熱。

黃尾金梭魚

Sphyraena flavicauda

29

夏季魚種

別名｜針梭、竹梭、巴拉庫答

可用調味添香

適合煮湯，但僅能一次加熱，且因肉質較硬，不適合燒烤。魚刺多，價格便宜，因魚本身的味道不夠明顯，可用調味來添香，可油炸或和醬油一起滷煮。和尖梭長相相似，可由眼睛來判別。

CHECK!

眼睛帶有金色的是金梭，不帶金色的則是尖梭（尖梭可見80頁）。

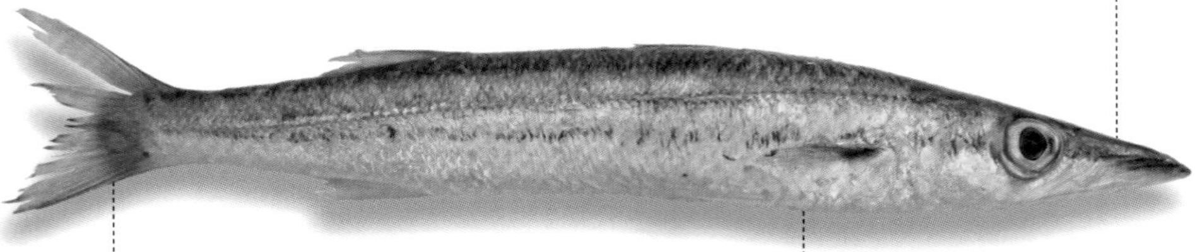

CHECK!

尾部魚鱗不剝落表示新鮮。

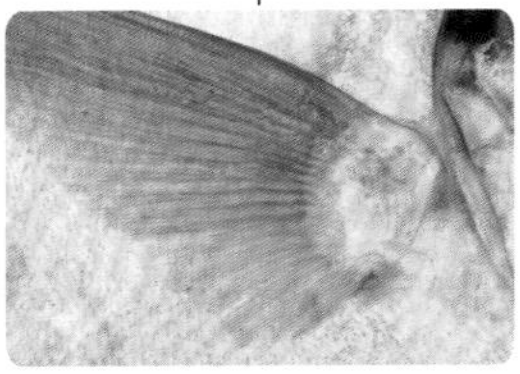

CHECK!

胸鰭拉開，沒有血絲代表新鮮。

DATA

最大體長｜60cm

分佈狀態｜東部、西部、南部、北部、東北部、澎湖、小琉球、蘭嶼

季節｜夏季，5–7月數量多但不肥美；秋末、冬，10–2月，此時剛好是儲存油脂的時候，最肥美。

適合料理｜煮湯，可炸酥酥的吃，或和醬油一起滷煮。但僅能一次加熱。

PART. 5

秋季魚類

入秋，鱸魚科的時節

秋天是鱸魚科的季節，入秋時即進入了鱸科的繁殖期。延續著求偶期的大量覓食、囤積能量，繁殖期的魚體肥美又健康。此時的氣候也相當適合浮游生物在礁岩地區洄游，因此秋季的礁岩地帶也有不少好魚，如金線魚等會出現。

01

秋季魚種

七星斑

Plectropomus leopardus

清蒸夢幻魚

別名｜紅條魚、過魚、石斑、青條、東星斑、黑條（澎湖）

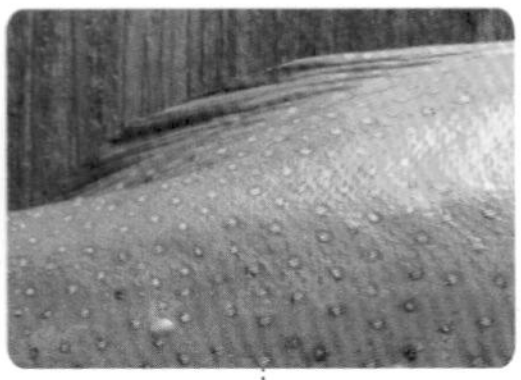

CHECK!

魚身有光澤表示新鮮。

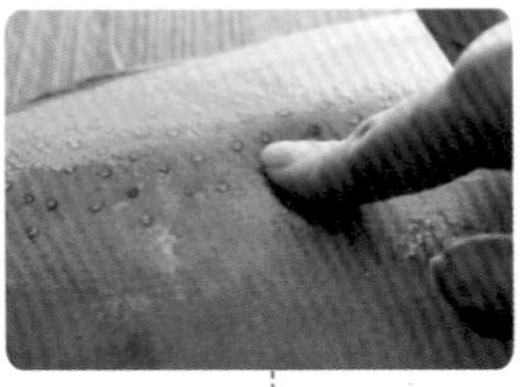

CHECK!

皮膚有彈性表示新鮮。

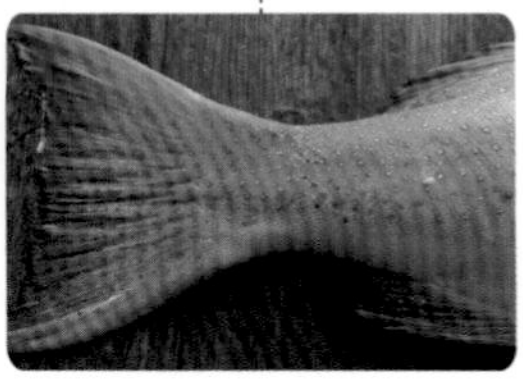

CHECK!

尾鰭黃色，且呈漂亮弧度，是肥美的象徵。

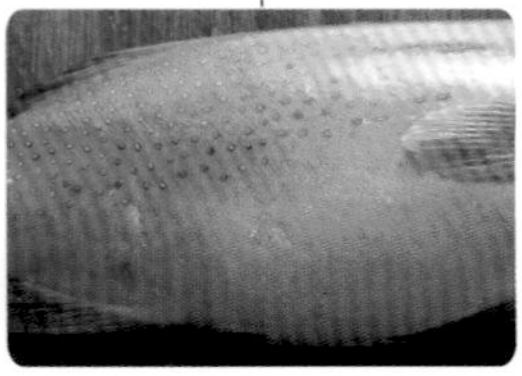

CHECK!

腹部渾圓，有漂亮弧度，表示肥美。

屬清蒸的高級魚類，肉質香甜，做生魚片也是一絕。但鮮度短，兩天內要處理好，不然肉質會變差，且清蒸時直接加熱的時間不能過久，要靠燜煮法慢慢水解魚肉，肉質才不會過硬。魚頭膠質豐富，很適合煮湯。

DATA

最大體長｜120cm

分佈狀態｜西部、南部、北部、東北部、澎湖

季節｜夏末秋初，9–11 月，澎湖多

適合料理｜酒蒸、以昆布醃漬法醃漬一天後做成生魚片、以燜煮法滷煮，每 200 g 魚肉，加熱 3-5 分鐘，而燜的時間要比加熱時間多 2 分鐘（即燜 5-7 分鐘）。

紫蘇梅醬香煎七星斑

材料—七星斑 100g、紫蘇梅醬適量、海鹽適量

作法—**1.** 七星斑撒點鹽巴後兩面煎到外表焦香（但裡面魚肉還未熟），放到烤箱以 250 度烤 3 － 4 分鐘。**2.** 烤箱跳起後用餘溫繼續燜烤 3 分鐘。**3.** 取出，淋上紫蘇梅醬。

TIPS

紫蘇梅醬怎麼做？

6 顆紫蘇梅肉剁碎，加上 100cc 純蜂蜜與 10cc 醬油，攪拌均勻即成。也可和鳳梨罐頭一起煮，任何煎過的魚都可以搭配的沾醬，酸酸甜甜的十分美味。

玳瑁石斑

Epinephelus quoyanus

別名｜石斑、過魚、黑貓鱠、花鱠、深水鱠仔

適合懷孕媽媽食用

澎湖特有魚，肉質細膩，適合清蒸、煮湯，清蒸時有蝦殼香氣，煮湯會有蛤仔味道。魚皮膠質多，很適合懷孕時，補充體力用。

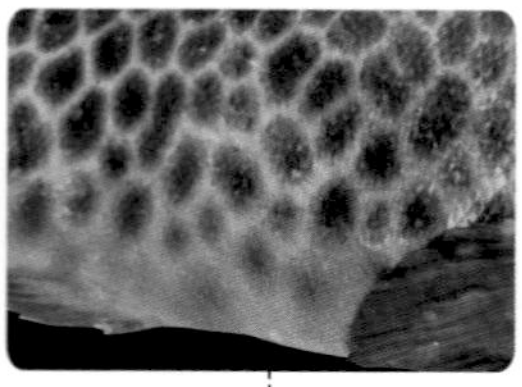

CHECK!

身上的紋路越清楚鮮度越好。

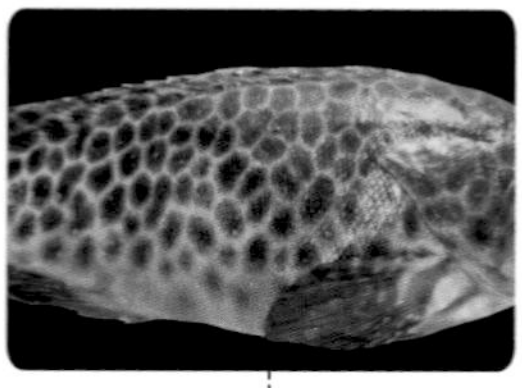

CHECK!

魚身越厚實越肥美。

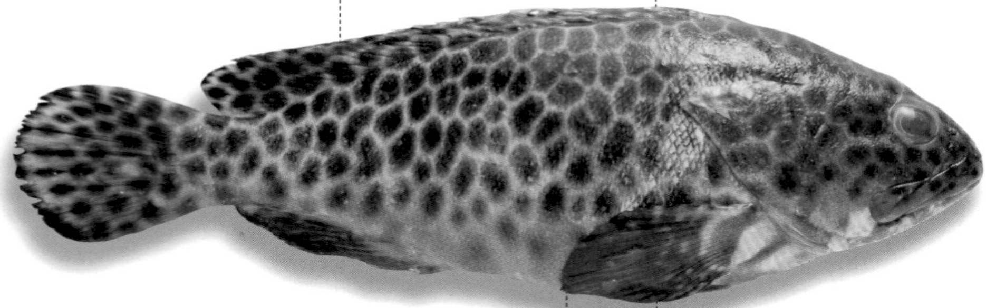

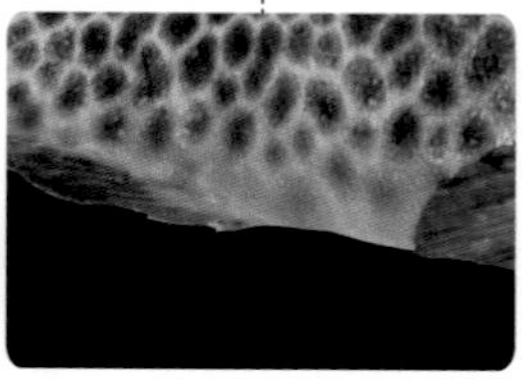

CHECK!

腹部越胖越好。

CHECK!

胸鰭可看到肥肥的油脂。

DATA

最大體長｜30.8cm

分佈狀態｜東部、西部、南部、北部、東北部、澎湖、綠島、東沙、南沙。

季節｜秋天，9–11月

適合料理｜清蒸、煮湯

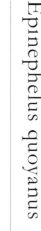

02
秋季魚種

鬱金香咖哩玳瑁石斑

材料—玳瑁石斑 1 尾、鬱金香咖哩醬適量、清酒適量

作法— **1.** 在玳瑁石斑上淋上清酒或米酒一起清蒸。**2.** 蒸熟後淋上鬱金香咖哩醬即可。

TIPS

鬱金香咖哩醬怎麼做？

鬱金香粉 1 小匙、味噌 20g、魚湯 300cc、奶油 10g、細蔥少許，一起入鍋拌炒，待魚湯慢慢收汁即成。乾煎的魚都可用此醬搭配，屬於洋風作法。

03

秋季魚種

紅秋哥

Parupeneus spilurus

乾煎時，有甲殼香氣

別名｜大型海緋鯉、秋姑、鬚哥

乾煎時會出現紅色油脂，吃來有甲殼香氣，魚體較大可生食，生食時有海藻跟花生香。魚頭跟魚唇富含膠質，肉質則有點像微硬的海綿蛋糕，最適合乾煎吃其紅色魚油香。

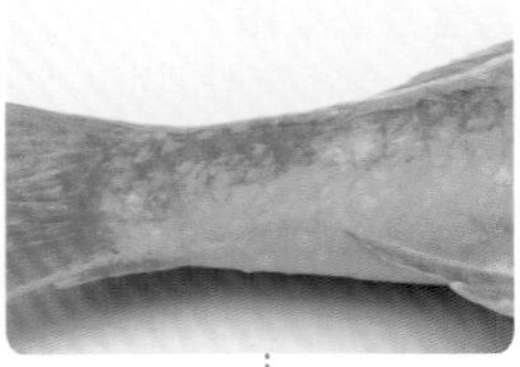

CHECK!

尾部黃色紋越重油脂越豐富，煎出來紅色油脂也越多。

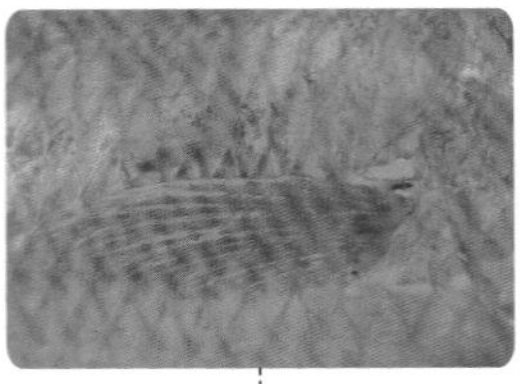

CHECK!

魚身帶黃紋表示油脂豐富。

CHECK!

嘴巴下面有鬍鬚是主要特徵。

DATA

最大體長｜36cm

分佈狀態｜東部、南部、澎湖、東沙

季節｜秋季開始到春季，10–4月。夏季較少

適合料理｜最適合乾煎，頭部可清蒸，魚體大的可生食，吃其海藻與花生香氣。

昆布秋哥燒炙醃魚

材料—魚肉 100g、昆布 1 張、辣蘿蔔泥適量、山葵適量
作法— **1.** 將魚肉噴鹽冰水後，墊在昆布下，放冰箱冷藏熟成一天。**2.** 用噴槍燒炙外皮，待出現薄薄油脂後切片，搭配辣蘿蔔泥、山葵即可。

紅甘

Seriola dumerili

入秋後開始肥美

別名｜杜氏鰤、紅甘鰺

04
秋季魚種

影片連結

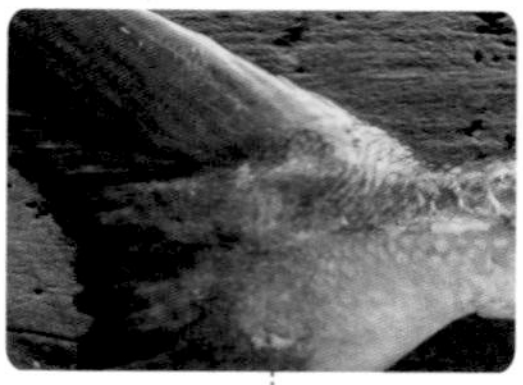

CHECK!
尾鰭周邊有紅色的血紋，代表較新鮮。

CHECK!
腹鰭周邊摸起來硬硬的代表油脂豐厚。

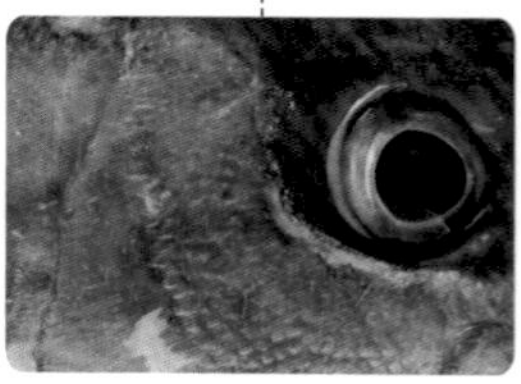

CHECK!
頭部有黃色線條，較新鮮。

入秋後逐步美味，整個冬季的紅甘都好吃。魚鱗細的是淺海紅甘，粗的是深海紅甘。市場上買到的多是淺海，若要試試深海紅甘得走一趟漁港，大溪漁港跟南方澳漁港較多。且因中南部水溫較高，紅甘不易結油，通常北部紅甘較肥美。

DATA

最大體長｜180cm

分佈狀態｜東部、西部、南部、北部、澎湖、小琉球、綠島

季節｜秋冬魚種，入秋後開始肥美。端午節前後為其產卵期，因此端午前一個月或後三個月肉質較柴。若端午前後要享用，端午節前可選公的紅甘，端午節後選母紅甘。肉質有種獨特的味道，很適合生食細細品味。

適合料理｜肉多做生魚片好，亦適合煮湯

紅甘生魚片

材料—魚肉 200g

作法—**1.** 若魚肉新鮮，直接生切做成生魚片即可。**2.** 或也可用湯霜法：在魚肉那面噴 2% 鹽冰水，形成保護膜。**3.** 以熱水澆燙魚皮來回兩三次，魚肉會因熱而捲曲。**4.** 立刻浸入鹽冰水浸 5-8 分鐘。**5.** 切片做成生魚片即可。

05
秋季魚種

油甘

Seriolina nigrofasciata

別名｜小甘鰺、黑甘、軟骨甘

乾煎時，可連骨頭一起吃

和紅甘同科，油脂豐富。做生魚片、燒烤都美味，炸得酥酥的可以連骨頭一起吃，乾煎時也很容易把骨頭煎酥。魚頭的香氣很棒，適合煮湯。夏季捕獲時肉質呈半透明，此時無油脂且肉質較硬較柴；冬季則富含油脂，肉質軟嫩。

影片連結

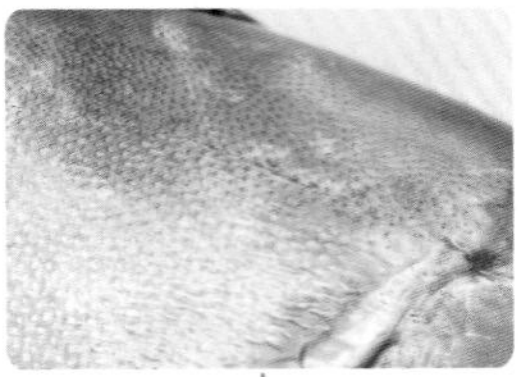

CHECK!
魚身要有紅紋，全白表示不新鮮。

CHECK!
尾部有凸起的尖骨，越突出越好。

CHECK!
從胸鰭看肥美與否，且魚鱗完整不脫落。

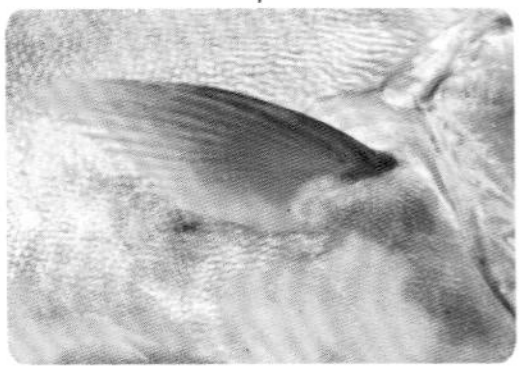

DATA

最大體長｜60cm
分佈狀態｜東部、西部、南部、北部、澎湖

季節｜秋末、冬季，11-1 月肥美好吃
適合料理｜生魚片、燒烤、油炸。不適合清蒸，清蒸時會有較重的魚腥味。

酒粕油甘昆布燒

材料—油甘 100g、酒粕 20g、薑 20g、檸檬皮少許、柚子粉少許、鹽巴少許、清酒 100cc、昆布 1 條

作法—**1.** 酒粕、薑、檸檬皮、柚子粉、鹽、清酒混合，包裹魚肉放置冰箱冷藏 1 天。**2.** 入味後取出，將魚用昆布包起蒸 12 分鐘即可。

影片連結

白甘

Pseudocaranx dentex

06

秋季魚種

血合肉特別甜美

別名｜黃帶擬鰺、甘仔、瓜仔、縱帶鰺、縞鰺

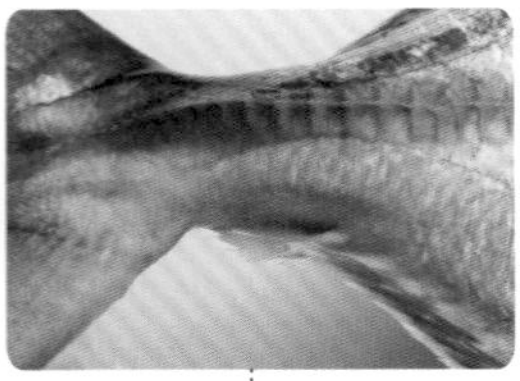

CHECK!

可由尾部看硬骨，硬骨越凸越好。

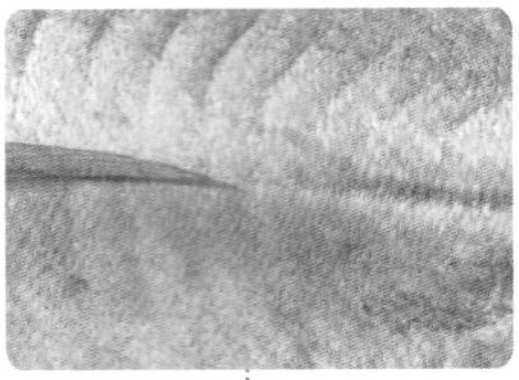

CHECK!

魚身摸起來堅硬表示肉質好。

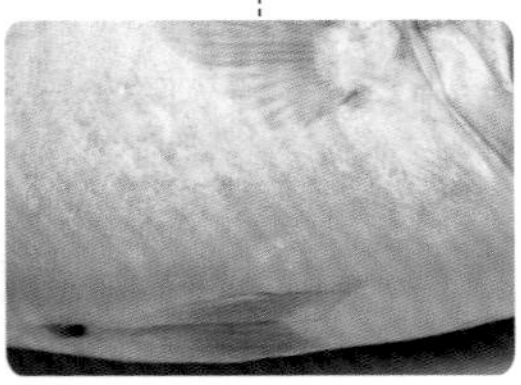

CHECK!

腹部越鼓越肥美。

CHECK!

胸鰭旁圓圓鼓鼓的代表肥美。

在日本是高級的生魚片食材，台灣捕撈數量不多，但台灣捕撈到的油脂通常都很豐富，因運動量大，血合肉（即魚的中腹骨，貼近魚皮跟白身肉交接的魚肉），新鮮時甚至比魚肉本身有更高的香氣，可用昆布熟成法，放入冰箱冷藏一天後味道更令人印象深刻。

DATA

最大體長｜80cm

分佈狀態｜東部、南部、澎湖

季節｜秋末、冬季，11–1 月最肥美

適合料理｜以昆布熟成法製作生魚片、燒烤、頭部可煮湯。

黑喉

Atrobucca nibe

07
秋季魚種

肉質有螃蟹味，油脂有栗子香

別名｜黑姑魚、黑口、烏喉

高級魚種，清蒸、乾煎、燒烤都很美味，大隻的還可以做成生魚片。肉質細緻有螃蟹味，油脂則有獨到的栗子香。一般人常將魚肚內的油脂丟掉，但其實腹旁有兩條腺體，是魚本身油脂最甜的地方，直接丟到湯裡煮即非常美味。小隻的菜市場很容易看到，但如果想嘗試大隻的可直接去漁港購買或特別跟魚販訂購。

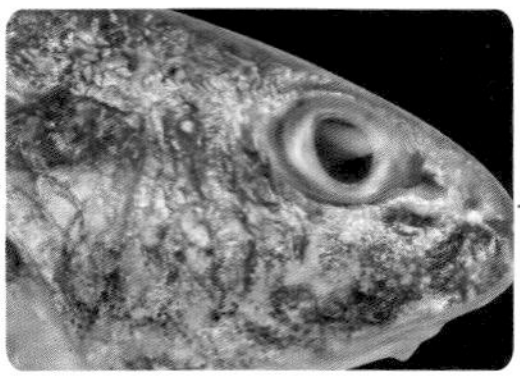

CHECK!
眼睛跟頭的接縫處有厚實度，越厚越成熟肥美。

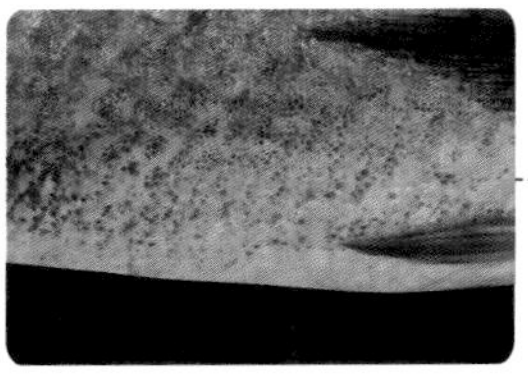

CHECK!
腹部白且厚實為上選肥美。

DATA

最大體長｜45cm
分佈狀態｜東部、西部、南部、北部、澎湖

季節｜夏季、秋季，5–11月
適合料理｜清蒸、燒烤、乾煎，其中小隻的幼魚適合乾煎、清蒸，成魚則適合做生魚片，用湯霜法可以特別享受到魚皮的鮮甜感。

肉魚

Psenopsis anomala

美味又容易保存的家常魚種

別名｜刺鯧、肉鯽仔、土肉

08
秋季魚種

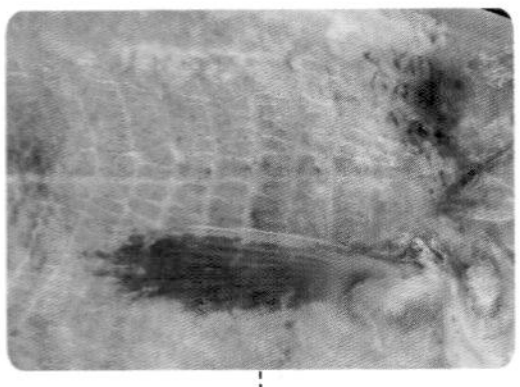

CHECK!
背越厚，代表魚越強壯，味道會越香甜。

黑身肉魚

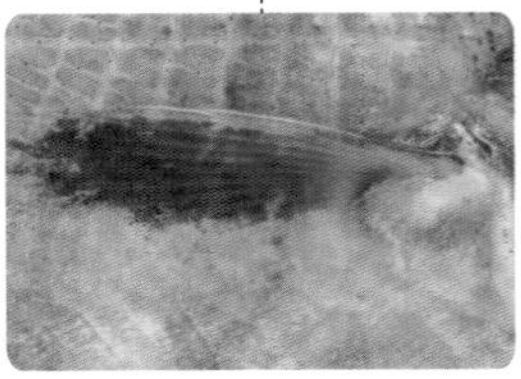

CHECK!
因內臟很容易腐敗，如果不新鮮會有像阿摩尼亞的味道。

白身肉魚

肉魚壓壽司

材料—切片魚肉 300g、紫蘇葉 1 片、芝麻少許、壽司飯適量、海苔一片

作法—**1.** 魚肉下油鍋微微煎過，將煎熟的魚肉切碎備用。**2.** 加上切碎的紫蘇葉與少許的芝麻拌勻。**3.** 將壽司飯平鋪在海苔上，作法 2 的魚肉放在飯上，不用捲，以平壓法壓一下即可切成適口大小。

TIPS

肉魚煎過之後有很棒的香氣，適合帶便當與野餐。

DATA

最大體長｜30cm

分佈狀態｜西部、南部、北部、東北部、澎湖

季節｜全年都有，9–11 月秋季為產卵期，腹中有卵時最美味。

適合料理｜乾煎、油炸

肉魚分為黑身、白身兩種，黑身多出現在深海；白身出現在淺海，肉身顏色不同。黑身肉魚的肉質較硬，吃來有貝殼香氣；白身肉魚肉質較軟，吃來有蝦子的氣味。體型較大都可做生魚片，但最適合乾煎或油炸，只要將內臟拿掉經過鹽冰水保存，放入冷凍庫即可存放半年，屬於善於保存又美味的家常魚種。

長尾金線魚

Nemipterus virgatus

09
秋季魚種

別名｜金線魚、金線鰱、黃線、紅杉

令人口齒留香的美味

金線魚分多種，此為最美味好吃的品種。肉質細緻，有甲殼與貝類香氣，油脂豐富且帶有海膽香，只有每年11、12月可以吃到。清蒸時化出來的膠質會在嘴裡口齒留香，屬少數食畢後會留香在嘴裡的魚種。

CHECK!
尾巴上緣有金黃色是肥美的象徵。

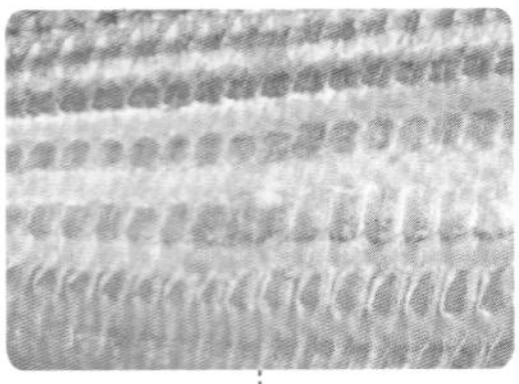

CHECK!
魚身上有三條金線，越黃越直越漂亮越肥美。

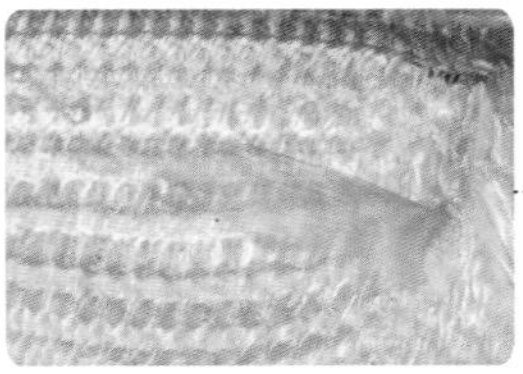

CHECK!
鰭邊黃色表示油脂豐富。

DATA

最大體長｜35cm
分佈狀態｜西部、南部、西南部、北部、東北部、澎湖、小琉球

季節｜秋末冬季、11–12月
適合料理｜清蒸、煮湯、紅燒、或切薄片汆燙半熟後，直接生食。

姬金線魚

Nemipterus zysron

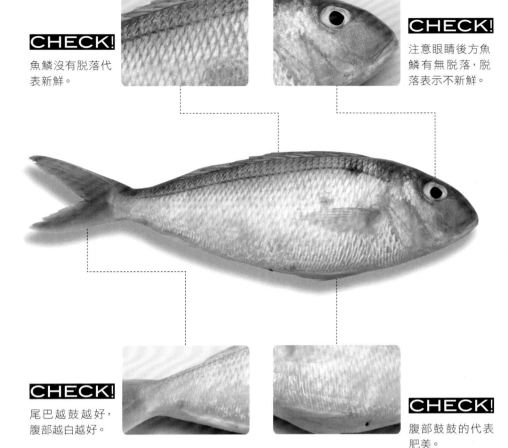

適合乾煎的好魚

別名｜金線鰱

10
秋季魚種

CHECK!
魚鱗沒有脱落代表新鮮。

CHECK!
注意眼睛後方魚鱗有無脱落，脱落表示不新鮮。

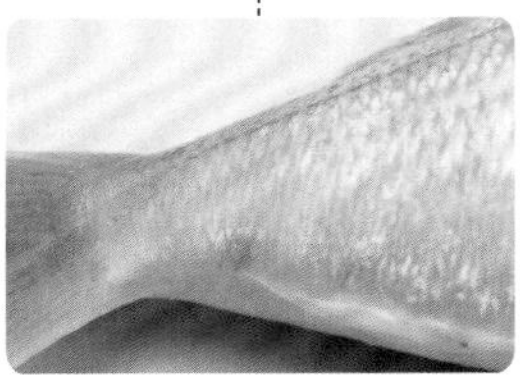

CHECK!
尾巴越鼓越好，腹部越白越好。

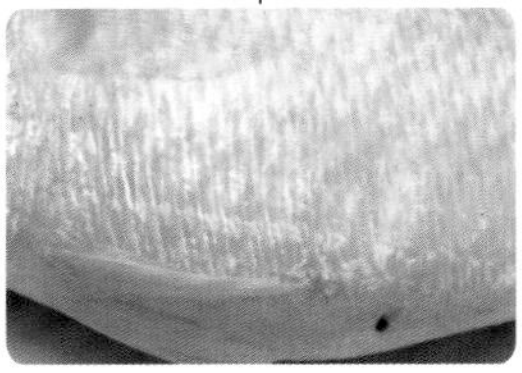

CHECK!
腹部鼓鼓的代表肥美。

和長尾金線魚長相相似，又稱姬金線魚。雖也屬肉質細緻的魚種，但卻沒有長尾金線魚來的細嫩。長尾金線魚的身上有黃紋金線，姬金線魚則無。油脂的香氣較清淡，通常以乾煎料理較能帶出其香氣。

DATA

- **最大體長**｜25cm
- **分佈狀態**｜南部、東北部、澎湖
- **季節**｜秋末冬初，9–12月
- **適合料理**｜乾煎

金線魚醃壽司

材料—魚肉 400g、昆布 1 條、蝦卵少許、蔥碎少許

作法— **1.** 將魚肉噴少許 2% 鹽冰水後，鋪在昆布上放冰箱冷藏醃漬一週。**2.** 將白飯平鋪在海苔上，放上蝦卵與蔥碎，再以保鮮膜蓋上，反轉過來。**3.** 將魚肉放在海苔上捲起即可。

星雞魚

Pomadasys kaakan

燒烤後帶有肉桂香

別名｜雞仔魚、石鱸、厚鱸

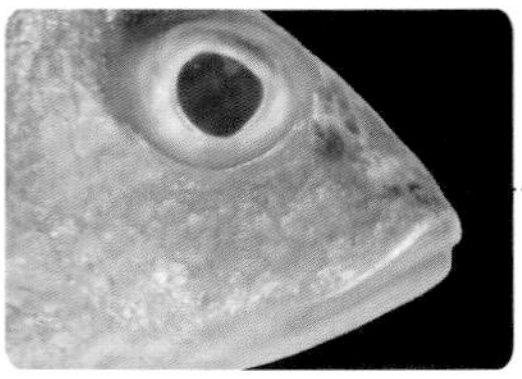

CHECK!
嘴巴帶黃油脂多。

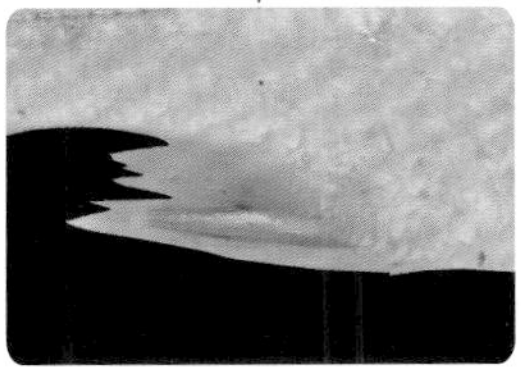

CHECK!
臀鰭越黃越肥美。

中南部人較有在吃，為北部少見魚種，口感似鯛魚，有薄薄的肉桂香氣，尤其燒烤後特別明顯，可裹上厚厚的一層鹽燒烤。因魚鱗味道較重，一般來說比較少用來煮湯。

DATA

最大體長｜80cm
分佈狀態｜西部、北部

季節｜夏末，8–9月數量最多；秋末到冬，11–3月產卵期最肥美。
適合料理｜鹽烤、乾煎

影片連結

黃雞魚

Parapristipoma trilineatum

夏天吃甜味；冬天吃油脂

別名｜三線雞魚、黃雞仔、雞仔魚、番仔加誌、黃公仔魚、三爪仔

屬於夏季跟冬春的魚類，夏季肉質堅實，有韌性甜味；春冬油脂豐富，煎煮炒炸都美味，市場很容易看到的平價魚，挑選時選越大隻的越好。

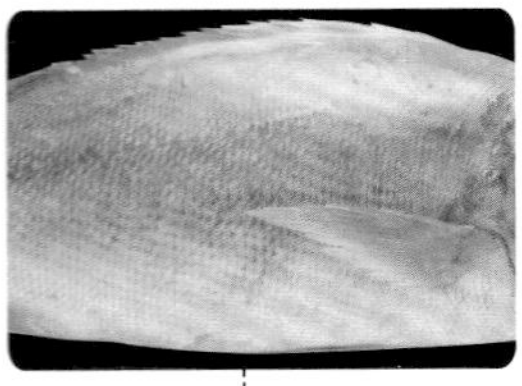

CHECK!
拿起時，魚身要堅硬，太軟表示不新鮮。

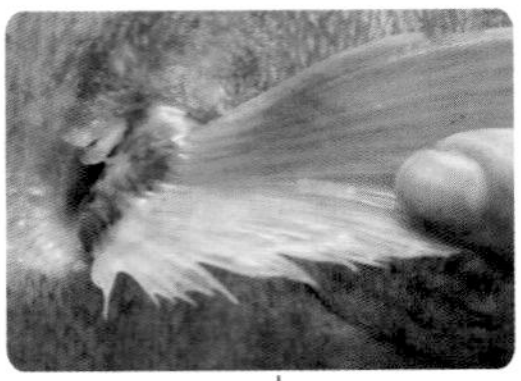

CHECK!
胸鰭拉開有肥肥的蝴蝶袖代表油脂多。

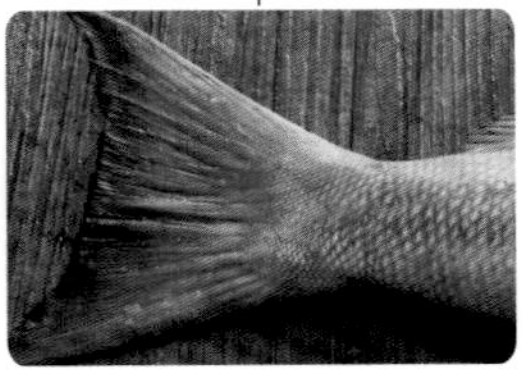

CHECK!
尾鰭有圓圓凸起表示肥美。

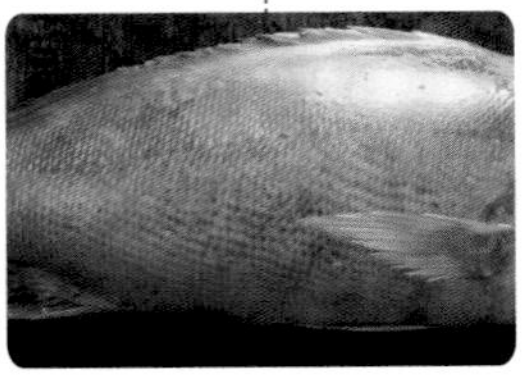

CHECK!
背鰭、腹鰭、臀鰭黃色的代表肥美 。

DATA

最大體長｜ 60cm
分佈狀態｜東部、西部、南部、北部、東北部、澎湖、小琉球

季節｜夏季，5–9 月，秋、冬、春，11–2 月
適合料理｜生魚片（但鮮度一定要很好）、蒸煮炒炸皆適宜。

12
秋季魚種

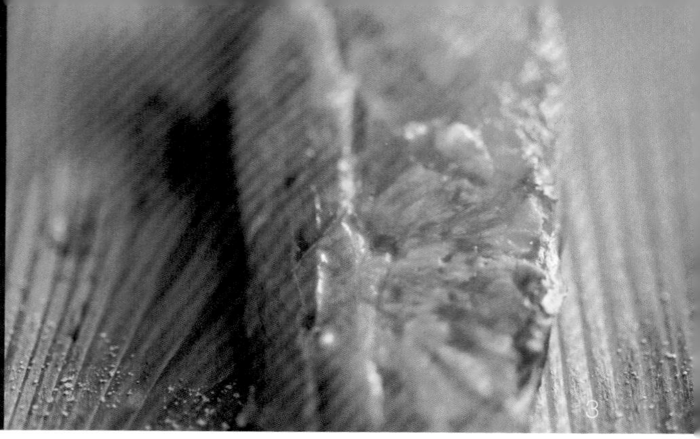

檸檬漬黃雞魚生魚片

材料—黃雞魚 300g、檸檬半顆、海鹽適量

作法—**1.** 魚肉先用鹽冰水熟成法處理(詳見 36 頁)。**2.** 檸檬切薄片,放在魚肉上,加一點海鹽。**3.** 因魚肉遇酸會產生熟成效果,醃至魚肉呈薄薄的白色即可,約 5 分鐘。**4.** 將魚肉切片食用,若覺味道不夠,可再加一點海鹽或薄醬油提味。

TIPS

用檸檬熟成時,魚肉只要醃至一點白色即可,若醃到全白魚肉會過酸,此法要用酸來提味,而非用酸把魚味壓下。

海雞公

Etelis coruscans

眼睛特別美味

別名｜長尾鳥、長尾濱鯛、紅魚

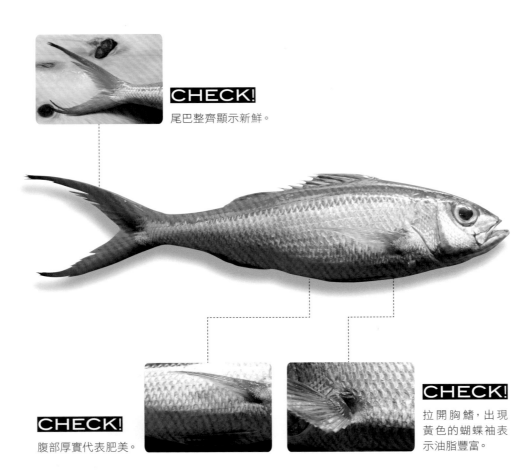

CHECK!
尾巴整齊顯示新鮮。

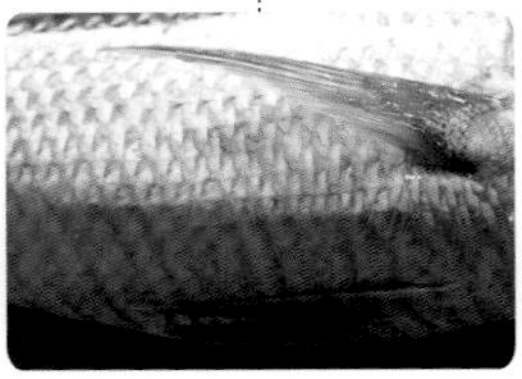

CHECK!
腹部厚實代表肥美。

CHECK!
拉開胸鰭，出現黃色的蝴蝶袖表示油脂豐富。

俗稱長尾鳥，生魚片的上選，生食有淡淡的吻仔魚味，有種清甜感。大、小隻味道差不多，但小隻價錢通常較便宜，在家食用時可買小隻的來品嚐。如果遇到大隻的內臟有魚白，味道更是一絕。眼睛特別好吃，屬深海魚類。

DATA

最大體長｜120cm
分佈狀態｜東部、南部、綠島

季節｜夏季，7–8月；秋末冬初，11–2月，市場上也常見到國外進口的，只要新鮮肥美的就好吃。

適合料理｜清蒸、煮湯、生食、不適合燒烤，肉質容易過硬。

13
秋季魚種

長尾鳥湯霜梅肉刺身

材料— 300g 魚肉、溫泉蛋 1 顆、味噌梅肉醬適量

作法— **1.** 魚皮汆燙過熱水，放入鹽冰水冰鎮 10 分鐘後取出擦乾。**2.** 放冰箱冷藏 30 分鐘讓魚肉定性。**3.** 將魚肉逆紋（即刀子和紋路呈 90 度）切片。**4.** 將白味噌與梅肉醬以 1：1 比例調製成味噌梅肉醬。**5.** 可沾著味噌梅肉醬和溫泉蛋一起食用。

TIPS

半熟溫泉蛋、
溫泉蛋醬汁怎麼做？

把蛋放入 78 度的水裡 15 分鐘後取出，放入冰水中冷卻即成溫泉蛋。將醬油、味醂、昆布湯以 1：1：5 的比例，最後再加入 1 小湯匙的糖，即可製成溫泉蛋醬汁。

海雞母

Etelis carbunculus

14

秋季魚種

別名｜短尾濱鯛、濱鯛、紅鑽魚、紅雞仔

肥美魚肝可製成肝醬油

屬於白生魚肉類油脂超豐富的魚種，油脂比海雞公還豐美，且魚肝的美味程度一點都不輸紅喉。加熱後油脂會有蚵仔味，經過熟成後生食也很美味。每年3－4月為產卵期，產卵期後（4－5月）肉質較柴，6月以後才開始肥美。

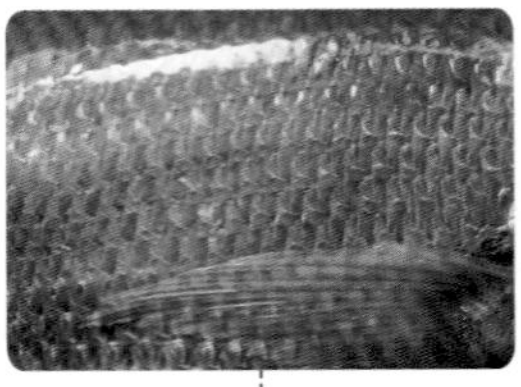

CHECK!

魚身帶點黃色的表示肥美。

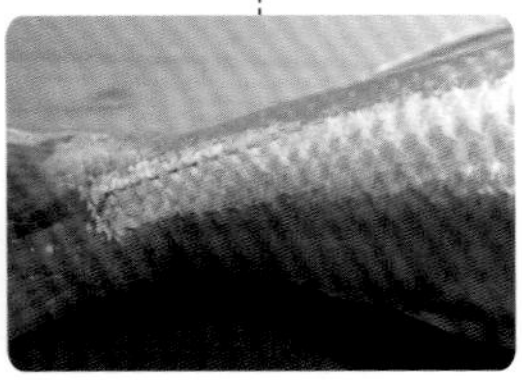

CHECK!

尾部越鼓越好。

DATA

最大體長｜127cm

分佈狀態｜東部、西部、南部、澎湖

季節｜夏初，6月；秋冬，9–1月

適合料理｜最適合清蒸、生食。肥美的肝可做成肝醬油，肝醬油的作法詳見本書 313 頁。

紫蘇海雞母肝飯糰

材料—魚肝 100g、紫蘇葉 1 片、白飯 150g、醬油 50cc、鹽巴 1/4 小匙、味醂 10cc

作法—**1.** 魚肝要選白色有油脂的新鮮魚肝。**2.** 魚肝洗淨洗到沒有血水後，將魚肝剁碎，和醬油、鹽巴、味醂一同混合做成肝醬油。**3.** 紫蘇葉切碎，拌在白飯內，過程中可加入少許柑橘油提香。**4.** 將肝醬油包在飯糰中心，或直接將肝醬油淋在作法 3 的白飯上。

TIPS

通常 150g 的白飯可加入 1 小匙的肝醬油，也可依照喜好來調味。而做好的肝醬油可炒飯或沾著生魚片一起食用。

15 秋季魚種

要午

Aprion virescens

別名｜藍笛鯛、青吾魚、藍鯛、藍笛鯛、赤筆仔（臺東）、汕午（澎湖）、龍占舅（澎湖）

生魚肉有青草香氣

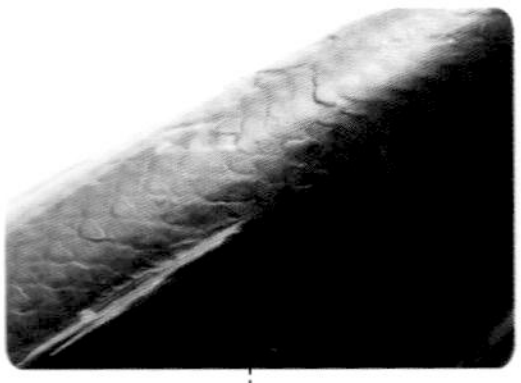

CHECK! 背部厚實肉質較好。

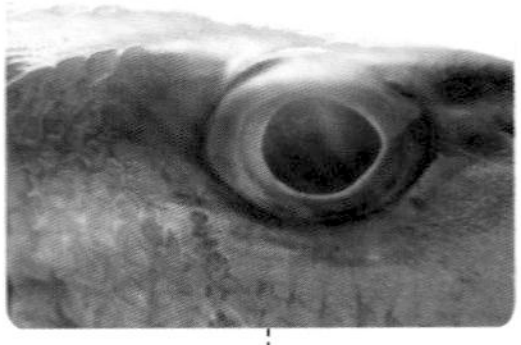

CHECK! 眼白帶有金黃色表示新鮮。

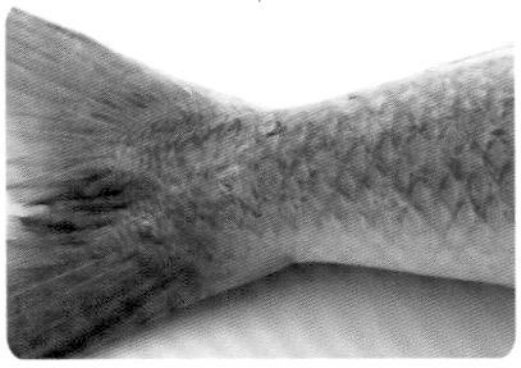

CHECK! 尾巴凸起代表肥美。

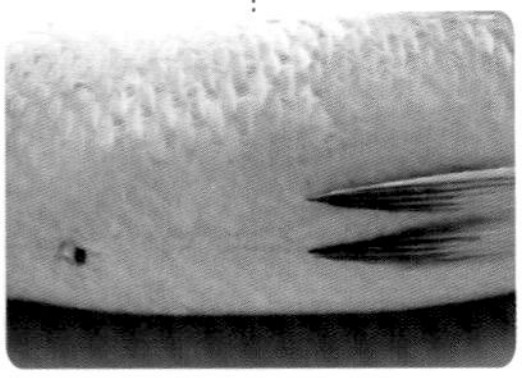

CHECK! 生殖線不要有分泌物，有的話表示內部腐敗；肚子越厚實越肥美。

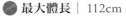

口感和鯛魚相近，屬於掠食性魚類，魚肉很厚實，不適合過度加熱，否則肉質會變硬，最好的方式是做成炸魚片，因油炸屬封閉式加熱，可使肉質變軟。魚肉的海藻味較重，不喜歡海藻味的，可用葉鹽漬法去除。不適合夏天享用，此時的肉質最柴。

DATA

最大體長｜112cm

分佈狀態｜東部、南部、北部、東北部、澎湖、小琉球、蘭嶼、綠島、南沙

季節｜一年四季都有，中秋節到春天最肥美。

適合料理｜酥炸、生魚片（若做成生魚片，避免過度海藻味，建議先用葉鹽漬處理）。

蒲葉鹽漬耍午

材料—耍午 1 條、蒲葉（或荷葉、櫻花葉）1 片

作法— **1.** 將蒲葉均勻抹上薄薄一層鹽巴。**2.** 魚肉片下，內面噴上 2% 鹽冰水，將魚肉放上蒲葉（魚皮朝上）。**3.** 冷藏 30 分鐘，此為「葉鹽漬法」，利用葉子的吸附力將水分與海藻味去除。**4.** 把處理好的魚肉切片。**5.** 以醋飯做握壽司，再將魚片蓋上即可。

TIPS

握壽司秘訣！

1. 好吃的握壽司，米粒在裡面是流動的，因此不能用力壓握，而是把米飯放在手心，以有點像是堆豆腐的手感，慢慢滾動，讓飯粒彼此黏著包覆，創造出中空輕盈，吃來清爽的握壽司。
2. 所有味道較重的魚類，皆可利用葉鹽漬去味。

狗母梭

Saurida tumbil

魚鬆原料

別名｜狗母

16
秋季魚種

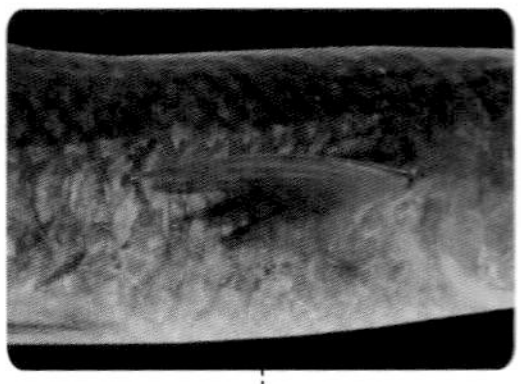

CHECK!
頭後面的背鰭肉越肥美越好。

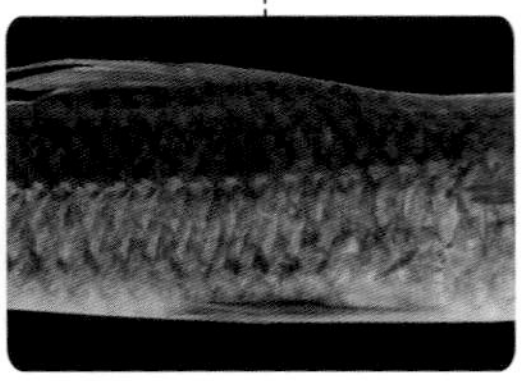

CHECK!
越大隻越好。

通常不會拿狗母梭來做料理，但牠卻是魚鬆、魚漿的主要原料。因存放時間不長，得趁新鮮時做，一般吃的甜不辣很多也都是用狗母梭做的。海邊漁民會整尾煮湯。

DATA

最大體長｜60cm
分佈狀態｜南部

季節｜一年四季都有
適合料理｜魚鬆製作、魚乾、煮薑絲湯

竹梭

Sphyraena barracuda

別名｜巴拉金梭魚、大魣、金梭、竹梭、巴拉庫答

17
秋季魚種

土魠魚的替代魚

肉質較硬，常拿來做成炸魚塊或土魠魚羹中土魠魚的替代品。因價格便宜，多被加工業者買走，市場上不常見到。肉質偏硬，清蒸或煮湯都不適合，可簡單裹粉做成炸魚塊。

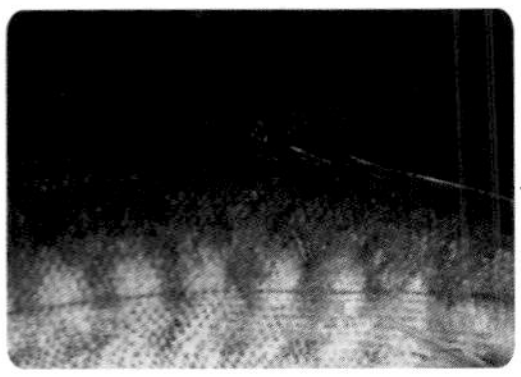

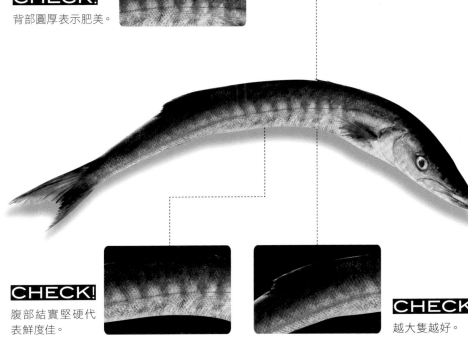

CHECK!
背部圓厚表示肥美。

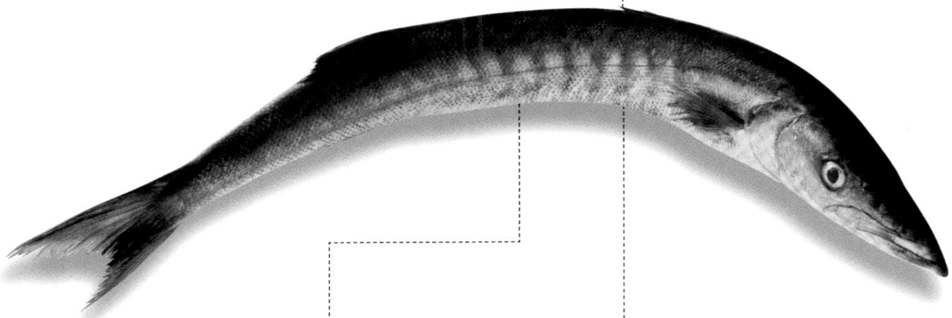

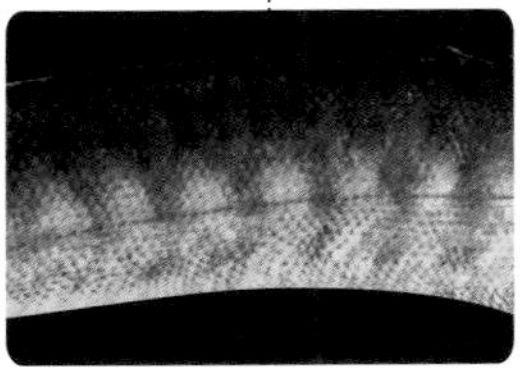

CHECK!
腹部結實堅硬代表鮮度佳。

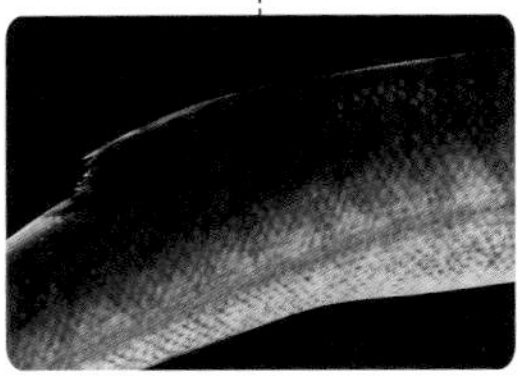

CHECK!
越大隻越好。

DATA

最大體長｜200cm

分佈狀態｜東部、西部、南部、北部、東北部、澎湖、小琉球、蘭嶼、綠島、東沙。

季節｜夏季數量多，但秋季，9 月－ 11 月為油脂豐富的季節。

適合料理｜油炸、乾煎，料理先用鹽醃漬，可去除酸味。

馬加剪

Scomberomorus guttatus

別名｜台灣馬加鰆、白北、白腹仔

不可再次加熱的土魠替代魚

跟土魠長相相近的魚，但油脂不多，常被誤認。價格是土魠的1／4，當季鮮度好時很美味，屬含水量高的魚類，不可二次加熱，否則水分容易逸散，肉質會變老。

18

秋季魚種

CHECK!
尾鰭呈剪刀狀是其主要的特徵。

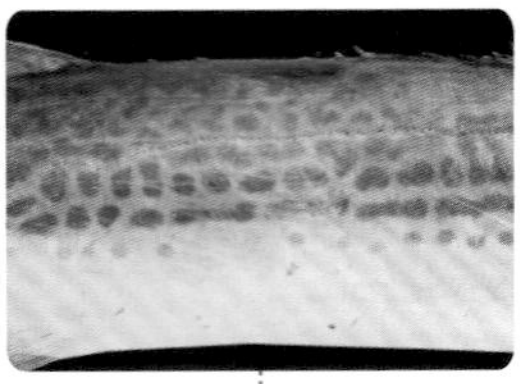

CHECK!
魚身不要太軟或被撞擊到，因此種魚被撞擊後魚肉會變鬆散。

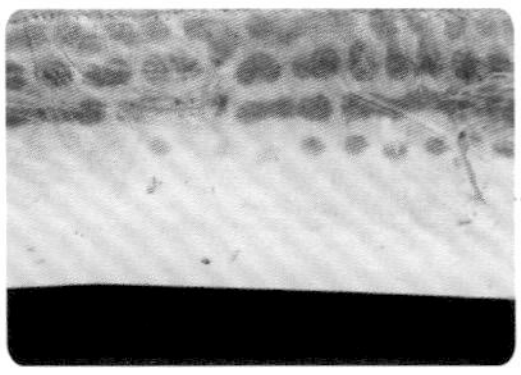

CHECK!
腹部越白越肥美。

DATA

最大體長｜76cm

分佈狀態｜東部、西部、南部、北部、東北部、澎湖、小琉球

季節｜夏季，5月–8月數量較多；秋末冬初，11–12月最肥美，不過數量稀少。

適合料理｜生食、乾煎、燒烤，但以一次加熱為主，不可久煮與再次加熱。

鳳梨紫蘇梅醬香煎馬加剪

材料—魚肉100g、紫蘇梅鳳梨醬適量

作法— **1.** 魚肉加鹽乾煎後，淋上紫蘇梅鳳梨醬。也可加上炸過的九層塔一同食用。

TIPS

鳳梨紫蘇梅醬怎麼做？

紫蘇、梅肉、鳳梨各100g，切小丁後，加上梅酒50cc、醬油25cc，慢慢以小火熬煮，煮滾後即可搭配在魚肉上食用。

沙梭

Sillago sihama

19
秋季魚種

別名｜kiss魚、多鱗鱚、沙腸仔

成對出現，肉質細緻的kiss魚

夏末秋初肥美，屬沙岸魚類，其中尤以澎湖的沙梭最美味。東岸的沙梭魚鱗較粗，肉質較軟；西岸的沙梭魚鱗較細，肉質也細，因在海中常成對出現，且有時會嘴對嘴出現像在kiss的動作，因此又被稱為kiss魚。肉質細緻，可炸或做成生魚片，但不建議清蒸，肉身容易碎掉。

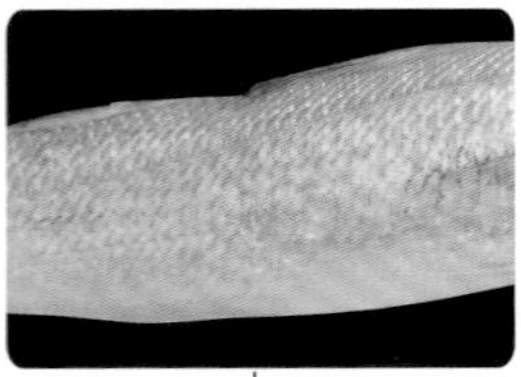

CHECK!
越大隻越好。

CHECK!
尾鰭呈淡淡金黃色。

DATA

最大體長｜30cm
分佈狀態｜西部、南部、北部、東北部、澎湖

季節｜夏末秋初最好，7–10月
適合料理｜酥炸、生魚片、煮湯、或用湯霜法做成生魚片

昆布沙梭紫菜湯

材料—沙梭魚 1 尾、昆布紫菜高湯適量
作法—**1.** 沙梭魚汆燙熱水後備用。**2.** 昆布紫菜高湯與沙梭魚一起放到蒸籠裡蒸 20 分鐘即可。

TIPS

昆布紫菜高湯怎麼做？
用 1 斤蛤蜊與 1 公升水，煮出蛤蜊水後，加上 1 盒 300g 的青紫菜與一條昆布，一同煮滾即可。

影片連結

黑鯧

Parastromateus niger

別名｜烏鯧、烏昌、三角昌、昌鼠魚

魚皮Q彈可做小菜

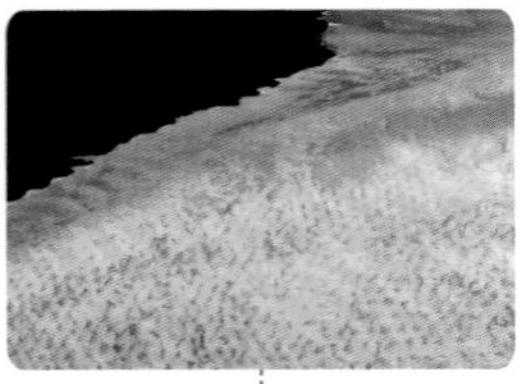

CHECK!

背部厚代表油脂豐富。

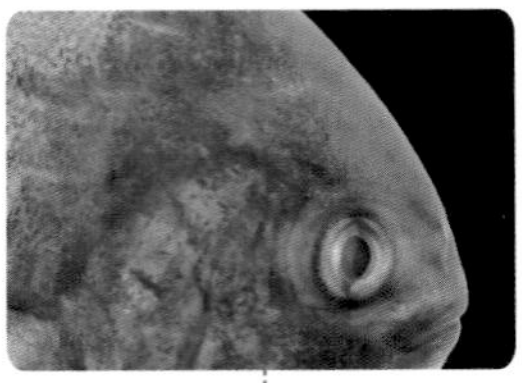

CHECK!

頭部呈金黃色表示正在產卵。

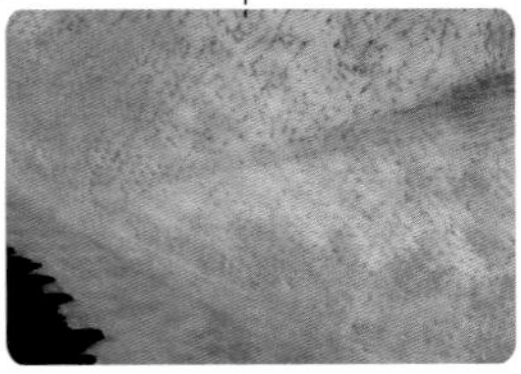

CHECK!

腹白且厚表示肥美。

魚鱗較白鯧粗，但魚皮有獨特的香氣，加熱後會有淡淡的干貝味。大部分的人都愛吃白鯧，但其實秋冬交接時的黑鯧特別肥美，肥美時的魚皮特別厚，簡單汆燙即可做成涼拌小菜，其中以南方澳的黑鯧最好。

DATA

最大體長｜55cm

分佈狀態｜東部、西部、南部、北部、澎湖

季節｜秋冬，9月–12月，每年11月是產卵季

適合料理｜乾煎、煮湯、做生魚片，肥美時魚皮可汆燙做涼拌小菜。

20

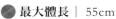

秋季魚種

黑鯧梅醋漬佐蒜片辣蘿蔔泥

材料—黑鯧魚 200g、白菊醋 100cc、昆布適量、乾梅 1 顆、醬油適量、辣蘿蔔泥適量、炸蒜片少許

作法—**1.** 昆布剪段與梅子泡在醋裡，100cc 用一顆乾梅，泡 3-5 分鐘讓梅子味道釋出。**2.** 魚肉先以鹽冰水熟成法處理，再將魚肉放入醋內，因蛋白質遇酸會變白，泡約 10 分鐘即可，此為醋漬熟成法（可參考 45 頁）。**3.** 待熟透後，即可切片。**4.** 最後在魚肉上加一點辣蘿蔔泥、炸蒜片與醬油即可。

TIPS

好吃蒜片怎麼炸？
蒜片的秘密在牛奶，牛奶加蒜頭的香氣很迷人。先將蒜片丟到牛奶裡煮滾後，一片片擦乾再以小火慢炸，炸到帶點金黃色時瞬間以大火加熱，讓香氣散出後迅速撈起即可。另炸完蒜片的油，拿來煎魚特別美味。

Scombrops boops

黑鯥魚

別名｜牛眼鯥、牛眼青鯥

有獨特餅皮香氣的萬用魚

燒烤很棒的魚，屬深海魚，越大越好，最大可到20公斤以上，不過較少見。魚肉味道驚人的好吃，秋季魚體的魚白十分美味，魚肉適合燴煮、燒烤、生魚片。眼睛的膠質不輸金目鯛，便宜又容易買到。

21
秋季魚種

影片連結

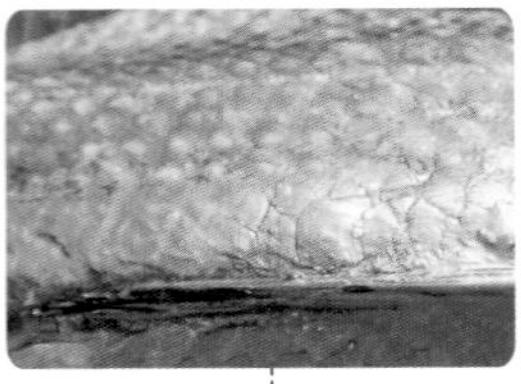

CHECK!
魚身寬厚，油脂豐厚時會胖到背上。

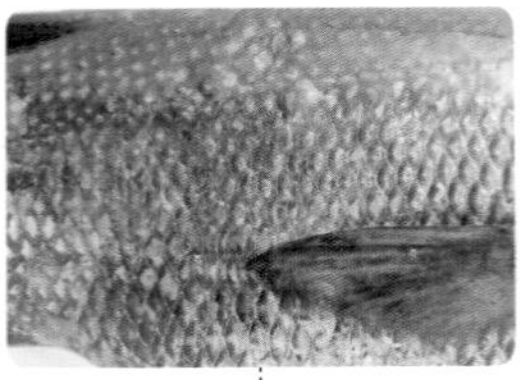

CHECK!
魚鱗完整表示新鮮。

CHECK!
尾部有圓圓凸起表示肥美。

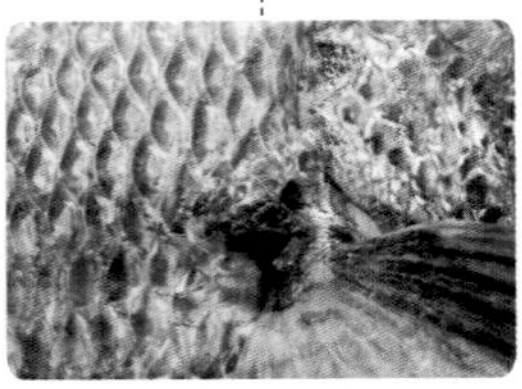

CHECK!
胸鰭拉起，有蝴蝶袖表示肥美。

DATA

最大體長｜150cm
分佈狀態｜東部、澎湖

季節｜夏末秋初，9–11 月、春末夏初，3–5 月。大隻出現的機率也以這兩季節最多。
適合料理｜萬用魚，不論清蒸、煮湯、乾煎、燒烤、油炸、做生魚片都好吃。

黑鮭魚捲壽司

材料—魚肉 100g、壽司飯 300g、紫蘇葉 1 片、柚子胡椒適量、山葵泥少許、海苔 1 片

作法— **1.** 魚肉加上柚子胡椒醃漬冷藏 1 小時。**2.** 醃好的魚肉切成細絲。**3.** 依序鋪上海苔、壽司飯、魚肉、山葵泥，以壽司捲方式捲起。**4.** 切成適口大小，最後以紫蘇裝飾即可。

TIPS

也可把紫蘇葉切碎，連同魚肉一同包入壽司內，如此即會多一層紫蘇的香氣。

吳郭魚

Oreochromis mossambicus

別名｜台灣鯛、莫三比克口孵非鯽、非洲仔、南洋鯽仔、在來吳郭魚

從鱗到肉，一點都不浪費

一年四季都吃得到，原本的肥美期是秋天，因是相當普遍的魚種，已經被改種到一年四季都可產卵。因吳郭魚的適應力強，中下游有河川汙染的盡量不要食用。花蓮壽豐用活水養殖的吳郭魚稱台灣鯛。屬火鍋魚片常用的魚種，魚鱗可做膠原蛋白，一點都不浪費。

22
秋季魚種

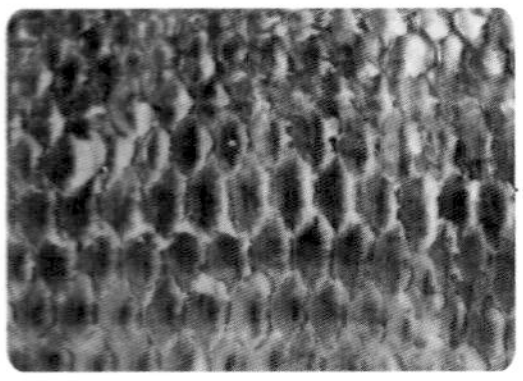

CHECK!
魚鱗還帶有黏液的最好，黏液越多代表死亡時間越短。

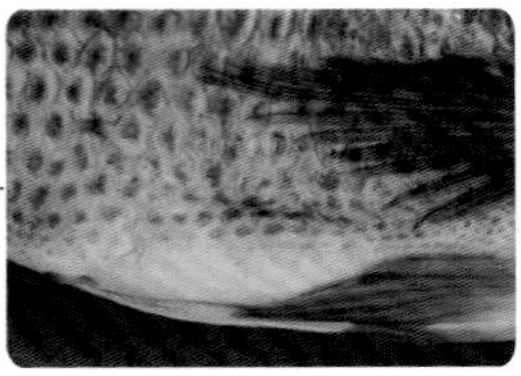

CHECK!
腹部帶點黃色的代表肥美。

DATA

最大體長｜55cm
分佈狀態｜台灣分布於南部及西南部海域

季節｜秋末到春，11–4月最肥美。
適合料理｜乾煎、紅燒、煮湯。乾煎時，可先將少許的麵粉、太白粉鋪在魚肉上，讓外皮乾燥再下油鍋煎，如此魚皮就不會剝落。其中鹹水吳郭魚比淡水吳郭魚肉質更細緻。

酒燒吳郭魚

材料—醬油 150cc、冰糖 50g、蒜頭 4-5 顆、蔥 1 段、薑 1 小塊、清酒 400cc

作法—**1.** 先將清酒燒過（燒到沒有酒精為止），加入醬油、冰糖煮融化備用。**2.** 吳郭魚雙面煎過，加入蒜頭、蔥、薑，跟作法 1 一同燴煮 10 分鐘即可。

23

秋季魚種

尼羅河紅魚

Oreochromis niloticus niloticus

別名｜尼羅口孵非鯽、南洋鯽仔、尼羅吳郭魚

乾煎就好吃

又稱紅種吳郭魚，一年四季都有，其中秋天是產卵期，特別肥美。魚皮富含膠質、肉質多。野生的常養在山泉水裡，因紅魚會自行吐沙，所以較沒土味。料理方法和吳郭魚相同。

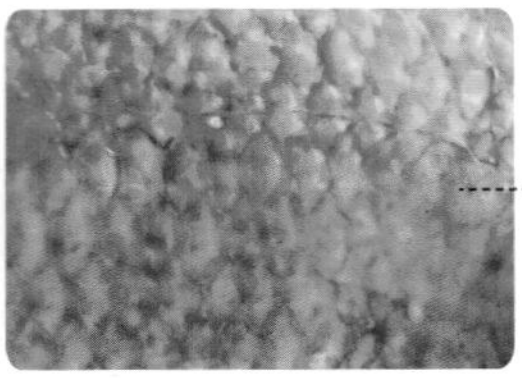

CHECK!

有黃紋表示油脂豐富。

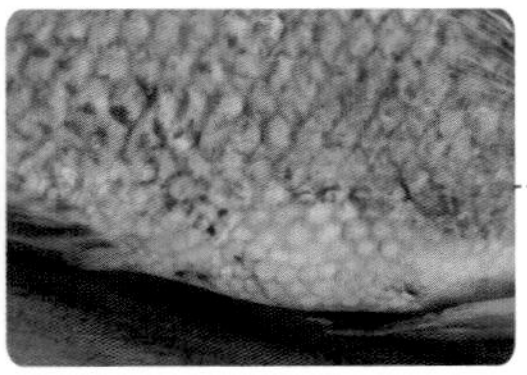

CHECK!

腹部帶點黃色的代表肥美。

DATA

最大體長｜60cm

分佈狀態｜東部、西部、南部、北部、東北部、澎湖、小琉球

季節｜一年四季都有，秋天產卵特別肥美

適合料理｜紅燒、乾煎、油炸

乾煎尼羅河紅魚

材料—尼羅河紅魚 1 尾

作法— **1.** 整尾魚抹過一次橄欖油，撒點鹽後，放置 10 分鐘。**2.** 熱鍋倒冷油，先以大火慢慢煎，再轉至小火，煎到熟透即可。

TIPS

如果在肥美期享用，因本身油脂夠多，不用沾粉就好吃。

柳葉魚

Mallotus villosus

別名｜喜相逢、毛鱗魚

適合下酒的進口好魚

24
秋季魚種

屬冰島、南極洲來的外來魚，有豐富魚卵，且因屬於寒帶魚種，內臟沒有髒東西，整尾魚都可以吃。是相當方面食用、烹煮的平價魚種。

CHECK!

挑腹部肥大，魚卵較多。

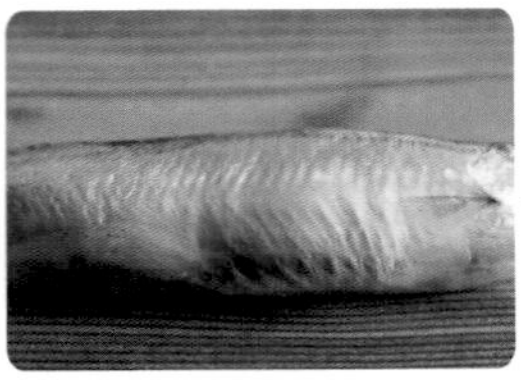

CHECK!

在台灣看到的都是冷凍，所以鮮度應該都不錯。不要挑選頭或尾巴斷掉的就好。

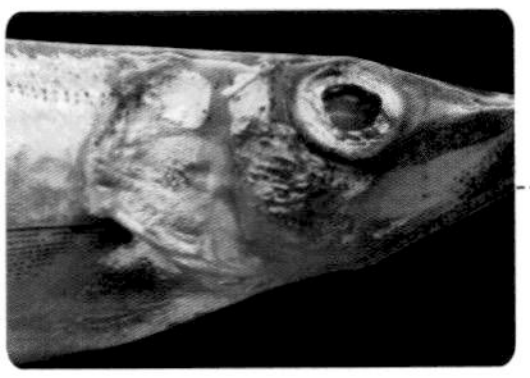

DATA

最大體長｜15–25cm
分佈狀態｜北極洋、北大西洋及北太平洋之溫寒帶海域

季節｜全年的進口魚種
適合料理｜酥炸、燒烤

醋漬柳葉魚

材料—太白粉少許、柳葉魚 3 隻、南蠻漬醬汁適量

作法—**1.** 柳葉魚裹太白粉後先以乾煎煎熟。**2.** 用南蠻漬來醃漬。**3.** 醃 30 分鐘後，撈起即可。

TIPS

南蠻漬怎麼做？

白菊醋 300cc、味醂 100cc、檸檬 1 顆榨汁、洋蔥半顆，蔥少許、乾梅子 3 顆，攪拌均勻即成。吃起來酸酸的，亦很適合當成涼拌海鮮的醬汁。

秋刀魚

Cololabis saira

秋天肥美，修長如刀

別名｜竹刀魚、山瑪魚

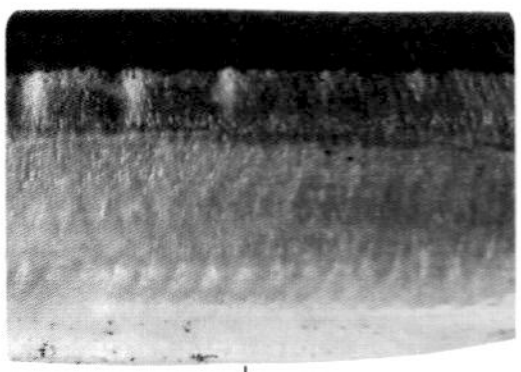

CHECK!
身上的魚鱗不要有裂開。

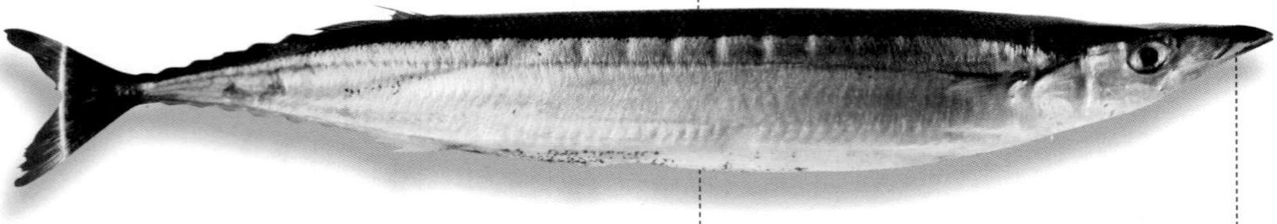

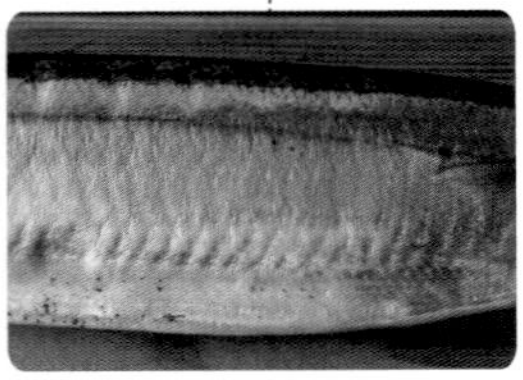

CHECK!
腹部越寬大越好。

CHECK!
嘴巴帶點黃色的代表肥美。

產季在秋天，且體型修長如刀，故有此名。分一年秋刀魚跟三年秋刀魚，其中以北海道的三年秋刀魚最肥美，也最適合生食。一般來說，兩年半以上的秋刀魚嘴巴會顯出微微的黃色。秋刀魚多是遠洋捕撈，不是台灣本島產的，屬於便宜的燒烤魚。

DATA

最大體長｜25–30.5cm

分佈狀態｜北太平洋區，包括日本海、阿拉斯加、白令海、加利福尼亞州、墨西哥等海域

季節｜秋季，以 9–11 月北海道的秋刀魚最美味

適合料理｜燒烤、滷煮、油炸

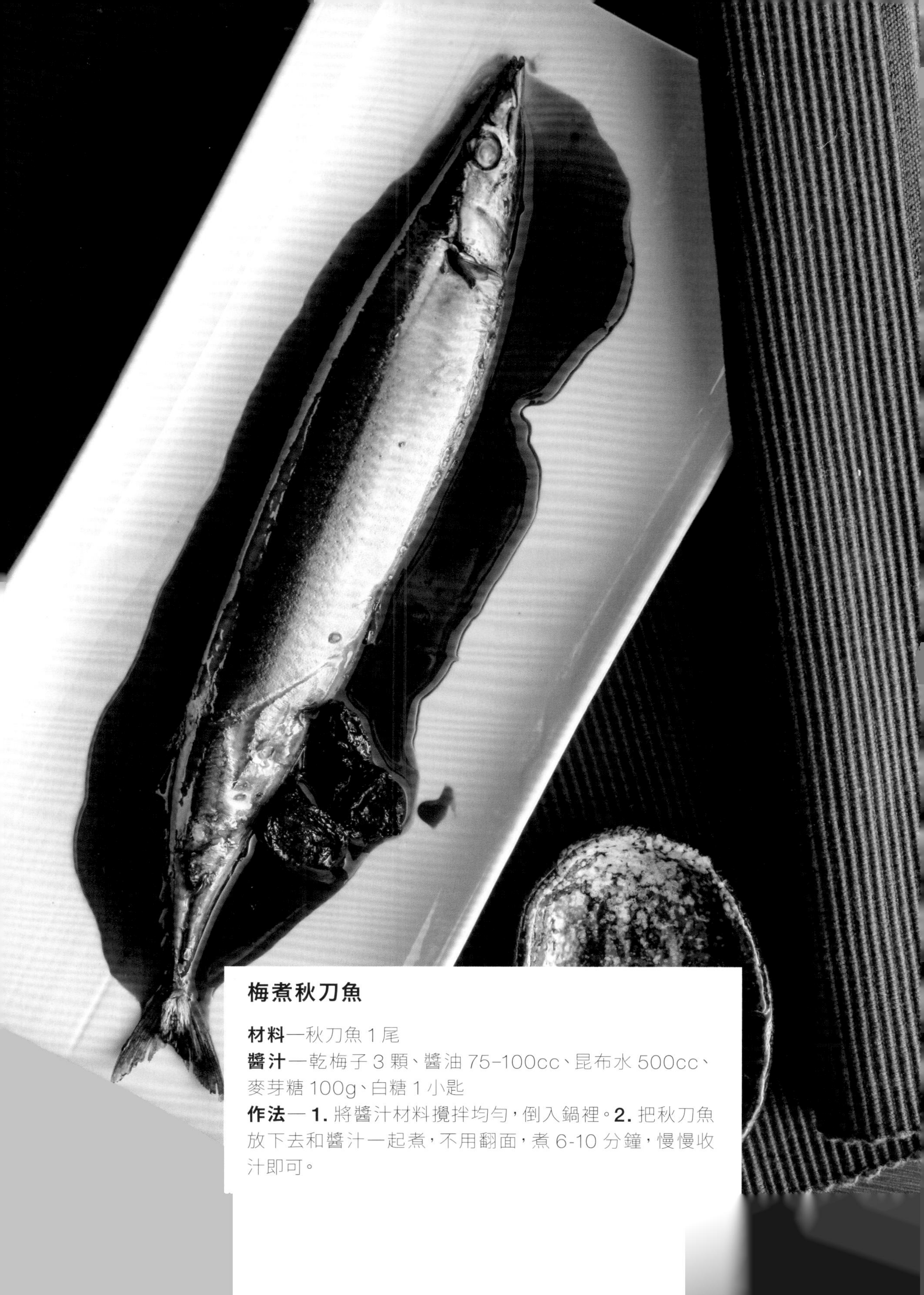

梅煮秋刀魚

材料—秋刀魚 1 尾
醬汁—乾梅子 3 顆、醬油 75–100cc、昆布水 500cc、麥芽糖 100g、白糖 1 小匙
作法— **1.** 將醬汁材料攪拌均勻，倒入鍋裡。**2.** 把秋刀魚放下去和醬汁一起煮，不用翻面，煮 6-10 分鐘，慢慢收汁即可。

26

秋季魚種

青旗

Strongylura anastomella

別名｜形叉尾鶴鱵、青旗、學仔、白天青旗、圓學（澎湖）

綠皮綠骨不討喜，煎後卻有獨特香氣

屬水針魚類，外表不討喜，烹煮時魚皮呈綠色，因賣相不好，許多人不敢吃。其實魚肉非常美味、堅實、彈牙，適合和筍乾一起滷煮，且魚皮煎過後有獨特香味，煎過再滷更好。

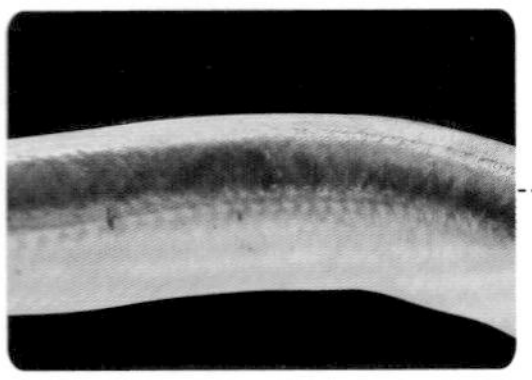

CHECK!
撫摸魚身不要有撞傷。

CHECK!
不要有腥臭味。

CHECK!
鰓下不要裂開，裂開表示魚肉受傷。

DATA

最大體長｜150cm

分佈狀態｜東部、西部、南部、北部、東北部、澎湖、小琉球、蘭嶼、綠島、東沙

季節｜夏、秋，5–9月。颱風過後會游到河口岸邊，此時最多。

適合料理｜乾煎、滷煮，不適合清蒸、生食

鏡鯧

Zeus faber

別名｜日本的鯛、豆的鯛、馬頭鯛、海魴、鏡鯧

魚肝一點都不輸鮟鱇魚

深海魚，含水量豐富、膠質多，外型不佳，卻異常美味。一般大家都說鮟鱇魚肝好吃，其實鏡鯧的魚肝一點都不輸給鮟鱇，且價格便宜不少，但鮮度流失快，買來得盡早食用。東北角、蘇澳很多，一般菜市場較難看到，可去漁港挑選。

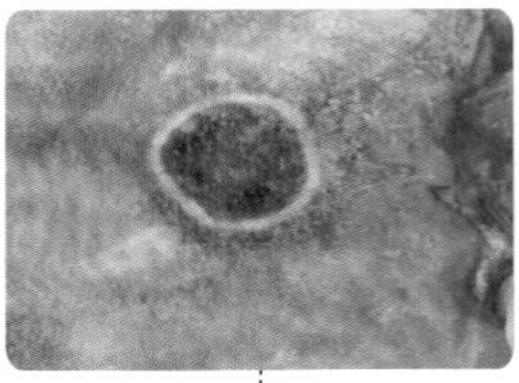

CHECK!

魚身上的黑點越清楚表示鮮度越好。

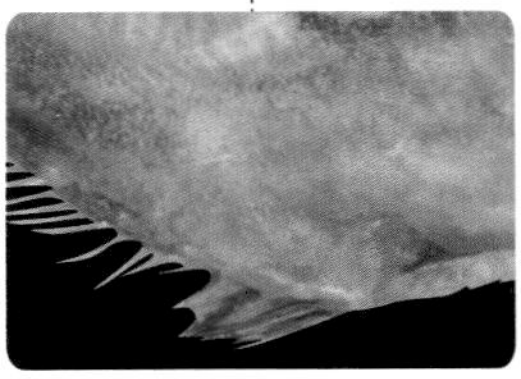

CHECK!

腹部凸起較容易有魚肝。

CHECK!

嘴巴不要出現紅色，紅色代表受過撞擊，肉質會較鬆散，但若不生食則差異不大。

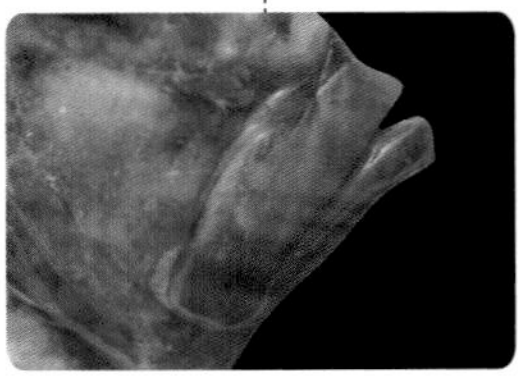

DATA

最大體長｜ 90cm

分佈狀態｜西部、南部、北部、東北部、澎湖

季節｜秋季，9–11 月肝臟最為肥美。

適合料理｜清蒸、煮湯、燒烤、鮮度夠也可生食。

魚肝怎麼吃｜買來的魚肝，簡單以鹽搓洗後，加牛奶一起蒸 4 分鐘，味道超迷人。

27

秋季魚種

角魚

Chelidonichthys spinosus

別名｜棘黑角魚、雞角、角仔魚

漂亮的煮湯好魚

28
秋季魚種

深海魚，魚民常用來煮湯，有淡淡的螃蟹香。因鮮度只有兩天，所以市場上不常見。價格便宜，有看到可買來嚐鮮，是很適合煮湯的魚種。

CHECK!
越大隻越好，大隻才有肉，建議選半斤以上。

CHECK!
鰭上藍點越清楚鮮度越好。

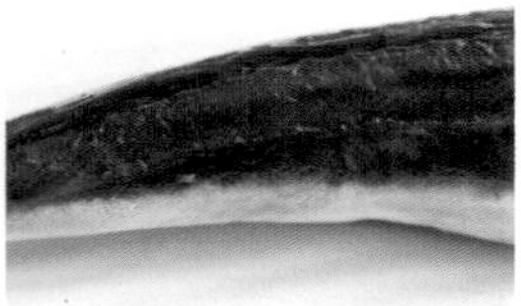

CHECK!
魚身斑紋越清楚越新鮮。

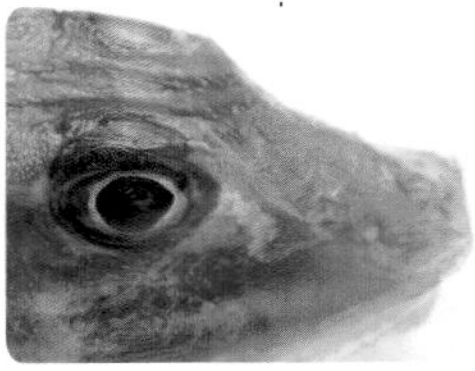

CHECK!
頭部鼓鼓的較肥美。

DATA

最大體長｜40cm
分佈狀態｜澎湖

季節｜一年四季都有，秋末冬初，9–11月最肥美
適合料理｜煮湯，湯頭有甲殼類香氣，因肉質可吸附雜質，湯頭特別清甜純淨。

紅六紋

Valenciennea wardii

29
秋季魚種

別名｜白斑范氏蝦虎魚、沃德范式塘鱧、鞍帶凡塘鱧

煮完後會整條化開的魚

屬於海底底棲魚類，肉質細緻，帶有螃蟹味與泥鰍口感。取魚鱗時不能過度用力，魚肉很細容易粉碎，可先浸泡2％鹽冰水後，再用小刀輕取魚鱗。煮湯時魚肉會整個化開掉到湯裡，膠質豐富，據說對傷口的復原很有效果。

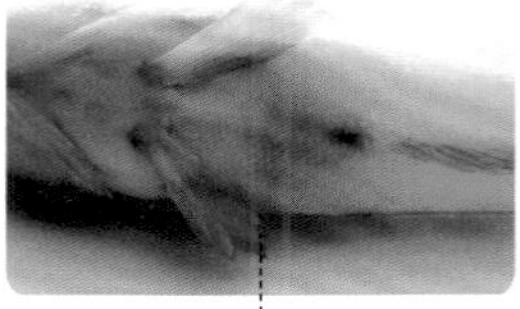

CHECK!
底部不要發紅，發紅表示內臟腐敗。

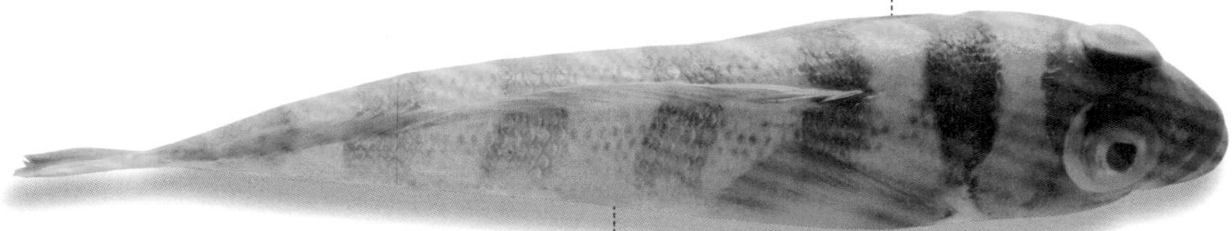

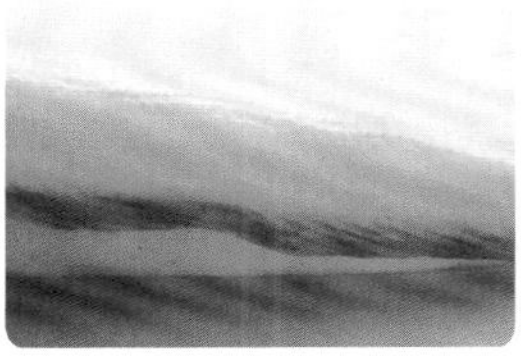

CHECK!
肚子下面，魚身乾淨沒有撞傷，肉質會較堅實不易粉碎。

DATA

最大體長｜30cm
分佈狀態｜西部、北部

季節｜秋末冬初
適合料理｜煮湯、清蒸。可用浸泡法，即蒸一、兩分鐘後，將滾燙的高湯沖下去。清蒸可讓其定型，再利用沖下去的高湯讓魚肉熟透。

鳳梨魚

Sargocentron melanospilos

加熱後，有甲殼香氣

別名｜黑點棘鱗魚、黑點棘鱗魚、金鱗甲、鐵甲兵、瀾公妾、鐵線婆

CHECK!
眼紅反而是新鮮的象徵。

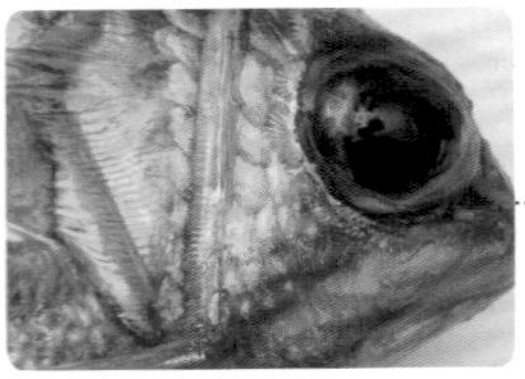

CHECK!
鰭有黃色的代表肥美。

CHECK!
腹部圓圓的油脂豐富。

魚鱗很硬，可用熱水汆燙後泡入冷水，即可輕鬆去鱗。因魚肉少，所以較少人吃，但價錢便宜，加熱後有甲殼香氣，煮熟後則有貝類的味道，肉質細緻。

DATA

最大體長｜25cm
分佈狀態｜東部、南部、東北部、綠島、東沙

季節｜春季，3–5月；夏末秋初9–10月；寒流來時也有。
適合料理｜燒烤、清蒸、煮湯。可清除內臟後，將蒜頭塞入鰓裡一起燒烤；或加醬筍、豆醬、醃梅等醃漬類的東西一起清蒸；煮湯時可先將魚剁塊汆燙去除血水後，再煮湯，湯頭會很清。不過火一滾得立刻將魚肉撈起，待魚湯煮滾第二次後，再簡單將魚肉放下去燙一下，避免過度加熱。

30
秋季魚種

赤海金雞魚

Lutjanus vitta

別名｜縱帶笛鯛、畫眉笛鯛、赤海、赤筆仔、金雞魚、一巡兵（澎湖）、必周（澎湖）、黃記仔（澎湖）

帶有雞肉香氣的魚

CHECK!

魚身縱線越清楚，代表新鮮狀態越好。

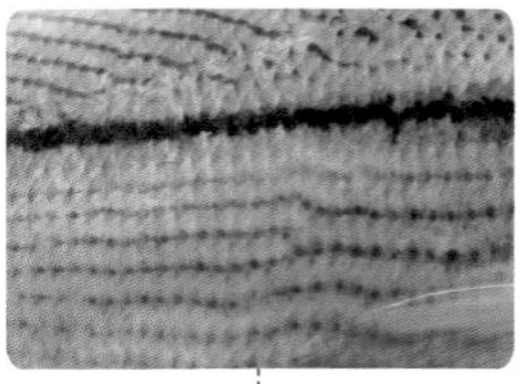

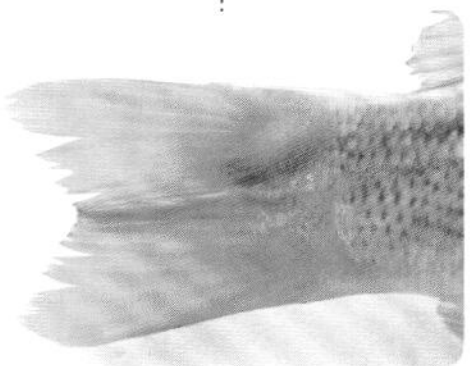

CHECK!

臀鰭金黃色，是肥美的象徵，且兩天以內的魚會出現金線，為新鮮的證明。

CHECK!

胸鰭拉開，金黃色表示油脂豐滿。

適合用來乾煎的魚，肥美時肚子會有紅油，吃來有螃蟹味，且有雞肉口感，但肉質比雞肉更為細緻，也很適合清蒸，蒸起來肉質甜美，可配著醃漬過的鹹竹筍、鹹冬瓜一起蒸。因覓食食用的海藻有毒，不可生食。煎過後加入蛤蜊一起煮湯，也有獨特的風味。

DATA

最大體長｜40cm

分佈狀態｜西部、北部、東北部、澎湖、東沙

季節｜秋、冬

適合料理｜乾煎、清蒸，不可做生魚片，也不適合油炸，魚肉炸過後容易變苦。

打鐵婆

Banjos banjos

煮魚湯聖品

別名｜扁棘鯛、壽魚、扁棘鯛

32

秋季魚種

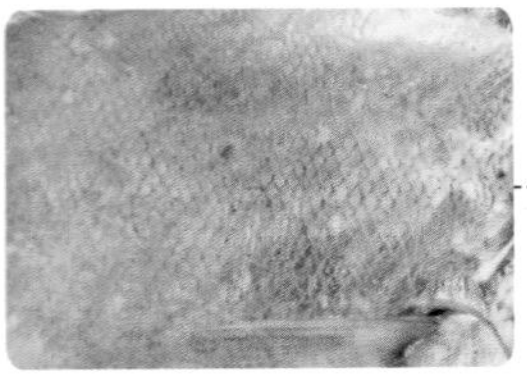

CHECK!

魚皮越銀亮代表越新鮮。

CHECK!

尾巴的黃紋和黑紋分布均勻表示新鮮。

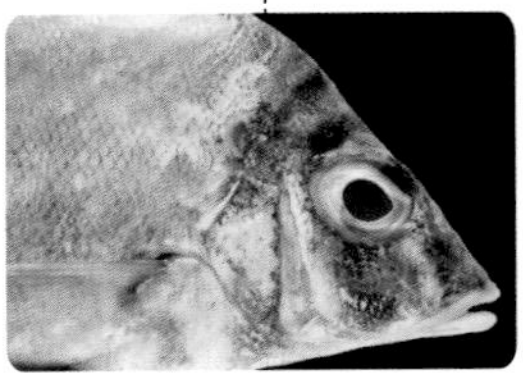

CHECK!

背鰭尖端和嘴巴帶點黃色表示肥美。

取名為打鐵婆，可知其十分硬骨，魚鱗跟頭骨都是十足的硬底子，因此不要以刀剁，取魚肉時，貼著骨頭片下即可。魚骨熬湯有海潮跟干貝味，湯汁會呈乳白色，屬於半深海，便宜又好吃的魚。

DATA

最大體長｜20cm

分佈狀態｜北部、東北部

季節｜夏、秋，5–9月

適合料理｜煮湯、清蒸，其他料理法則較不適合。

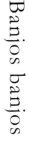

變身魚

Scatophagus argus

33
秋季魚種

別名｜金錢魚、變身苦、黑星銀拱

乾煎時，魚皮有鰻魚的香氣

屬於淡海水交接的紅樹林魚，在河口處常見，肉質口感像石鯛，魚皮味道則帶有鰻魚口感，可乾煎，更適合煮湯，煮湯後會有很棒的香氣，較常在南部的菜市場裡看到。

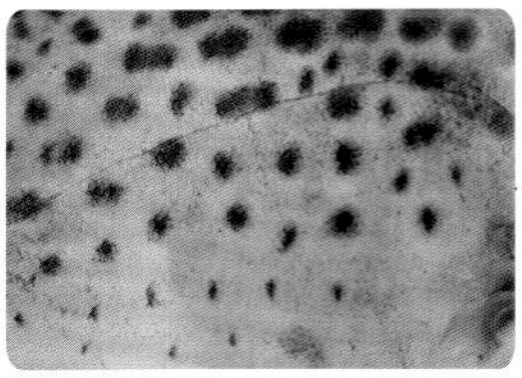

CHECK!
鱗片不剝落，代表新鮮。

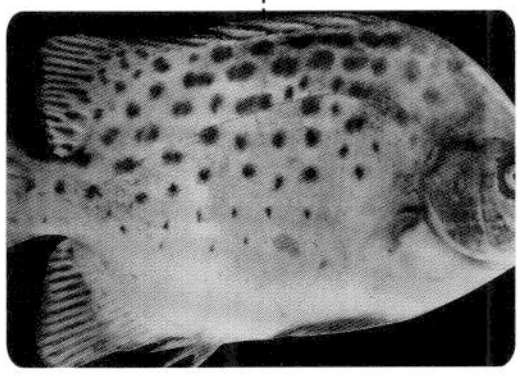

CHECK!
身體越寬越胖越好。

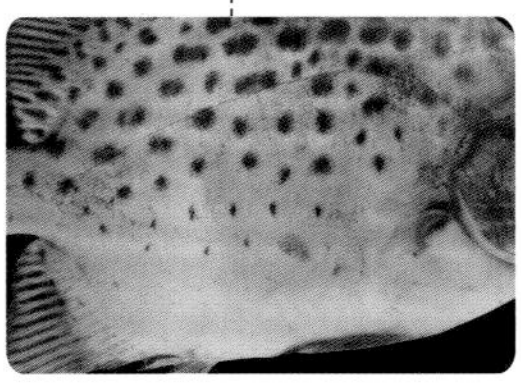

CHECK!
越大隻越肥美。

DATA

最大體長｜38cm

分佈狀態｜東部、西部、南部、北部、東北部、澎湖、小琉球

季節｜春、夏、秋季，3–9月

適合料理｜煮湯最棒，也適合清蒸，乾煎時魚皮會有鰻魚的香氣。

34 定盤

Drepane punctata

秋季魚種

別名｜斑點雞籠鯧、銅盤仔、鏡鯧、金鏡、加破埔

料理時間短且容易入味

肉質細緻，價格便宜，料理時間短且容易入味。可煎、可蒸、可烤，煎過之後魚皮帶有鹹酥餅的味道，香味十分誘人。西半部菜市場常見的魚。魚鱗粗，用刮的很難去除，可直接用熱水汆燙魚體，用手即可把魚鱗直接剝除。

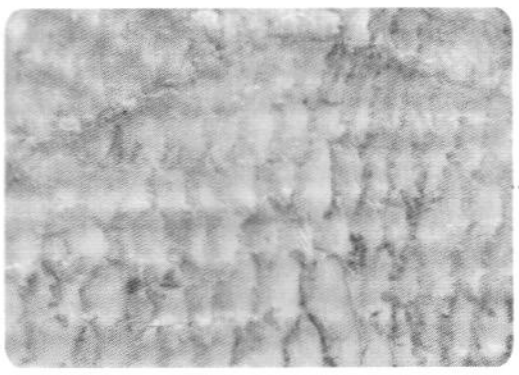

CHECK!

魚鱗越亮越新鮮。

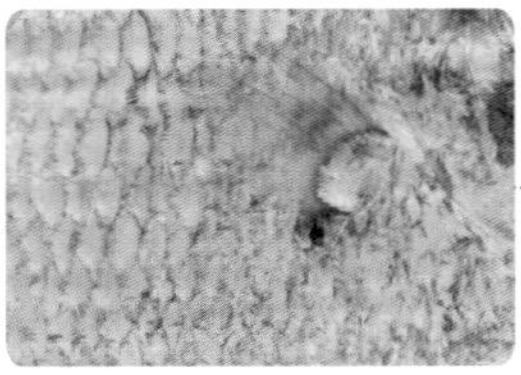

CHECK!

鰓蓋翻開，如果沒有呈鮮紅色，代表放置一週以上，較不新鮮。

DATA

最大體長｜50cm

分佈狀態｜西部、南部、北部、澎湖

季節｜夏、秋季，5–9月

適合料理｜乾煎、燒烤、清蒸、其中和鹹冬瓜、破布子、蒜頭一起清蒸，油脂湯汁鮮味會融為一體，非常美味。

風乾定盤

材料—魚肉 100g、鹽巴 1 湯匙、味醂 100cc、清酒 100cc

作法—**1.** 將鹽巴、味醂、清酒混合後，把魚肉浸入泡五分鐘。**2.** 將魚肉撈起，不包保鮮膜，直接放冰箱冷藏一天，讓魚肉風乾。**3.** 將魚肉放入烤箱 180 度烤 8 分鐘即可。

TIPS

風乾會讓魚肉口感精緻，口味也會比較濃郁。有點像簡易一夜干的作法。通常油脂比較豐富的魚都可以用此風乾方法，來增加香氣與口感。

金錢仔

Secutor ruconius

別名｜仰口鰏、金錢仔

肉質細緻的洄游魚

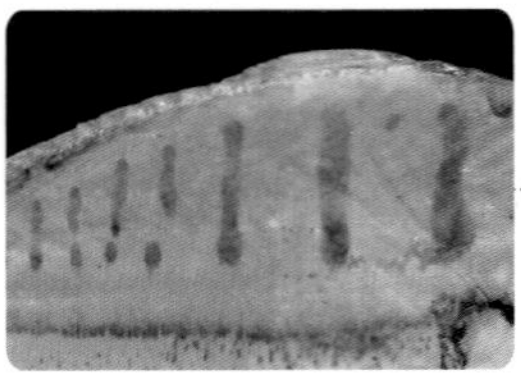

CHECK!
腐敗很快，魚皮銀亮色越亮鮮度越好。

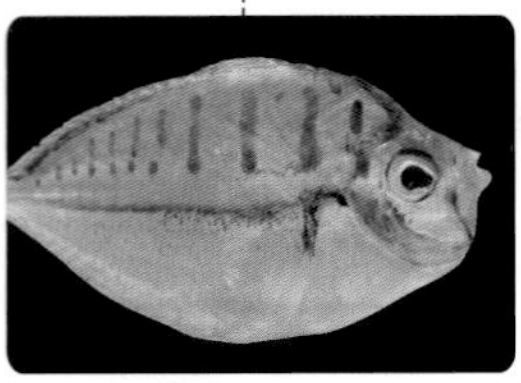

CHECK!
越大隻越美味，最大可到8公分左右。

35
秋季魚種

屬亮皮魚類，大量洄游在近海岸邊的魚種，一般海產店常有，多拿來和豆豉一起蒸，也可用炸的。肉質較少且細緻，蒸好後，幾乎不用咀嚼，用吸的就可以把魚肉吃進去。

DATA

最大體長｜8cm

分佈狀態｜東部、西部、南部、北部、澎湖

季節｜在季節交換，如：冬春、春夏、秋冬交際都有，屬在季節交替時出現的魚。

適合料理｜清蒸、油炸

目孔

Sinibrama macrops

家常下酒小魚

別名｜大眼華編

36
秋季魚種

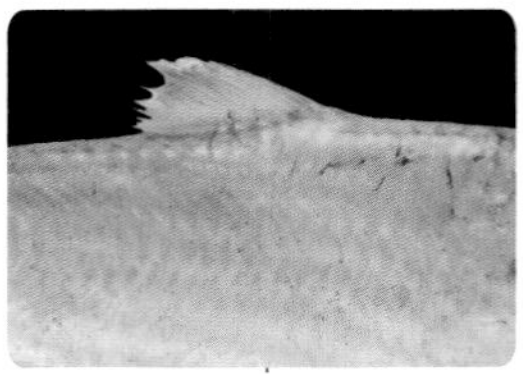

CHECK!
魚背身呈半透明狀，代表新鮮。

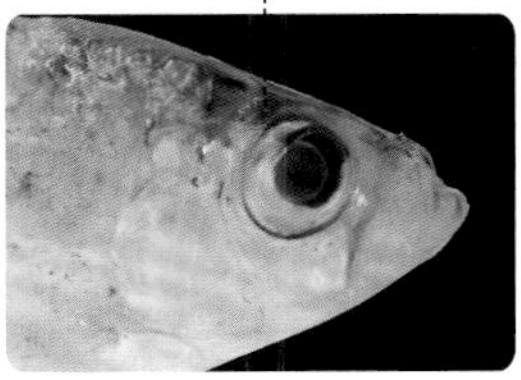

CHECK!
眼睛有雙瞳，是主要特徵。

在河口附近常看到的魚，傳統菜市場也很常見，價格便宜，南部很常將其炸得酥脆後，煮醬油糖一起配著吃；或是做成醃魚、醬料魚用。因眼睛裡還有一個洞，雙瞳，所以稱為目孔。

DATA

最大體長｜20cm
分佈狀態｜北部

季節｜夏、秋，7–10月
適合料理｜醃魚、醬料魚、油炸、乾煎。簡單油炸或乾煎，就可成為一道便宜的下酒小菜

大眼海鰱

Megalops cyprinoides

37

秋季魚種

除了醃魚，還可熬湯

別名｜大海鰱、海菴、海鰱（台東）、草鰱（澎湖）、溪鰗（澎湖）、粗鱗鰱（澎湖）

分布於台灣淡、海水交接處的魚種，屬於熱帶、亞熱帶的洄游魚類，肉質較粗，常做成醃魚或魚露。魚鱗較硬，用熱水汆燙後即可輕鬆剝除，以掠食小型動物為主，亦可乾煎、熬湯或紅燒。

CHECK!

嘴巴到胸鰭之間帶有黃色的表示體內較有油脂。

CHECK!

腹部黃色代表肥美。

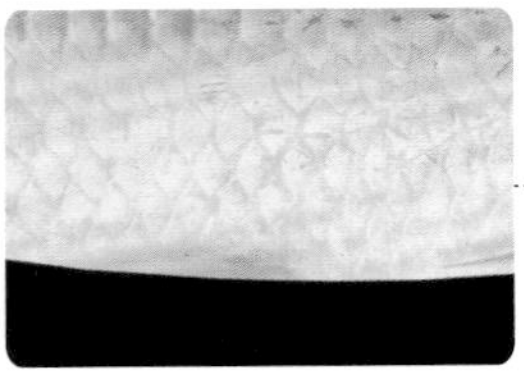

DATA

- **最大體長**｜90cm
- **分佈狀態**｜西部、南部、北部、澎湖、小琉球
- **季節**｜海水：夏、秋，5-9月
- **適合料理**｜可乾煎、熬湯、紅燒或製成醃魚，但魚刺較多，食用時得特別留意。

38 黑尾肉鰮

Sardinella melanura

秋季魚種

別名｜黑尾小沙丁魚、青鱗仔、鰮仔、沙丁魚、扁仔、扁鰮、黑尾鰮（澎湖）

吃來和肉魚相近，但價錢只有1／4

肉多，魚肉吃來和肉魚相近，有薄薄的文蛤味，但價錢只有肉魚的1／4，屬於便宜好吃的魚種。可乾煎或用鹽醃後，做成鹹魚醬。常被加工業者買走，識食的讀者可以買回家嚐鮮。

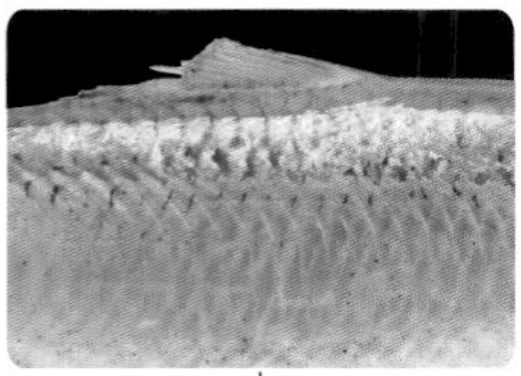

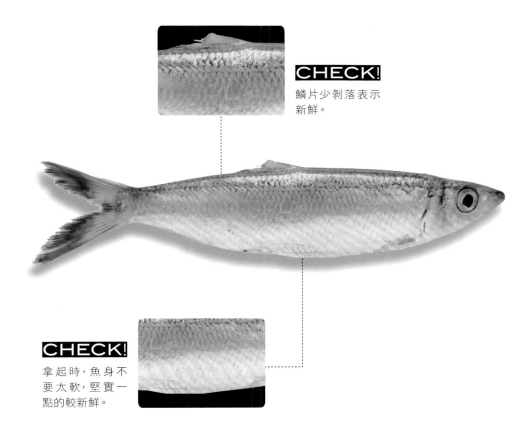

CHECK!
鱗片少剝落表示新鮮。

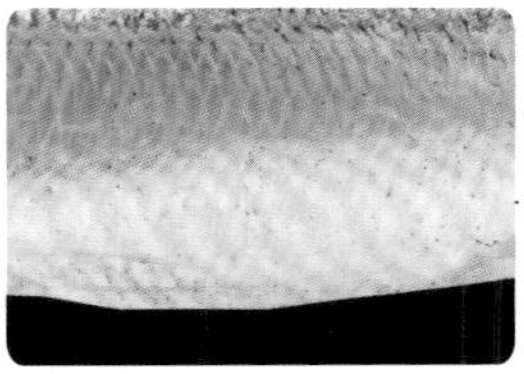

CHECK!
拿起時，魚身不要太軟，堅實一點的較新鮮。

DATA

最大體長｜12.2cm
分佈狀態｜東部、西部、南部、北部、東北部、澎湖

季節｜秋末到春，11–2月
適合料理｜乾煎、醃漬、油炸，或可將整隻魚醃鹽巴後，倒吊一天風乾，如此便可熬出美味湯頭，增加湯頭香氣。

成仔丁

Arius maculatus

可用麻油乾煎去土味

別名｜成仔魚、成仔丁、銀成、白肉成、臭臊成、生仔魚、鰻鯰

39

秋季魚種

在河口處會出現，魚肉有阿摩尼亞味道，且因河口容易囤積髒東西，肉質較容易有土味。夏天會去外海覓食，土味比較不會那麼重，清蒸時，整鍋都會是阿摩尼亞的味道，但就像臭豆腐一樣有人特別愛吃。如果怕土味或氨水味，可用麻油乾煎去除。背鰭刺有微毒，處理時用剪刀小心剪掉即可。

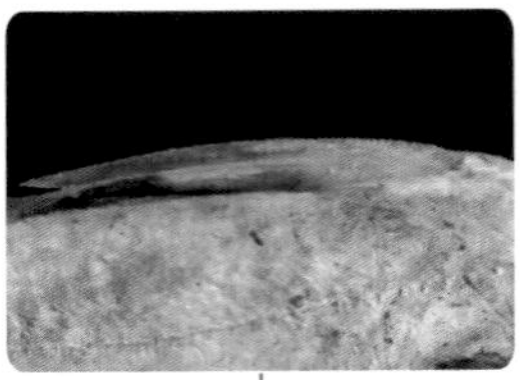

CHECK!

背部厚實表示油脂豐富。

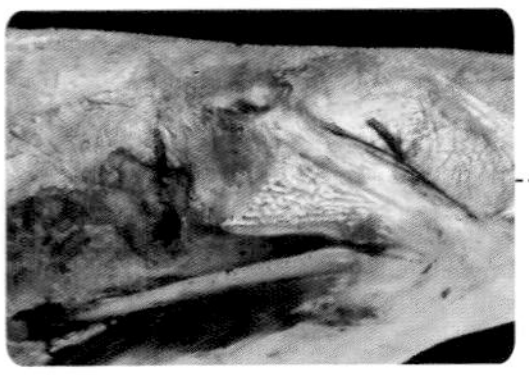

CHECK!

越大隻，肉質越豐富好吃。

DATA

最大體長｜ 80cm

分佈狀態｜西部、南部、北部

季節｜夏季、秋初，5–9月

適合料理｜滷煮、紅燒、乾煎。可用麻油乾煎去除土味與氨水味，並以薑來輔助料理。

虎鰻

Muraenesox bagio

別名｜百吉海鰻、褐海鰻、海鰻

40

秋季魚種

紅燒口感更勝錢鰻

魚肉非常美味，有對插刺，較不好處理，但燉的時候刺跟肉會分開。油脂豐厚，魚肉結實，屬於鰻魚類肉質最好吃的魚種，紅燒口感更甚錢鰻，生食味道則有如高級花枝。

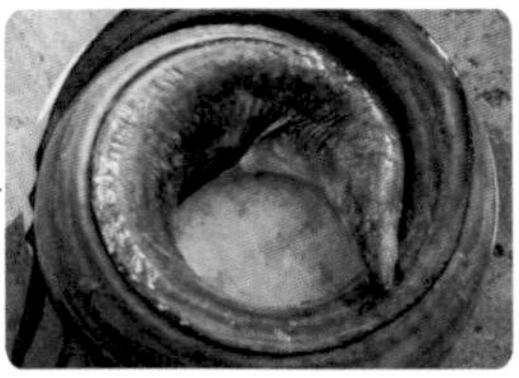

CHECK!

越大隻越好。

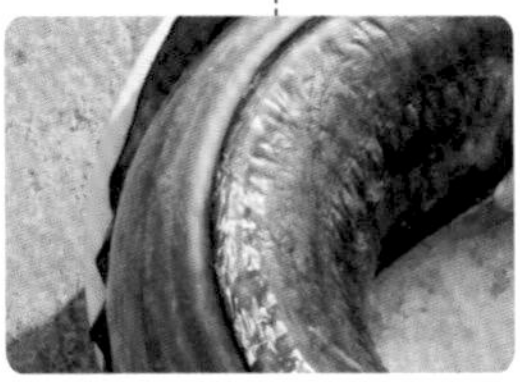

CHECK!

尾巴有黃紋、紅紋的代表肥美。

DATA

最大體長｜200cm

分佈狀態｜西部、西南部、東北

季節｜秋初到夏初，10 月–4 月

適合料理｜紅燒、燉煮、油炸、乾煎

清蒸時，讓魚肉更柔軟的秘訣：先烤再蒸｜先以魚肉那面烤到油脂滲出，再翻面烤到魚肉熟透。最後將魚皮（有油脂的那面）放在底部，蒸 6–8 分鐘即可。

鮭魚

Salmonidae

41

秋季魚種

別名｜三文魚

適合老人小孩吃的好魚

一般來說以挪威、加拿大較多，目前多為無性養殖，營養佳，且因其處理過後幾乎沒有魚刺，很適合老人、小孩食用。超市都很容易買到，建議選擇比較大，且符合各項規定的廠商，品質較有保障，也可避免吃到抗生素。

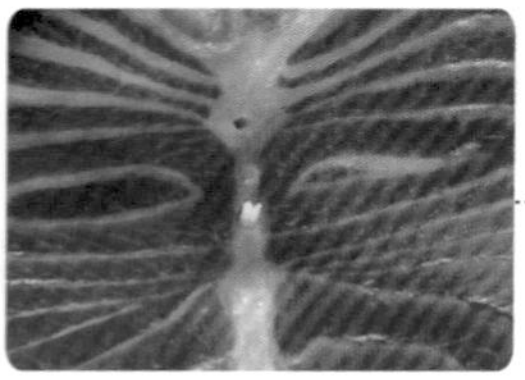

CHECK!

魚的輪切面，白色油花越多表示越肥美。

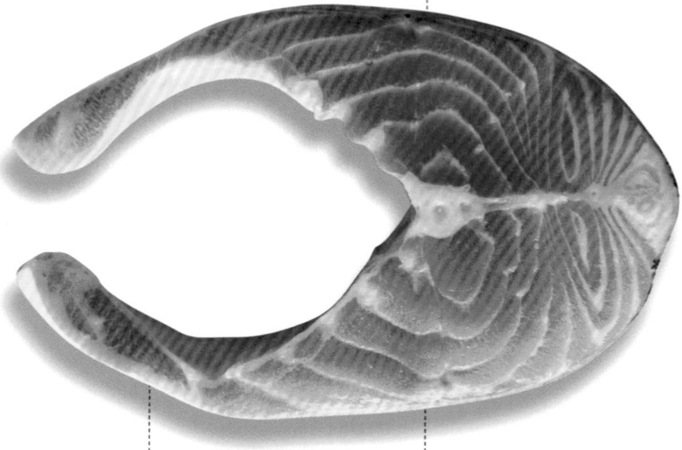

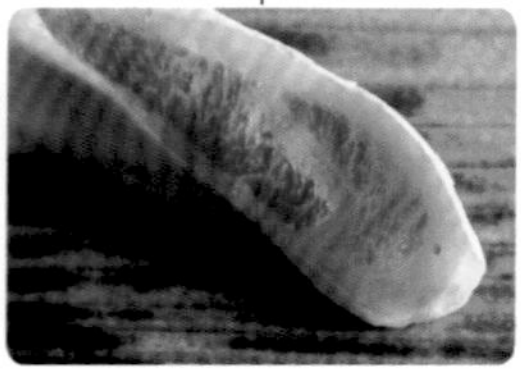

CHECK!

輪切的下端，此為鮭魚腹，越厚越好。

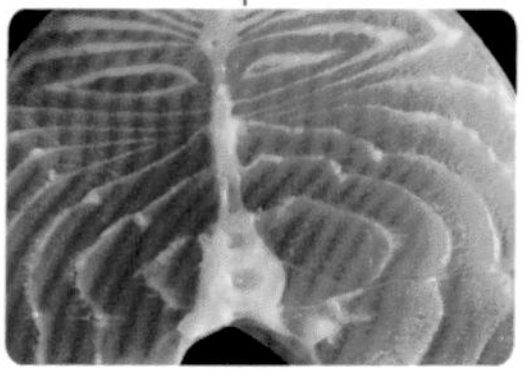

CHECK!

輪切面越大越好，且魚肉跟魚皮間有細細的白色紋路，代表油脂夠多。

DATA

最大體長｜150cm

分佈狀態｜台灣無。多生活在大西洋、太平洋。在美洲大湖及其他湖亦可找到。

季節｜全年

適合料理｜乾煎、燒烤，尤其烤成魚鬆吃也很美味

肉桂香白蘭地鮭魚

材料—鮭魚 1 片、肉桂葉適量、橄欖油 100g、蒜頭 10 顆、奶油 20g、白蘭地 100cc、鹽巴少許

作法—**1.** 蒜頭拍一下，所有材料除白蘭地外一同浸泡半天。**2.** 烤箱預熱，以 250 度烤魚 7 分鐘。**3.** 將烤盤上的魚油倒出，在魚油裡加入 100cc 的白蘭地與少許鹽巴。**4.** 加熱將酒精煮至蒸發，最後將醬汁淋在烤好的魚肉上。

TIPS

鮭魚鬆怎麼烤？

魚片抹鹽，烤至水分乾掉後，剁碎繼續慢慢烤，烘烤個四次即可達到魚鬆效果。放涼後置入冰箱隨時皆可取用。

42 白旗魚

Istiompax indica

秋季魚種

別名｜立翅旗魚、翹翅仔、白肉旗魚

風乾後，肉質更緊實甜美

圖為用紙鹽熟成法風乾一個禮拜後的白旗魚肚，因水分去除後，肉質會越來越緊實。相較於新鮮輪切的白旗魚，風乾熟成可讓體內酸性定性，吃來更有風味，放入冰箱冷凍可擺放大半年，需要時隨時取用即可。

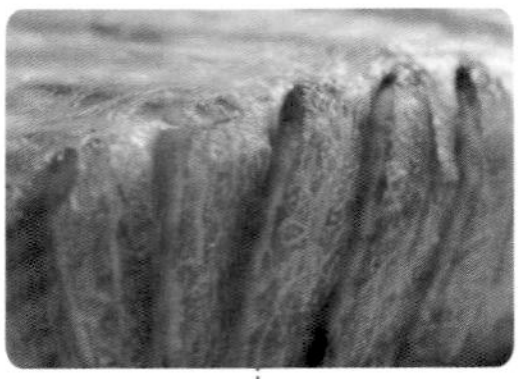

CHECK!

越白油脂越多，選油脂多的來做風乾較佳。

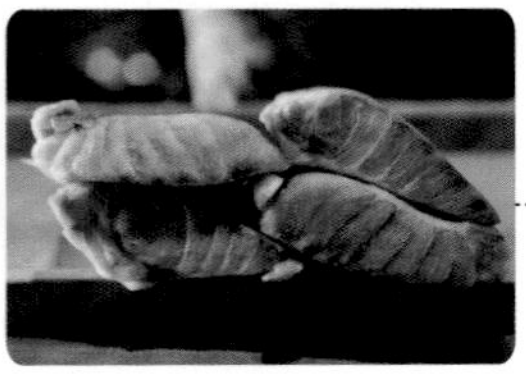

CHECK!

腹部胖胖鼓鼓的代表肥美。

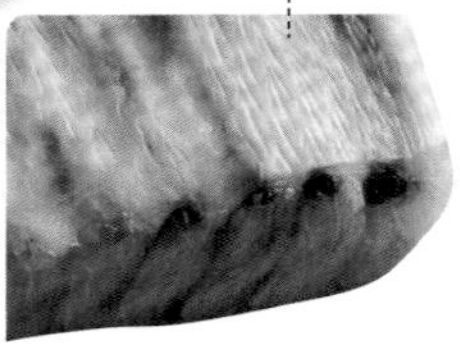

CHECK!

血合肉紅色越鮮明表示越新鮮。

DATA

最大體長｜465cm

分佈狀態｜東部、南部、東北部、蘭嶼、綠島

季節｜秋末到冬

適合料理｜生食、乾煎都可，但肉不細緻，不適合清蒸。經過風乾後，肉質會更鮮甜，可先以 5% 鹽冰水將餐巾紙噴濕，以餐巾紙包覆魚肉，放到 1 度的冰箱冷藏（一般冰箱亦可），風乾兩天，即可切片生食，或乾煎煎成半熟切片，可同時吃到冷熱共食的口感。

白旗魚生切五味

作法—**1.** 將白旗魚以紙鹽熟成法處理（詳見 47 頁）後切成一口吃大小。**2.** 第一味酸：以市售梅肉醬搭上少許鹽做第一口。**3.** 第二味甜：用少許柑橘油，取其甜，再撒上少許鹽即可。**4.** 第三味苦：黑松露微微烤過有淡淡的苦跟香氣，撒上少許的鹽與黑松露。**5.** 第四味辣：辣蘿蔔泥加上少許辣椒、白醋，搭著魚肉吃。**6.** 第五味鹹，用柚子鹽稍微醃過後取柚子香氣的鹹味。

五線笛鯛

Lutjanus quinquelineatus

別名｜五線笛鯛、紅雞仔、赤筆仔、海雞母（澎湖）、烏點記（澎湖）

颱風天後平價又美味的夢幻魚

43

秋季魚種

身上黑點尚未出現，代表還未產卵，黑點出現則表示進入了產卵期，肚子會有紅油，肉質也較鮮甜肥美。雖屬於全年皆有的魚種，但颱風會激起紅雞仔覓食的慾望，因此颱風過後的肉質很棒。除了清蒸、乾煎外，也很適合加入牛蒡、醬油、味醂、清酒等做醬汁煮。

CHECK!

黑點出現，代表進入繁殖期，肉質肥美。

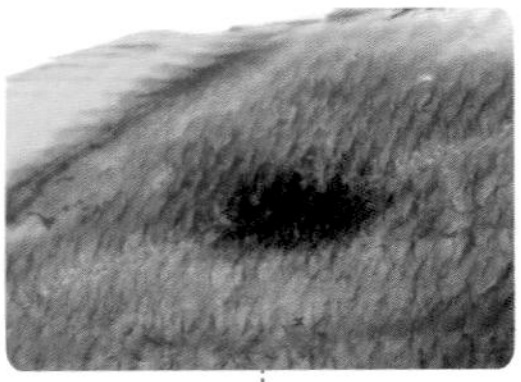

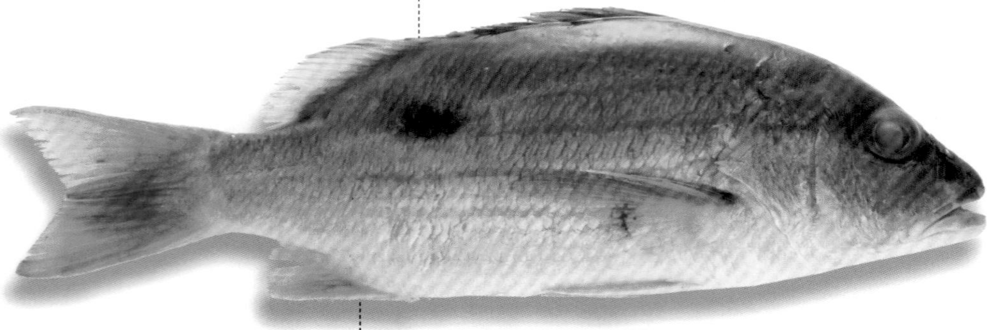

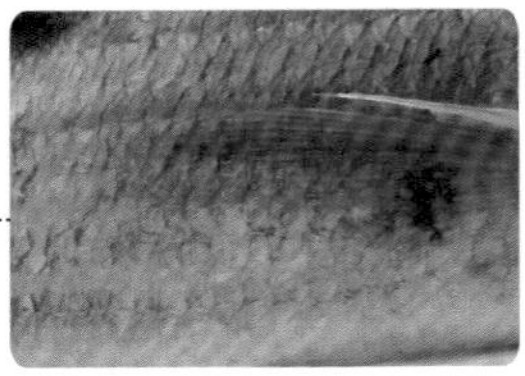

CHECK!

魚身上的線條，金黃是肥美的證明，腹部有豐富的魚油。

DATA

最大體長｜38cm

分佈狀態｜東部、南部、澎湖、蘭嶼

季節｜全年有，颱風過後肉質較好

適合料理｜清蒸、乾煎、醬汁煮

青龍

Halichoeres marginatus

別名｜白雪儒艮鯛、綠鰭海豬魚、綠鰭海豬魚、黑青汕冷、綠鰭儒艮鯛、四齒（臺東）

肉質細緻，超美味魚

嘴尖、藍身，魚肉比蘇眉更好吃，可作為瀕臨絕種蘇眉的替代魚。身體偏扁，肉質很有香氣，且帶點螃蟹、蝦子的味道，口感細緻軟嫩，吃來有絲質之感。新鮮時魚身會產生黏液，菜市場裡不常見，以澎湖最多。

CHECK!
嘴尖表示性癥成熟，肉質好吃。

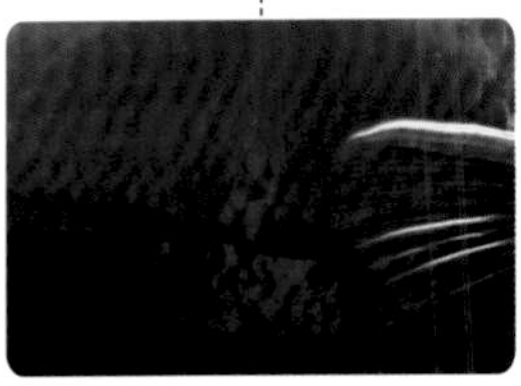

CHECK!
帶有黏液為新鮮的象徵。

DATA

最大體長｜18cm

分佈狀態｜東部、西部、南部、北部、東北部、澎湖、小琉球、蘭嶼、綠島、東沙、南沙

季節｜四月底到五月中；秋天到冬初；颱風之後也會出現

適合料理｜生魚片、清蒸

PART. 6

冬季魚類

冬季，深海魚與底棲魚的精采

上層的海流在低溫下，養分都往深海聚集，在深不可及的神祕大海裡，冬季的深海魚與底棲魚，如：石狗公、紅目鰱、鮟鱇魚等都相當肥美鮮嫩。

有一些魚為了儲存隔年春天的產卵期也開始預做準備，一般說來，冬天魚種的油脂含量都相當豐富，無論燒烤、煮湯常有入口即化之感，冬季最適合品嚐深海魚料理，那肥美的滋味會令人口齒留香，難以忘懷。

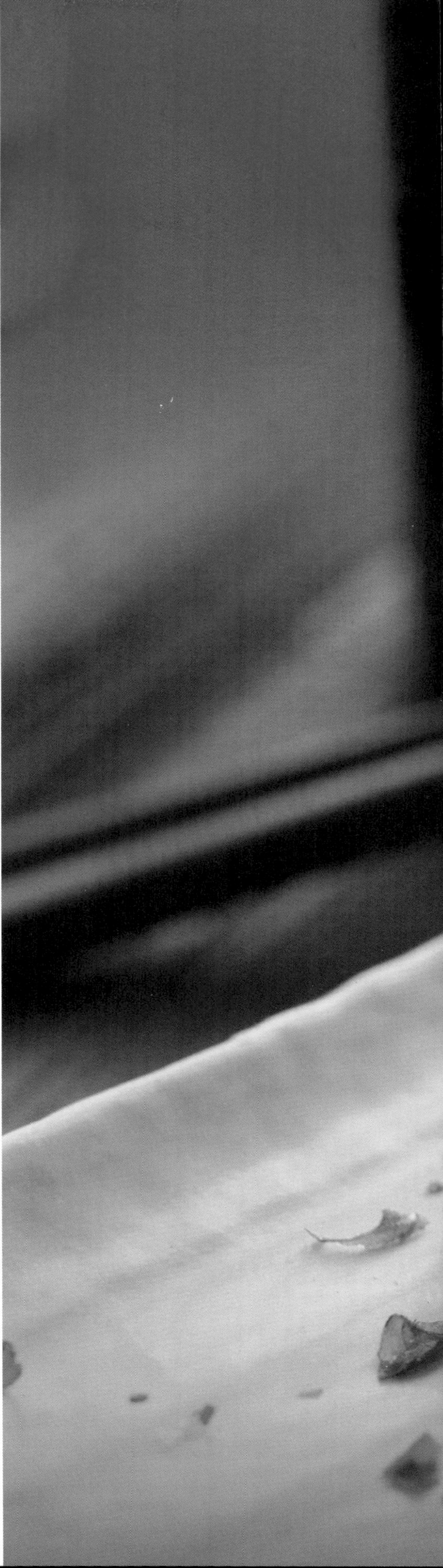

正鰹魚

Katsuwonus Pelamis

01

冬季魚種

別名｜鯤、煙仔、小串、柴魚、煙仔虎、肥煙

冬季吃肥美，夏季吃魚香

做柴魚片的魚。在日本有種焙燒鰹魚的料理方式，用燒稻草的火與味道來燻烤鰹魚，燒烤後魚皮會有很棒的香氣，切片後夾著大蒜、水果醋生食，是日本居酒屋常見，很下酒的鄉土料理。

CHECK!

魚尾上方有藍紋是鮮度佳的象徵。

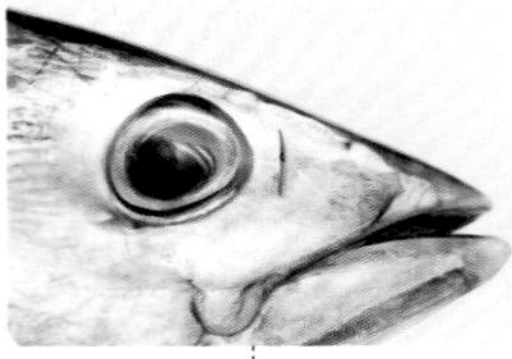

CHECK!

嘴唇帶黃代表有油脂。

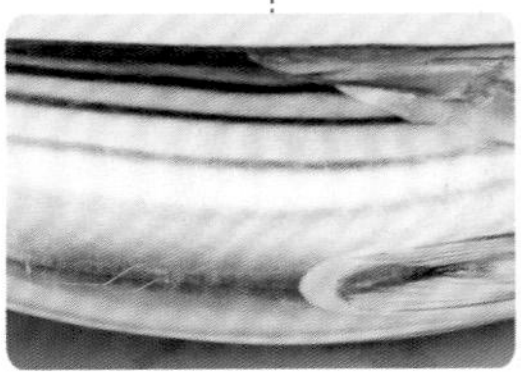

CHECK!

腹部圓圓滾滾表示肥美。

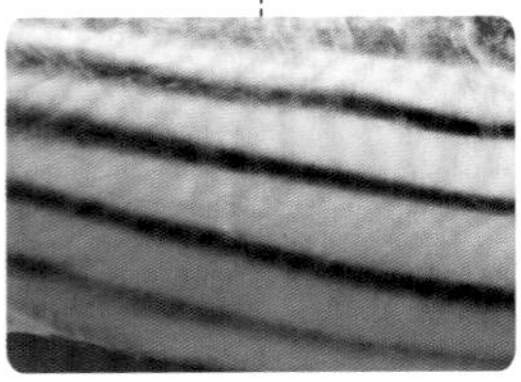

CHECK!

魚身紋路越鮮明代表鮮度越好。

DATA

最大體長｜108cm

分佈狀態｜東部、西部、南部、北部、東北部、澎湖、小琉球、蘭嶼、綠島

季節｜一年四季都有，但比較肥美好吃在冬季，1月。夏季魚體較大，比較適合做生魚片，夏季主要是吃其魚香而非肥美。

適合料理｜生食、燒烤，可將魚剖開後，取出魚肉抹鹽直接在瓦斯爐上烤至外皮焦香後，立刻冰鎮並將水擦乾切片即可食用。不適合清蒸，會有腥臭味。

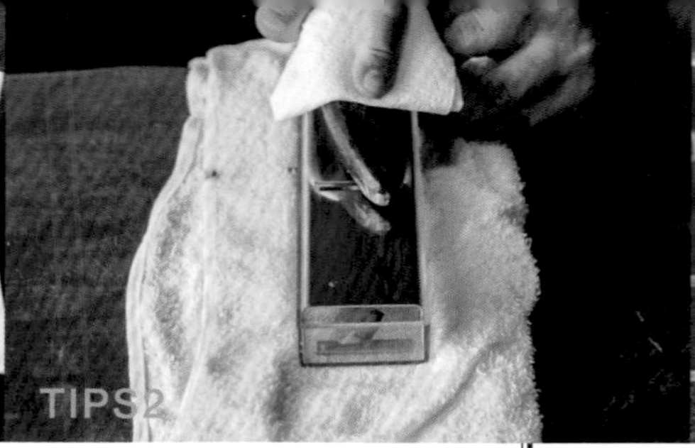

柴魚片奉書卷佐山藥泥

材料—醋飯少許、柴魚片適量、竹葉 1 片、山藥泥少許

作法—**1.** 醋飯上加一點柴魚片，用竹葉捲起，配上一點山藥泥。**2.** 食用時可將山藥泥淋在飯上，或加上少許醬油搭配食用。

TIPS

在家做柴魚片

只要去好一點的超級市場買風乾好的鰹魚，即可簡單自製柴魚片。DIY 時不但可選擇符合自己喜好的厚薄庖刀，也因單純用鰹魚做，香氣更濃郁自然。

1. 在超級市場裡買風乾好的鰹魚。**2.** 將風乾後的鰹魚，刨成片狀。**3.** 口感香味濃郁的柴魚片即成！

影片連結

煙仔虎

Sarda orientalis

別名｜東方狐鰹、虎鰹、東方齒鰆、西齒（成功）、疏齒（基隆）、掠齒煙、烏鰡串

同時有柴魚跟螃蟹香氣

屬迴游性魚類，背部藍灰色並帶有明顯條紋、腹側淺色，魚肉顏色較淡，色澤接近粉紅色、肉質柔軟。只有冬季會出現的好魚，此時魚肉會變成白色，最是美味。可做生魚片、煮湯有很濃郁的魚香。

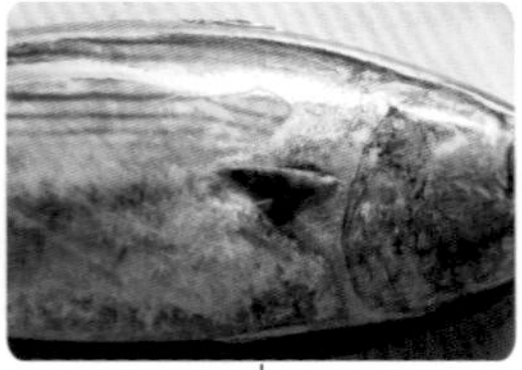

CHECK!

越大隻越好，4 公斤以上最佳。

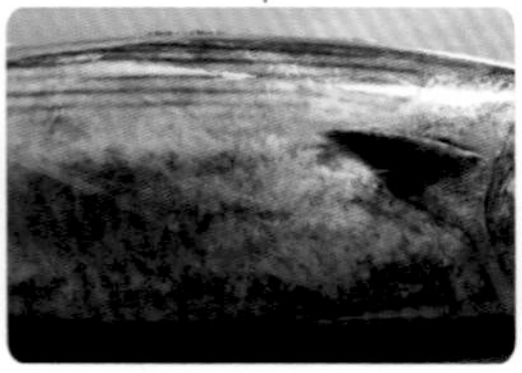

CHECK!

腹部越白越寬油脂越豐富。

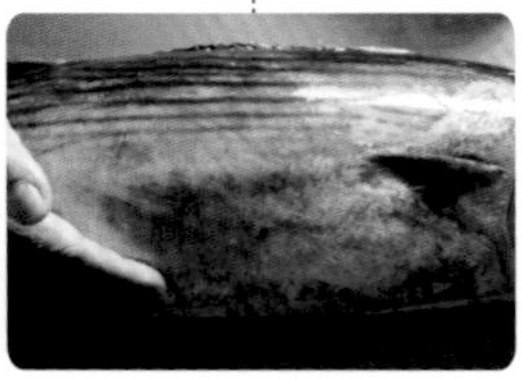

CHECK!

腹部微硬代表油脂豐滿。

DATA

最大體長｜102cm

分佈狀態｜東部、西部、南部、北部、東北部、澎湖、小琉球、蘭嶼、東沙

季節｜東北季風開始肥美，到 1 月中數量漸少，每年 10-1 月油脂最豐富。

適合料理｜乾煎、油炸、煮湯、生食

02

冬季魚種

煙仔虎昆布燒

材料—昆布 1 片、煙仔虎魚背肉 300g、水果醋適量

作法—**1.** 魚肉先以鹽焙熟成法處理(詳見 48 頁)。**2.** 取出鹽焙好的魚背肉,魚皮朝上,下面鋪上昆布,送入烤箱以 220 度烤 5 分鐘。**3.** 最後搭配自製水果醋即可。

TIPS

水果醋醬汁怎麼做?

醬油 100cc、柳橙汁 100cc、檸檬汁 100cc、味醂 100cc、蒜頭 10 顆、柴魚片 1 包、昆布 1 條,充分混合後放入冰箱浸泡冷藏 3 週即完成。可保存一年,可當生魚片或生菜沙拉醬汁。

炸彈魚

Auxis thazard thazard

03

冬季魚種

別名｜扁花鰹、煙仔魚、油煙、花煙、平花鰹、憨煙

肥美時，比黑鮪魚更好吃

冬季好吃的魚種，肥美時甚至比黑鮪魚更美味。油脂豐富，體型大隻的為做生魚片的好食材，也有人用來做柴魚片，也常被切塊拿來做釣餌，肥美時特別美味，但鮮度流失快，建議三天內食用完畢。

CHECK!

魚皮上的豹紋紋路越清楚越肥美。

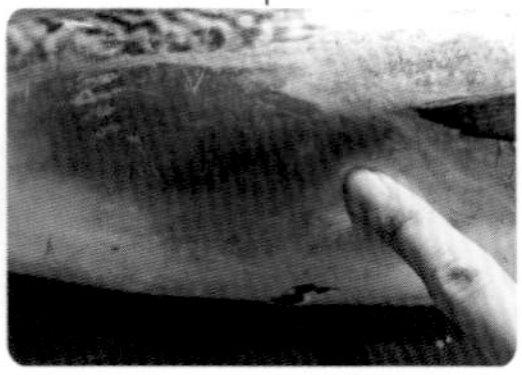

CHECK!

撫摸時身體微硬有彈性。

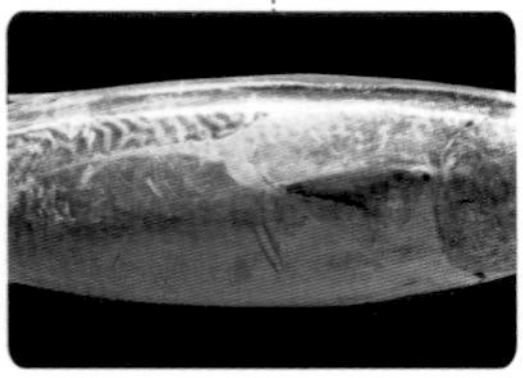

CHECK!

越大隻越好，通常選 4 公斤以上。

DATA

最大體長｜65cm

分佈狀態｜東部、西部、南部、北部、東北部、小琉球、綠島

季節｜冬季，12–1 月

適合料理｜製成如柴魚等加工品、4 公斤以上的肥美度夠可生食。

炸彈魚醬油醃漬握壽司

材料—魚肉 100g、壽司飯少許、昆布醬油適量
作法—**1.** 魚肉可先用昆布熟成法熟成（詳見38頁）。**2.** 將魚肉用昆布醬油醃漬 30 分鐘。**3.** 取一口大小飯量輕握左手，輕輕以扇形方式捏製出來。**4.** 飯上放少許哇沙米，將魚肉放上即可。

TIPS

壽司飯怎麼做？
將鹽 75g、糖 470g、醋 600cc、昆布 1 條、梅子 3 顆混合，放入冰箱冷藏一週後製成壽司醋；再依個人喜好加入白飯內攪拌均勻。

04
冬季魚種

花鰹

Euthynnus affinis

別名｜巴鰹、三點仔、煙仔、倒串、鲌鯤、花煙、大憨煙、三點油鰹

肥美期，不輸給黑鮪魚的好食材

魚身上有三個點，又稱三點油鰹，肉有獨特鮪魚香氣，每年11－2月油脂最豐富，魚肉紅色，肥美時吃來比黑鮪魚更美味，當鮪魚價錢居高不下時，可作替代魚。經鹽水冰鎮後，第二天的味道會增加到原來的數倍，煮湯較易有腥味，也有人將其製成柴魚片。

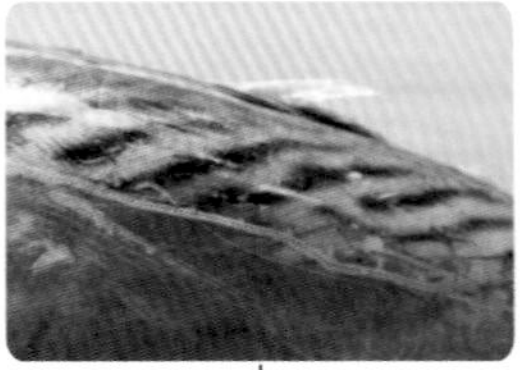

CHECK!

紋路越清楚越好。花鰹和炸彈魚的長相相似，但紋路有細微不同，可資辨認。

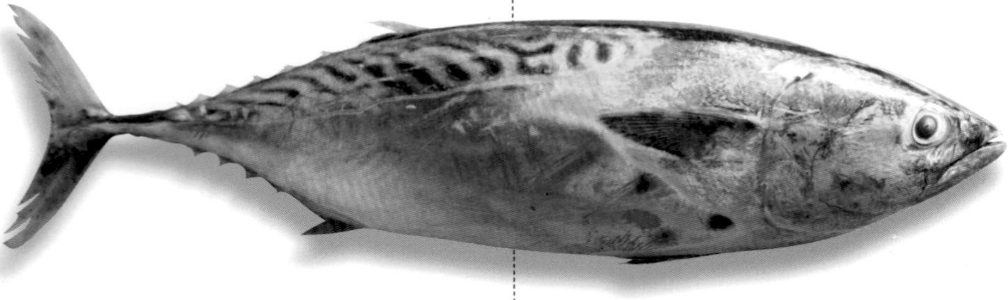

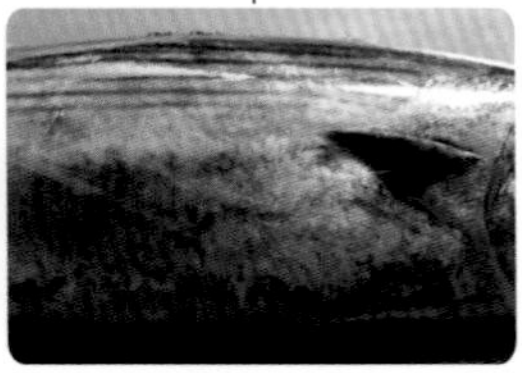

CHECK!

越大隻越肥美，4公斤以上最好。

DATA

最大體長｜100cm

分佈狀態｜東部、西部、南部、北部、東北部、小琉球、綠島

季節｜冬季，11–1月

適合料理｜4公斤以上適合生食，以花東、澎湖地區的花鰹最好。不適合煮湯，腥味會太濃。

鹽焙花鰹燒霜

材料—昆布 1 片、魚肉 200g、鹽少許、蔥花少許

作法— **1.** 魚肉先以鹽焙熟成法處理（詳見 48 頁）。**2.** 在魚肉上撒少許鹽，昆布上噴鹽冰水備用。**3.** 將魚肉包在昆布裡，以 180-220 度溫度烤 6 至 8 分鐘後，撒上蔥花即可。

影片連結

白腹鯖

Scomber japonicus

魚白泡牛奶夢幻一絕

別名｜花飛、青輝、日本鯖

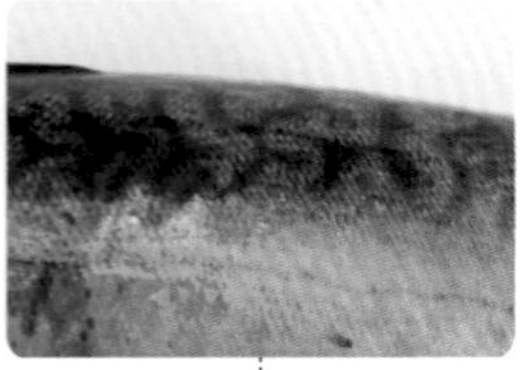

CHECK!
背後的魚鱗不脫落表示魚肉未受傷。

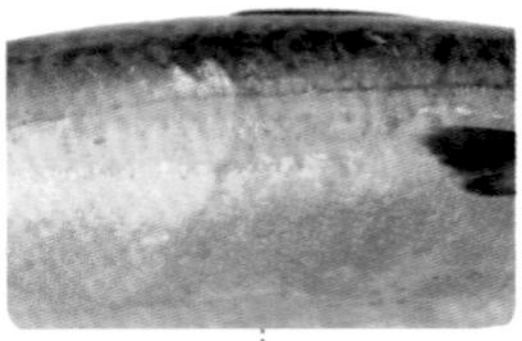

CHECK!
越大隻越好，1公斤左右上下為標準。

CHECK!
尾部有亮紋且有微微凸起為肥美新鮮象徵。

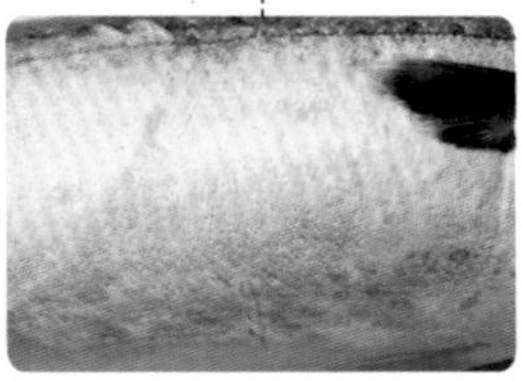

CHECK!
肚子白色且出現淡淡的藍紋為新鮮上品。

在日本也叫關鯖魚，生食味道特別，美味的不只魚肉還有魚白。魚白出現在冬季，尤以12－1月出現的魚白特別好吃，直接燒烤，或泡牛奶蒸過都是很簡便的料理方式，若做成握壽司，更是夢幻一絕。

DATA

最大體長｜64cm

分佈狀態｜東部、西部、南部、北部、東北部、澎湖、小琉球、蘭嶼

季節｜冬季，11–2月最肥美

適合料理｜魚肉跟一般青花魚不同，魚身較扁平，燒烤、乾煎、燉煮、生食都相當美味。因腐敗速度快，生食建議可用醋漬法保存。

05
冬季魚種

鯖魚白豆腐

材料—魚白 1 個、蛋白 3 顆、牛奶適量、豆漿適量、昆布醬油適量、山葵泥少許

作法—**1.** 將魚白泡牛奶蒸過 10 分鐘後放涼。**2.** 豆漿、魚白以 1:1 加入 3 顆蛋白一起拌勻。**3.** 以小火蒸 15 分鐘使其凝固成魚白豆腐。**4.** 最後再加上昆布醬油湯底與一點山葵泥配著食用。

TIPS

昆布醬油湯底怎麼做?
醬油、味醂、昆布水以 1:1:6 的比例拌勻,再依喜好加糖煮過後,放冰箱即可。也可搭著涼麵、溫泉蛋一起食用。

06
冬季魚種

印度鯖

Rastrelliger kanagurta

別名｜金帶花鰆、鐵甲、媽鬣

重金屬含量少的便宜魚種

分點紋與橫紋兩種，圖為橫紋，橫紋通常從挪威來，台灣則以南方澳產量最大。只要新鮮就好吃，且越油越美味，屬重金屬含量少的便宜魚種，乾煎、燒烤都方便。

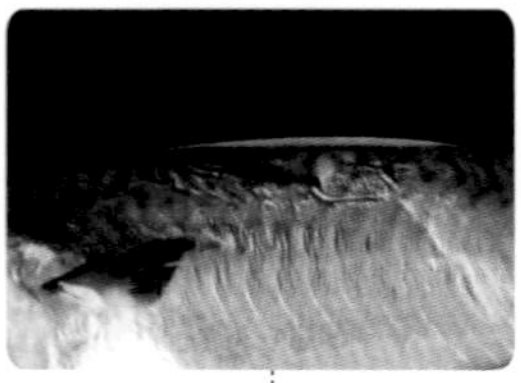

CHECK!

魚身越亮代表越新鮮。

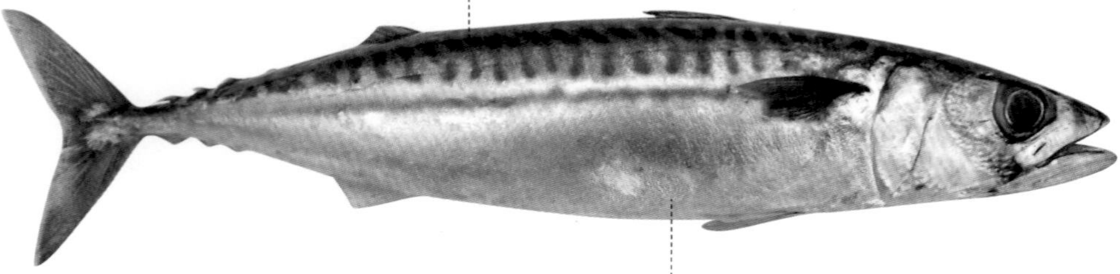

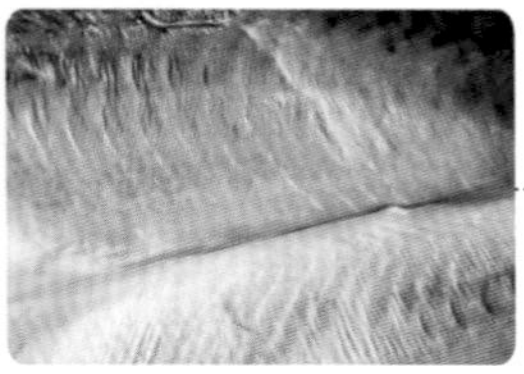

CHECK!

腹部越白越好，且摸起來肚子不要軟軟的。

DATA

最大體長｜35cm

分佈狀態｜東部、西部、南部、東北部、澎湖

季節｜秋、冬，10–2月

適合料理｜燒烤、乾煎，魚頭可煮湯。魚白則是日本料理的聖品，可泡牛奶蒸過，做握壽司。新鮮時，可用醋漬法做成生魚片。

辣蘿蔔青花燒

材料—鯖魚 1 尾、鹽巴適量、辣蘿蔔泥少許（可參考 65 頁作法）、炸蒜片少許

作法—**1.** 將鯖魚內臟處理完後，魚肉片下，水分擦乾，兩面各抹上鹽巴。**2.** 以 250 度預熱好的烤箱，魚肉先烤 3 分鐘，再翻面烤魚皮 3 分鐘。**3.** 最後放上辣蘿蔔泥與炸蒜片即可。

07

冬季魚種

胡麻青花魚

Scomber australasicus

別名｜花腹鯖、花飛、青輝

可用醋漬或油漬保存

台灣最常見的魚類之一，有深海和淺海之分，深海的較大隻。身上的斑點為胡麻，屬於燒烤魚，日本人常用醋漬來保存青花魚，也可做成一夜干，應避免清蒸，清蒸腥味會過重。

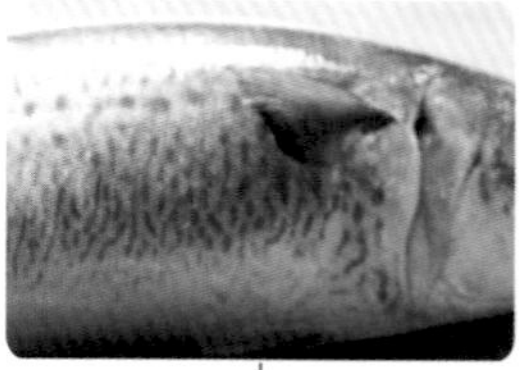

CHECK!

身體越寬越圓越肥美。

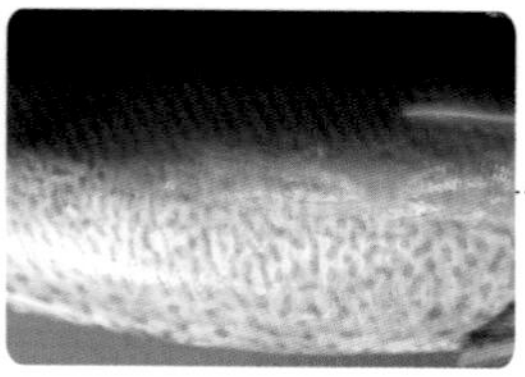

CHECK!

腹部白色的範圍越大越好。

DATA

最大體長｜44cm

分佈狀態｜東部、西部、南部、北部、東北部、澎湖、小琉球、蘭嶼

季節｜秋末冬，9–2月最好吃

適合料理｜燒烤、滷煮、一夜干、用醋漬或油漬熟成處理後生食。應避免清蒸，腥味會過重。

破北魚

Scomberomorus koreanus

冬至到立春最肥美

別名｜高麗馬加鰆、破北、闊北、闊腹仔、高麗鰆、破腹

和土魠魚同時期肥美，肉質不輸土魠，細嫩鮮甜，數量稀少，價錢較土魠魚昂貴，煮湯時湯汁呈乳白色；乾煎時則有很香的海草味，以冬至到立春最肥美。

08
冬季魚種

CHECK!
魚的眼後方越深邃越好，代表死亡時間不太久。

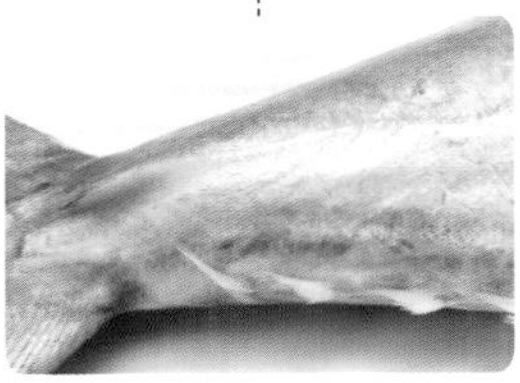

CHECK!
尾部骨頭越凸代表魚油越好。

CHECK!
胸鰭拉起，內有白白的表示肥美。

DATA

最大體長｜150cm
分佈狀態｜東部、西部、南部、北部、東北部、澎湖

季節｜冬至到立春，12 月底到 2 月初
適合料理｜生魚片、煮湯、乾煎、或以味噌醃漬成一夜干。

土魠魚

Scomberomorus commerson

09

冬季魚種

別名｜康氏馬鮫、馬加、馬鮫、梭齒、頭魠、鰆

夏天吃甜味，冬天吃油脂

大部分的人都說土魠要冬天吃才肥美，其實土魠屬夏天與冬天兩季都好吃的魚種，只是特質不同，可用不同的料理方式。夏季土魠油脂雖不豐厚但肉質較甜、較軟Q，適合煮湯或做生魚片；冬天土魠則因油脂多，簡單乾煎就很美味。

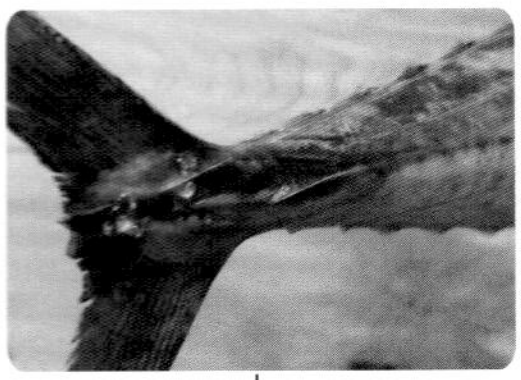

CHECK!

尾部越鼓越好。

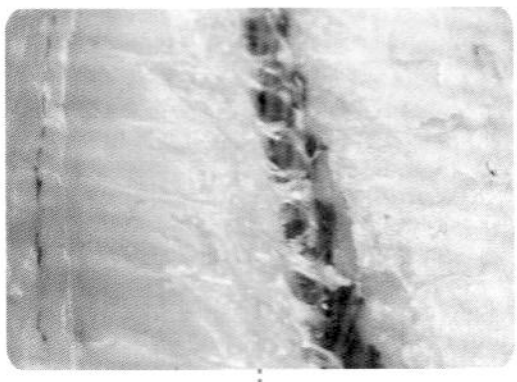

CHECK!

切片土魠，肉質白色代表油脂豐富，不豐富會呈半透明狀。

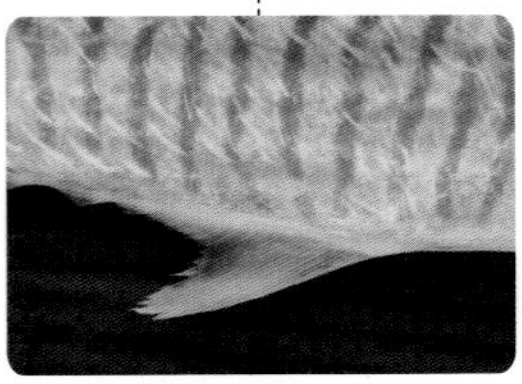

CHECK!

臀鰭拉起，若有紅色的代表肥美。

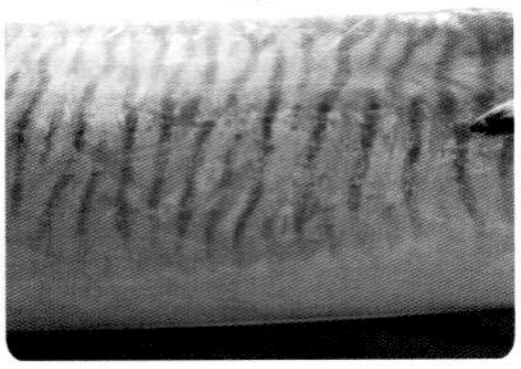

CHECK!

腹部越寬越好。

DATA

最大體長｜240cm

分佈狀態｜東部、西部、南部、澎湖、小琉球、東沙

季節｜夏、冬兩季

適合料理｜夏天：煮湯、生魚片。冬天：乾煎，且最好先用鹽醃過一天後再吃，鹽醃可帶出魚體的濃郁香氣，冬天也適合做生魚片，油脂豐富，入口即化。

土魠魚的處理

處理魚頭

1

從鰓的地方下刀。

2

切開鰓後，由鰓往頭的方向縱切。

3

將魚頭切下。

4

魚頭翻過來，從嘴巴處下刀，慢慢將腮取下來。

5

處理完一邊換另一邊，將土魠魚鰓整個取出。

6

從魚嘴巴對半剖，直直往下切。

7

將魚頭切成兩半，清洗乾淨後，魚頭可煮湯。

土魠魚的處理

處理魚身

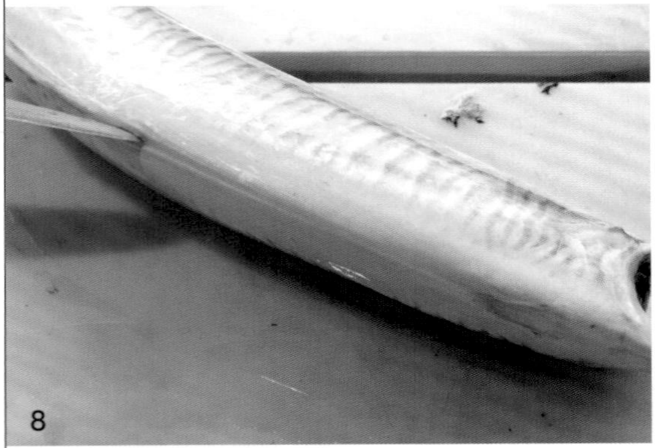

8 從腹部的生殖腺下刀，往魚頭方向切。

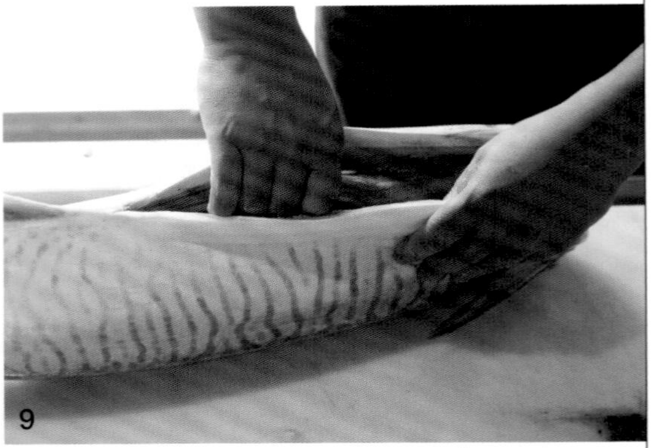

9 輕輕將魚肉扳開，將內臟從中間拿起（必要時可用刀適度輔助內臟與魚身分離。）

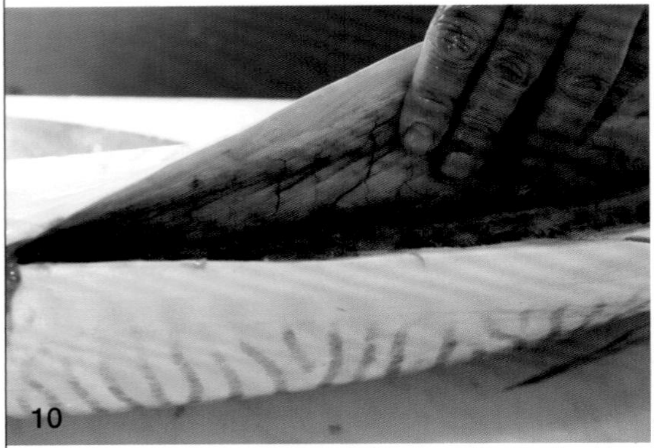

10 內臟取出後，魚身內黑色的積血（俗稱血合）出現。

11 先用刀在血合周邊切一下，用手慢慢的將血合拉起。

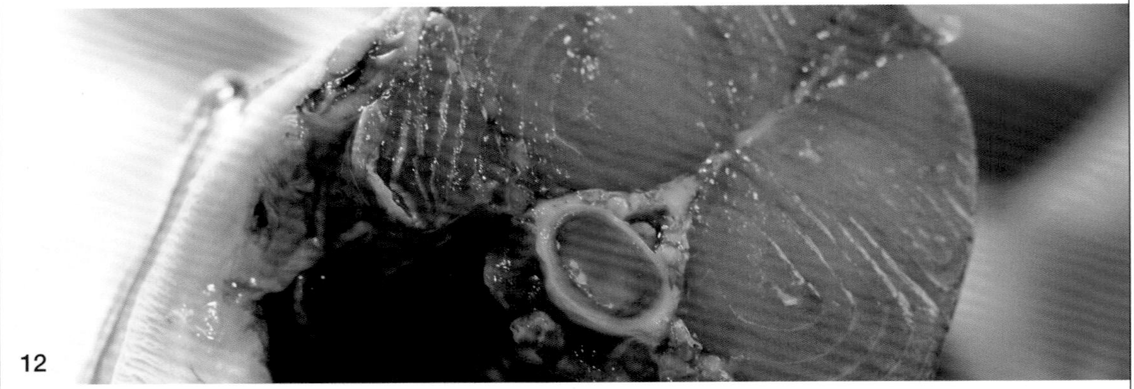

12 最後用清水沖乾淨，抹鹽後，切成所需大小放入冷凍庫保存即可。

TIPS 血合洗淨，可讓後續的保存較不容易腐敗。

中濃醋漬紫蘇鹽煎土魠

材料—土魠魚 100g、市售中濃醋、梅子 1 顆、炸九層塔葉適量

作法—**1.** 土魠魚用大火乾煎，煎 2 分鐘後送到 180 度烤箱烤 5 分鐘。**2.** 中濃醋跟梅子稍微煮過，讓梅味浸入醋內。**3.** 淋到烤好的土魠魚上。**4.** 最後可撒上炸得酥香的九層塔葉。

影片連結

長腰鮪

Thunnus tonggol

冬季鮪魚首選

別名｜小黃鰭鮪、黑鰭串、串仔、長實、長翼

10
冬季魚種

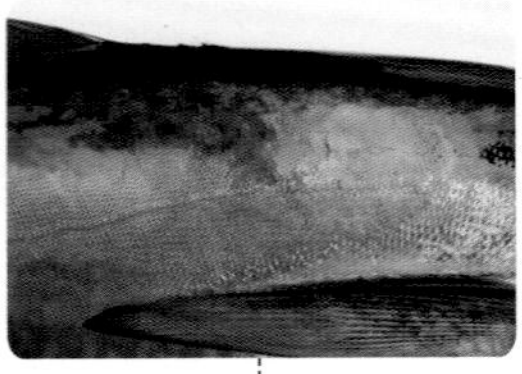

CHECK!
背鰭越黑鮮度越好。

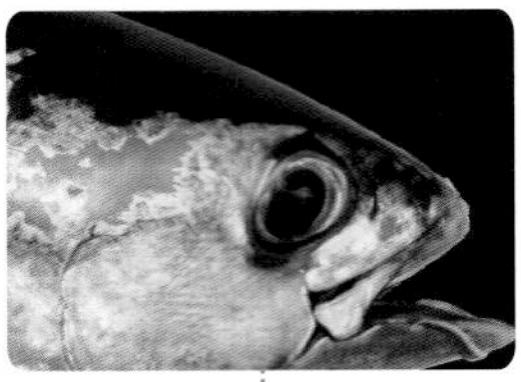

CHECK!
眼睛後方要有魚鱗，代表沒受過撞傷，撞傷後魚肉會變得鬆散，即不適合做生食。

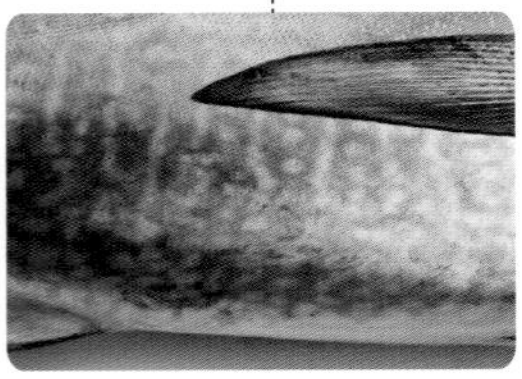

CHECK!
腹部花紋越清楚鮮度越好。

時節對了，比黑鮪魚更美味。冬季時肉質會從紅色轉為粉紅，4－5斤左右的肉質最細緻軟嫩，帶有海水香氣，屬鮪魚類的頂級品種。生食最能展現魚肉優點，屬洄游魚類，運動量大，肉的堅實度佳，油脂豐富，吃來會像冰淇淋一樣化開。

DATA

最大體長｜145cm
分佈狀態｜東部、南部、北部、東北部、蘭嶼、南沙、小琉球

季節｜冬季，12–2月
適合料理｜生食最能展現其優點。血合味道比較重，不適合加熱，因此燒烤、清蒸等都不建議。

鮪魚碎肉蓋飯

材料—鮪魚碎肉 75g、鮭魚卵 25g、白飯 100g、紫蘇葉 1 片、山葵少許

作法—**1.** 將長腰鮪骨邊肉挖下後，以刀背剁成魚泥，淋上一點醬油放置冰箱 30 分鐘（刀背剁魚泥可參考 23 頁）。

2. 將壽司飯或白飯放置碗內，將作法 1 的魚肉泥放在飯上。

3. 最後放上少許醃漬好的鮭魚卵跟山葵搭配一起食用，若覺味道不足可加點醬油拌著飯一起吃。

TIPS

鮭魚卵怎麼醃？

醬油、味醂以 7:3 的比例調配醬汁，將市售冷凍鮭魚卵泡入後，放冰箱醃漬 2 天即成。

影片連結

黃金鱠

Saloptia powelli

別名｜褒氏貧鱠、過魚、石斑、鱠仔（澎湖）

肉質高雅清甜，生、熟皆美味

魚身上的金黃色魚皮紋是好吃的祕密，比七星斑更美味，且魚皮充滿膠質，肉質的細緻度有如花蟹，不但帶有蟹的香氣還有海水的甜味，肝則有牛奶香氣，凝聚了所有食材的好味道，如同黃金一樣珍貴好吃。

CHECK!

金黃色的鼻骨是好吃的證明。

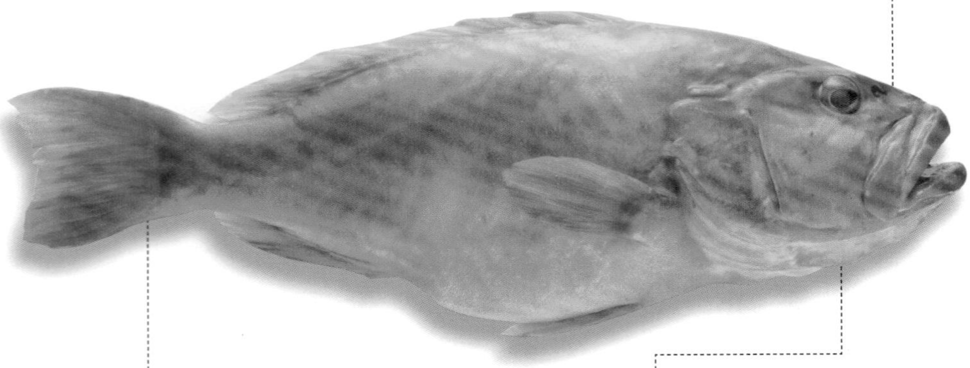

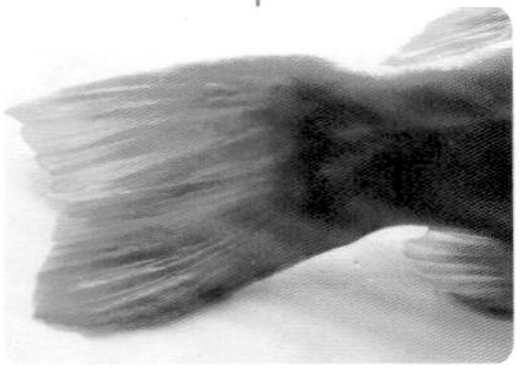

CHECK!

尾鰭越胖越凸出越好。

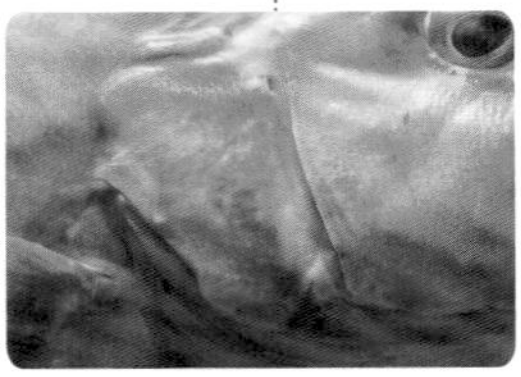

CHECK!

鰓蓋呈現金黃色，是油脂肥美的象徵。

DATA

最大體長｜ 52.5cm

分佈狀態｜南部

季節｜颱風過後兩週的深海海域有機會見到

適合料理｜生魚片、火鍋涮一下、酒蒸。酒蒸時可將魚肉泡在味醂跟酒裡（清酒 2 味醂 0.1），浸 10 分鐘後再泡著酒一起下去清蒸。

11

冬季魚種

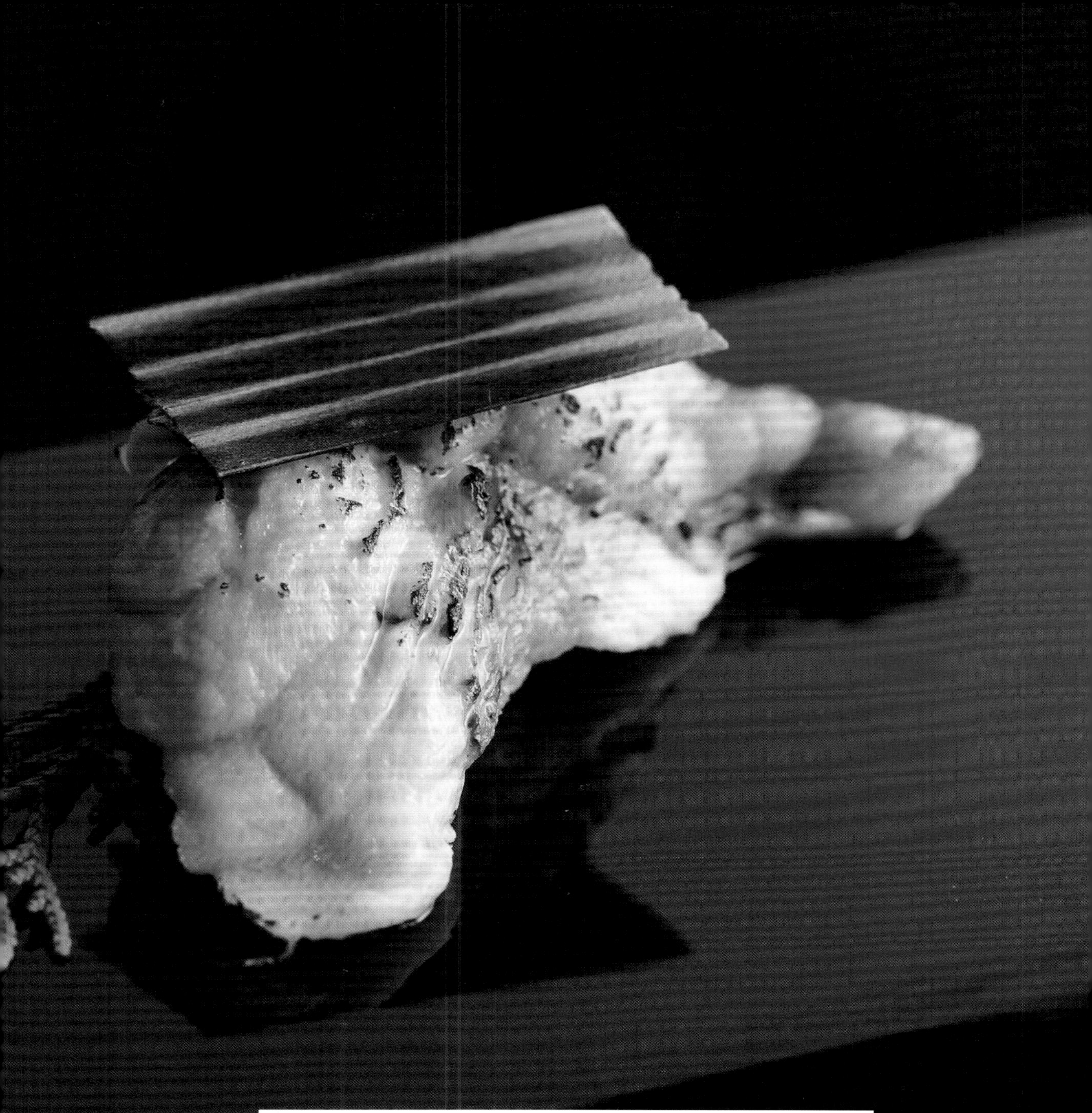

木鹽漬鱠魚

材料—魚 1 條、杉槐木 1 小片

作法— **1.** 將無添加的杉槐木泡到 7-8% 的鹽冰水裡浸一下。**2.** 魚切片，以浸泡好的杉槐木包裹住，放入冷藏 30 分鐘。**3.** 把魚肉從冰箱取出，用噴槍漬烤一下。**4.** 將杉槐木也用噴槍烤一下，放在魚肉上，讓味道再次浸入。品嚐時將木片取下即可。

小點花鱸

Odontanthias borbonius

12
冬季魚種

別名｜粗斑花鱸、黃斑齒花鮨、黃斑牙花鮨、花鱸、海金魚、紅魚（澎湖）

肉質如同果凍一般的魚肉

魚肉有蝦子味道，清蒸時肉質會變成有點水狀樣，吃來有膠質、果凍感，且有特殊高雅的水香氣。烹調時不容易吸附味道，只要少許調味，感受食材原味就很好吃。

CHECK!

鰓蓋呈金黃色，代表成熟，此時才會產生蝦子的味道，特別美味。

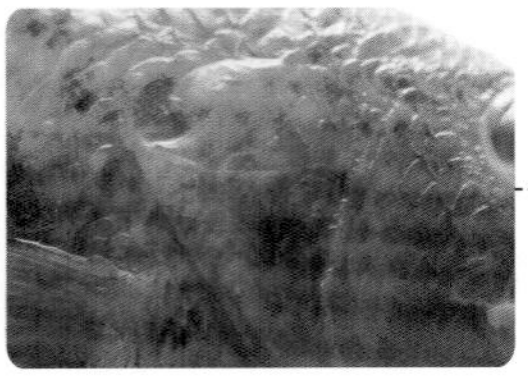

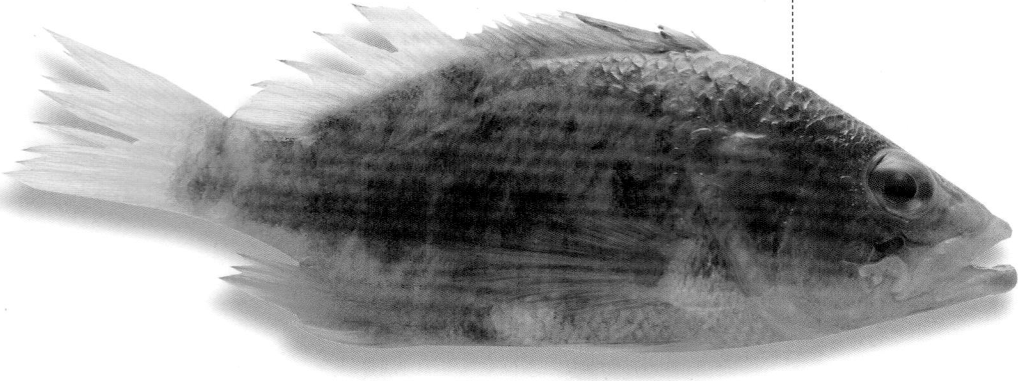

DATA

最大體長｜15cm

分佈狀態｜南部、東北部

季節｜秋、冬

適合料理｜整條煮湯最好；酒蒸可完整保留魚的味道。

清汁粗斑花鱸

材料—魚 1 條、蔥少許、蒜頭 2 顆、昆布水 200cc、海帶芽少許

作法—**1.** 將蔥、蒜頭放入烤箱烤出香氣。**2.** 把烤過的蔥、蒜頭放入昆布水裡煮出香氣。**3.** 將魚放入蒸籠裡蒸 3 分鐘，再泡入煮滾的昆布湯裡、加海帶芽再次煮滾即可。

紅帶花鱸

Pseudanthias rubrizonatus

別名｜紅帶擬花鮨、花鱸、海金魚、紅魚

味道介於蝦蟹之間

13

冬季魚種

味道介於蝦跟蟹之間，肉質吃起來像果凍，烹調的過程水分容易散出，因此溫度要高，且料理時間越短越可有效保留住魚肉甜味。很適合煮湯，建議水滾後關火再將魚肉放入，以泡熟的方式烹調，魚肉會非常美味。

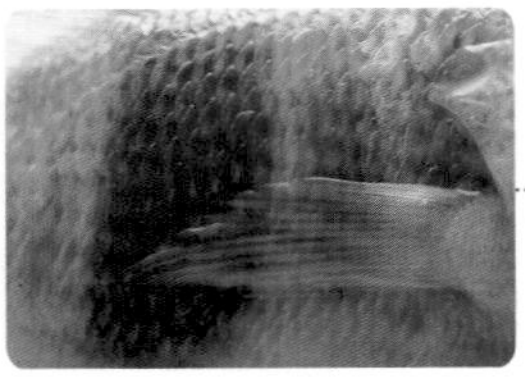

CHECK!

以紋路紅白鮮明為挑選優先；富含黏液表示鮮度好。

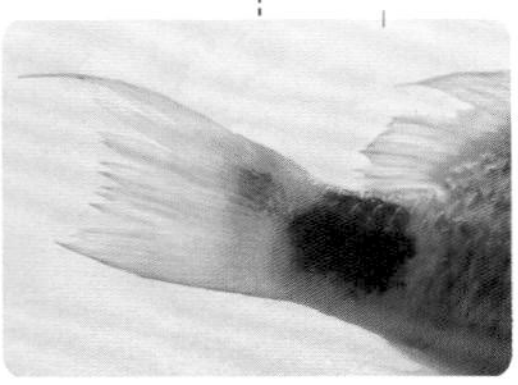

CHECK!

尾鰭金黃色代表正是油脂豐美的時候。

CHECK!

腹部飽滿代表肥美。

DATA

最大體長｜10cm

分佈狀態｜澎湖

季節｜秋、冬

適合料理｜以泡熟法煮湯；清蒸時會有紅色油脂，也相當好吃；烤與生魚片皆不建議。

花鱸味噌蒸

材料—魚 1 條、清酒少許

作法— **1.** 將魚用清酒淋過後下去蒸。**2.** 蒸 6 分鐘後燜 3 分鐘，魚肉水分才不會過度散出。**3.** 可搭配味噌醬一起食用。

TIPS

味噌醬怎麼做？

將味噌 100g、清酒 100cc、魚高湯 200cc、味醂 10cc 調和在一起，攪拌均勻即成。這道醬料也很適合搭配煎魚。

施氏花鱸

Caprodon schlegelii

鱸魚科裡肉質最細緻的好魚

別名｜許氏菱齒花鮨、花鱸、紅魚

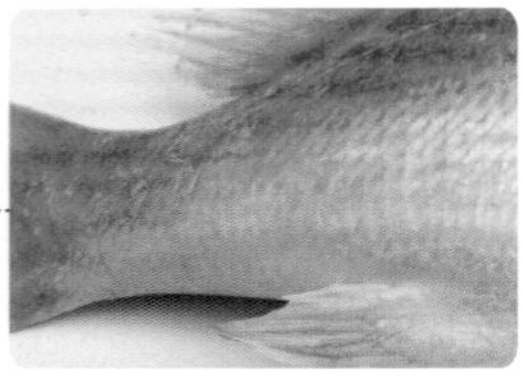

CHECK!
尾部有淡淡的黃色表示肥美。

母魚

CHECK!
腹部胖胖代表肥美。

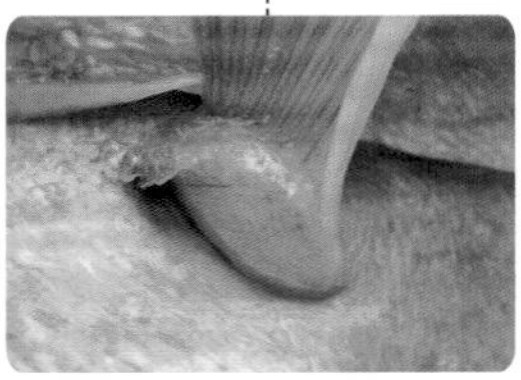

CHECK!
胸鰭拉開若無魚鱗代表不新鮮。

公魚

花鱸魚山椒味清汁

材料—鱸魚 500g、白味噌 50g、鱸魚魚湯 500cc、山椒少許

作法—**1.** 先將鱸魚蒸熟（可特別選魚肚部位），讓膠質融出湯汁。**2.** 將蒸出的湯汁、味噌、魚湯與少許的山椒一起熬煮 5 分鐘即成。

TIPS

味噌湯有分清、濃兩種，此為清的味噌湯。主要取鱸魚的膠質與魚湯的營養，融入了白味噌和山椒的香氣。家常的鱸魚湯煮久了，不妨也可換換口味，心意與營養不變。

DATA

最大體長｜35cm

分佈狀態｜南部

季節｜冬季，1–2 月

適合料理｜清蒸、煮湯，腹內魚油煮湯會有清甜的魚汁。不適合燒烤，肉質會過硬。

長相有點類似黃雞魚，屬於鱸科的深海魚類，覓食時會選吃昆布的藻類，使得魚肉吃來有高雅的昆布香氣。生食時肉質較硬，加熱後口感像石鯛，且肉質會變得軟嫩。多用來清蒸、煮湯，公魚肉質比母魚稍硬，若要吃油脂，選母魚為佳，腹部有很好的魚油。

白條紋石狗公

Sebastiscus albofasciatu

別名｜白斑菖鮋、石狗公、石頭魚

有蝦子跟螃蟹香氣

雖然春夏兩季數量多，但以冬季最為肥美。肉質細緻，屬於平價級的美味魚種，不論煮湯或蒸都很好吃。

15

冬季魚種

CHECK!

魚鱗完整，不要剝落，代表新鮮。

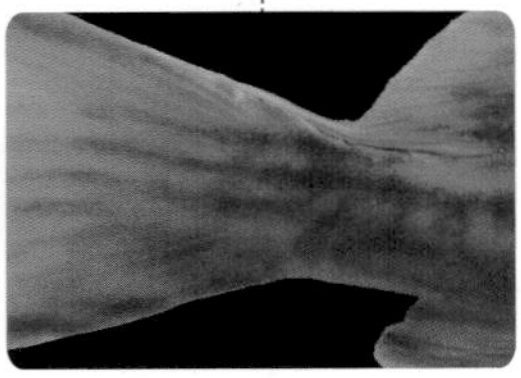

CHECK!

尾鰭黃色是肥美成熟的象徵。

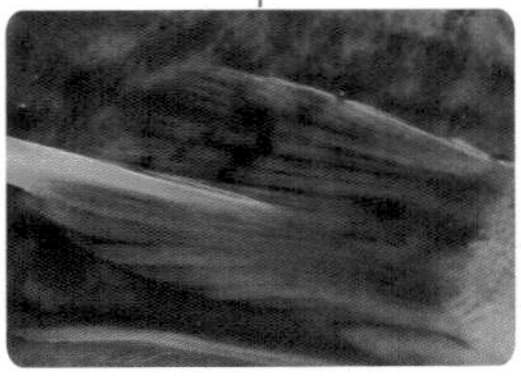

CHECK!

胸鰭越黃越肥美。

DATA

最大體長｜25cm

分佈狀態｜北部、澎湖

季節｜春夏兩季量多，但以冬季肉質最肥美。

適合料理｜煮湯、蒸

紅點石狗公

Sebastiscus marmoratus

別名｜石狗公、褐菖鮋、石頭魚、獅甕（澎湖）、紅鱠仔

燒烤時，可將油脂逼出

石狗公類適合燒烤的魚種，燒烤時魚肉有豐富的油脂，煮湯也很美味。富含膠質適合清蒸，口感有點像蟹肉。有淡淡的蟹肉香氣，是病後恢復體力的煮湯好魚。

16

冬季魚種

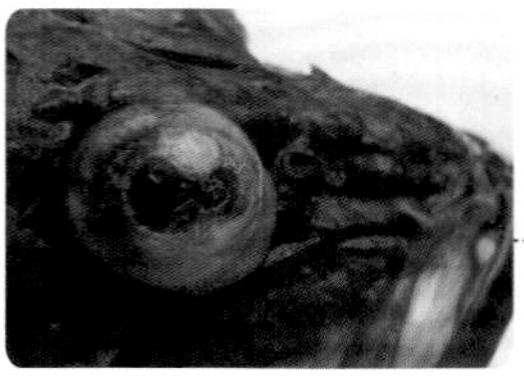

CHECK!

眼睛常因壓力差凸起，凸起代表剛從深海撈上來，反而新鮮。

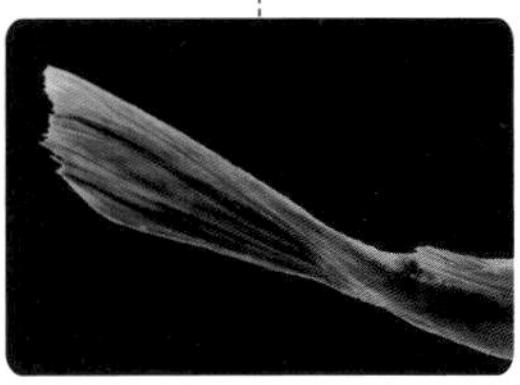

CHECK!

尾鰭帶黃表示肥美。

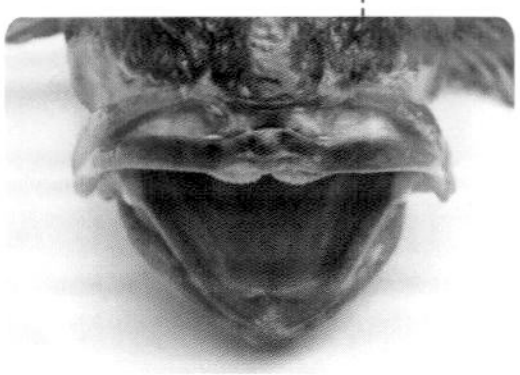

CHECK!

嘴唇外圍紅色表示肥美。

DATA

最大體長｜30cm

分佈狀態｜西部、北部、東北部、澎湖

季節｜夏末秋初，9–10 月；冬季，12–1 月為產卵期也很肥美。

適合料理｜燒烤、煮湯、清蒸，因膠質多不適合乾煎。

駝背石狗公

Scorpaenopsis diabolus

別名｜毒擬鮋、石獅子、虎魚、石崇、石狗公、沙薑虎、石降、過溝仔、臭頭格仔、石頭魚、砛［砧］魚、沙薑鱠仔（澎湖）

17
冬季魚種

富含膠質，清蒸時帶有薄薄紅油

石狗公的一種，清蒸時，會出現薄薄的紅油，魚皮富含膠質，屬於價格不斐的高級魚種。魚油雖不特別肥美，但卻有很好的香氣，背鰭有毒素，處理時可先以剪刀剪除，並留意不要被刺到。

CHECK!
背鰭的黃紋越多，代表油脂越豐富。

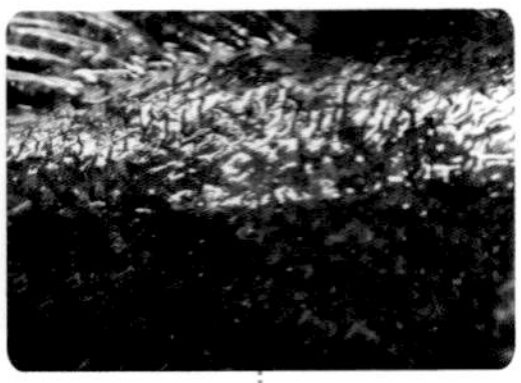

CHECK!
魚鱗沒有脫落表示新鮮。

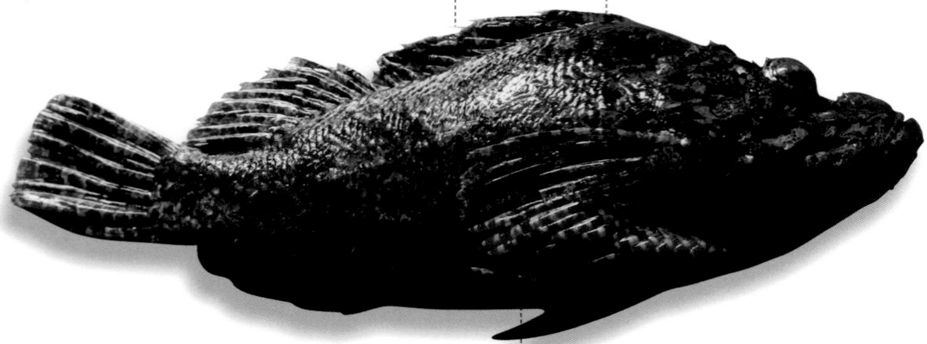

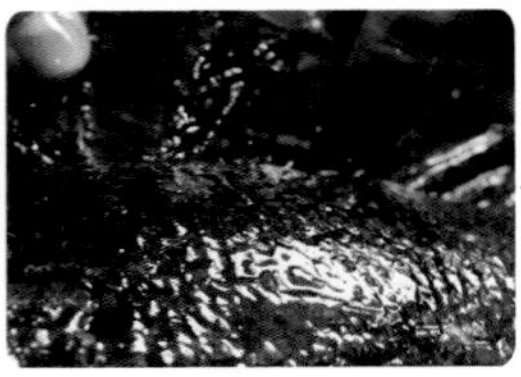

CHECK!
膠質很豐富，連魚鰭都看得到膠質。

DATA

最大體長｜30cm

分佈狀態｜東部、西部、南部、北部、澎湖、小琉球、蘭嶼、綠島、東沙、南沙

季節｜夏季，8–9月數量最多，但冬季，11–2月才是肥美時節。

適合料理｜魚肉富含膠質，很適合清蒸、煮湯。

獅甕

Parascorpaena picta

別名｜花彩圓鱗鮋、圓鱗鮋、石狗公、紅雞仔

醜醜魚頭，煮起來全是膠質

魚肉緊實，煮湯會有Q彈感，魚頭看起來醜，煮起來卻都是膠質。清蒸、煮湯最好，但要用燜煮法，魚鱗刮除要小心不要被背鰭刺到，建議刮完大部分魚鱗後，先用熱水汆燙，再去除細部魚鱗。

18 冬季魚種

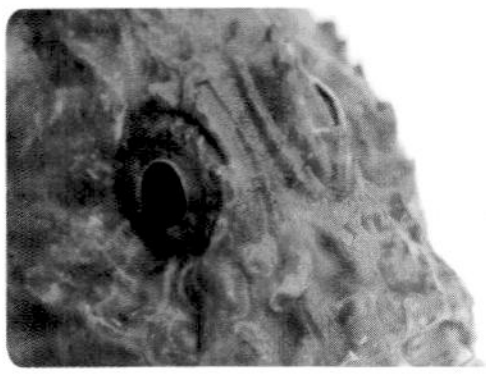

CHECK!

眼睛兩側有毒線，處理時盡量不要被刺到。

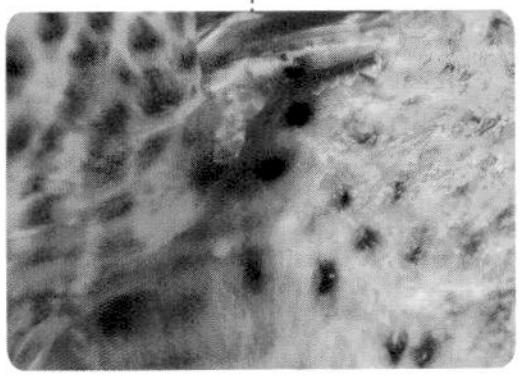

CHECK!

胸鰭拉起，鼓鼓的表示肥美。

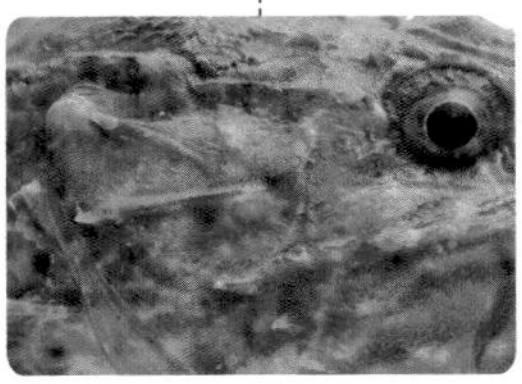

CHECK!

魚頭上有微微的小毒線，處理時得特別留心。

DATA

最大體長｜16cm

分佈狀態｜東部、南部、澎湖、小琉球

季節｜秋、冬，9–3月，但以11–1月最肥美。夏季只有6月有

適合料理｜煮湯、清蒸，但要用燜煮法。即：原本10分鐘可煮熟的魚肉，改為煮5分鐘，燜5分鐘，用餘溫將魚肉燜熟，肉質才會細緻。不適合燒烤，燒烤肉質會過硬。

黑喉石狗

Helicolenus hilgendorfi

別名｜赫氏無鰾鮋，無鰾鮋、虎格、紅黑喉、紅虎魚、深海石狗公、黑肚、石頭魚

19

冬季魚種

有螃蟹蛤蜊柚子香的高級魚種

喉嚨跟肚子都是黑色，屬台灣海釣的高級魚種。小隻跟大隻的價格差兩到三倍，但味道相同，魚行老闆常會留著小隻的煮湯，購買時可特別詢問，建議買小隻的品嚐即可。燒烤時有螃蟹的味道，清蒸時有蛤蜊味道，做成生魚片時則有薄薄的柚子香。

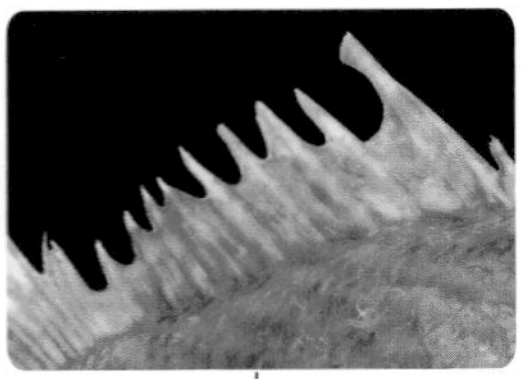

CHECK!

背鰭帶黃色代表肥美。

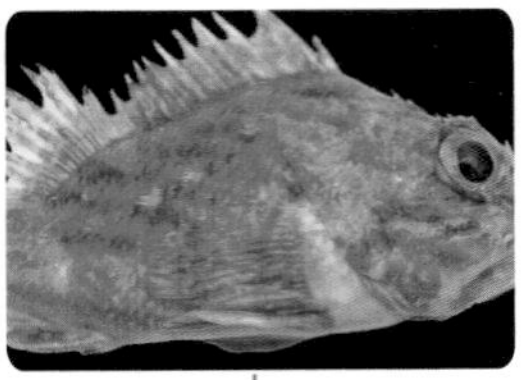

CHECK!

越大隻越好，一斤一隻左右肉質即很鮮美。

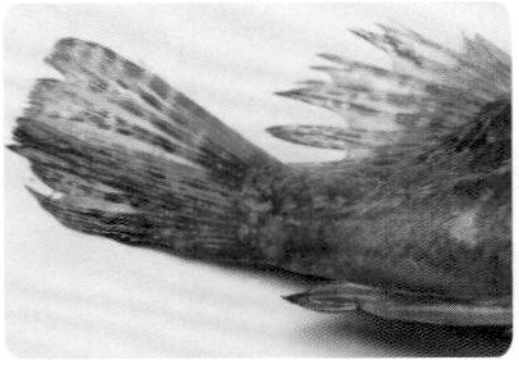

CHECK!

尾部越胖越好。

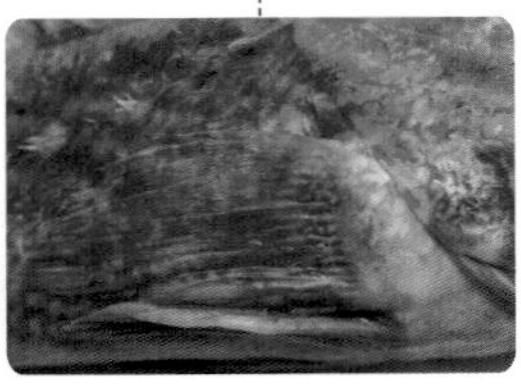

CHECK!

胸鰭旁越胖越圓代表越肥美。

DATA

最大體長｜27cm

分佈狀態｜西部、南部、北部、東北部、小琉球

季節｜夏季，6–7月；冬季，11–1月

適合料理｜清蒸、燒烤、煮湯，生食。但若做生魚片，要4斤以上較佳，且因其生食肉質較堅硬，建議以油漬法處理後，切薄片食用。

黑貓仔

Cephalopholis boena

石斑魚類的極品

別名｜橫紋九刺鮨、橫帶鱠、過魚、石斑、黑貓仔、黑絲貓、竹鱠仔

膠質比鱸魚高，煮湯肉質清甜，適合術後補充體力之用。且需用燜煮法，水一滾後立刻關火，用餘溫將魚肉燜熟，如此肉質才不會過硬。屬石斑魚類做生魚片最好吃的一種，魚皮很Q，肉質帶淡淡粉紅色，且魚肉有果皮的香氣。

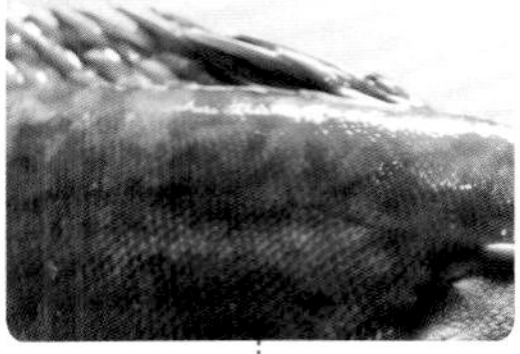

CHECK!
背越隆起越肥美。

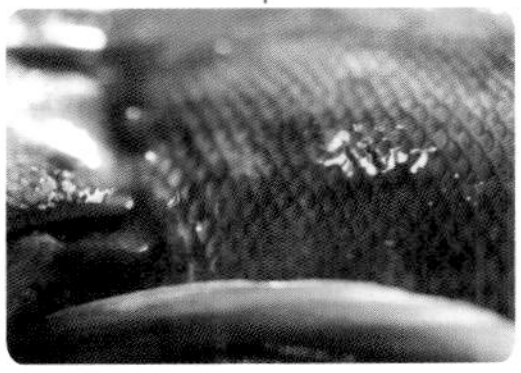

CHECK!
身上黏液越多代表越新鮮。

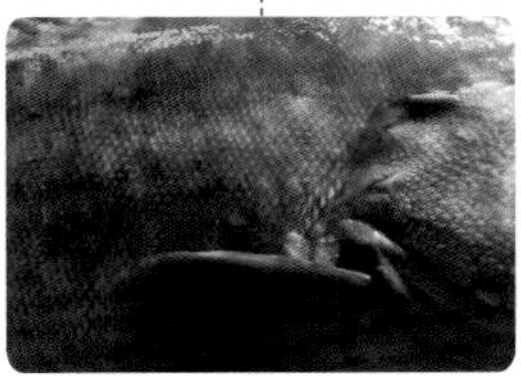

CHECK!
身上紋路越鮮明表示鮮度越好。

DATA

最大體長｜30cm

分佈狀態｜東部、西部、南部、北部、東北部、澎湖、小琉球

季節｜夏末，5–8月；冬季，1-3月，兩種季節都非常肥美，但冬季為產卵期，此時食用較有機會吃到魚卵。

適合料理｜清酒蒸、生魚片、用燜煮法煮湯、燒烤。但燒烤略有難度，要半烤半燜，即原本烤10分鐘會好的魚，改為烤5分鐘燜5分鐘，肉質才不會過硬，且最好一次食用完畢，避免2次加熱。

21
冬季魚種

鮸過魚
Epinephelus malabaricus

別名｜瑪拉巴石斑魚、馬拉巴、石斑、過魚、來貓、厲麻、虎麻

冬季吃肥美，夏季吃彈性

屬於深海野生的石斑魚，又稱瑪拉巴石斑魚，屬於冬季特別肥美的魚。魚頭、魚皮膠質豐富，以做生魚片、煮湯為多，生病的時候喝鮸過魚湯可以恢復體力，且鮸過魚的魚卵非常好吃，但在烹調魚肉時得特別注意，需善用燜煮法，否則魚肉容易過硬。

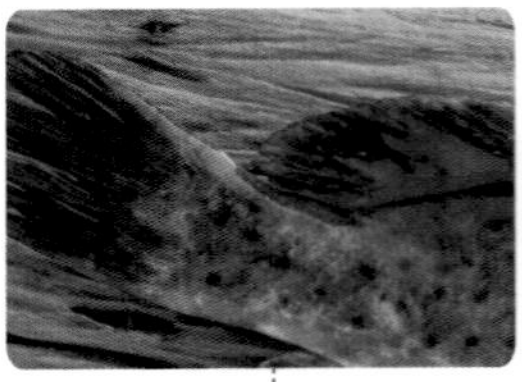

CHECK!
尾部有突起小圓點代表肥美。

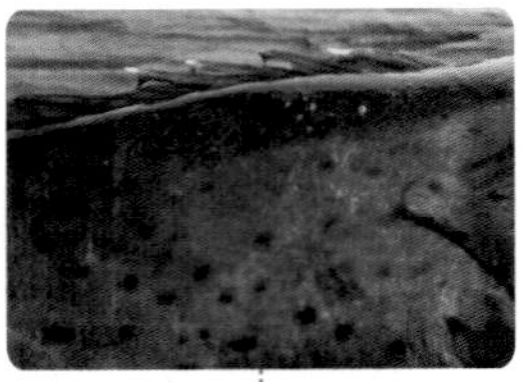

CHECK!
背鰭帶點黃色的比較肥美。

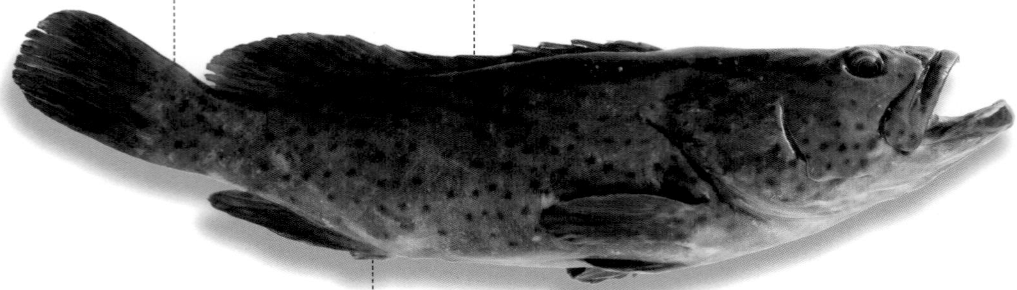

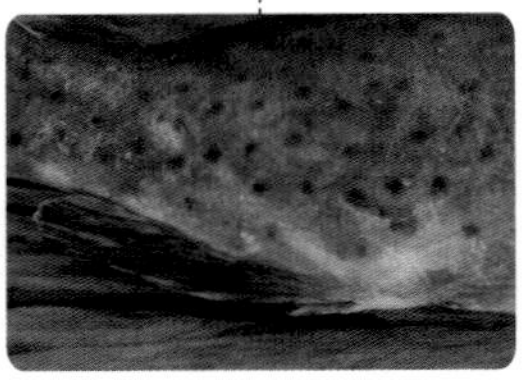

CHECK!
腹鰭帶點黃色的油脂豐厚。

DATA

最大體長｜234cm
分佈狀態｜南部、北部、澎湖、小琉球、東沙

季節｜夏季、冬季，屬雙季節的魚。產卵季在冬季，冬季可吃到魚卵，肉質肥美；夏季則是活動的活躍期，肉質較有彈性。

適合料理｜生魚片、煮湯、滷煮，但需用燜煮法。即原本 10 分鐘會煮熟的魚，改為煮 5 分鐘，燜 5 分鐘，用餘溫將魚肉燜熟，如此肉質才會軟嫩好吃。

鮢過魚清湯

材料— 鮢過魚肉 200g、20 顆蒜頭、500 cc 水

作法— **1.**20 顆蒜頭以小火加水熬煮半小時。**2.** 將魚肉放入，火一滾即把火關掉，泡 5 分鐘後，再開第二次火煮滾後即可。

TIPS

鮢過魚屬特殊料理食材，不可長時間用火直接加熱，可善用熱水煮開後，以熱水將魚肉泡熟的燜煮法，如此便可保留魚肉的甜味，防止魚肉過硬。

七星鱸魚

Lateolabrax japonicus

別名｜日本花鱸、花鱸、青鱸、鱸魚、日本真鱸

魚皮用熱水汆燙，甜味十足

一般提到鱸魚即是此種七星鱸，肉質細緻，很適合做生魚片，清蒸、煮湯都很棒，尤其煮湯後會有淡淡乳白色的骨頭香。做生魚片時可用「冰水洗」，即：先將魚肉切片過冰水，魚肉會有冰冰脆脆的感覺。魚皮稍微用熱水汆燙後，也會有很好的甜味跟Q度，是手術後的療養聖品。

22

冬季魚種

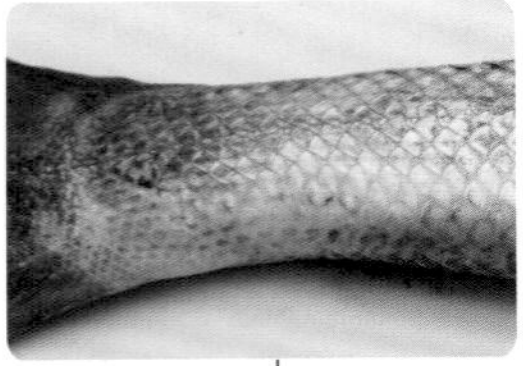

CHECK!

尾部魚鱗不脫落、黑色紋路深邃為新鮮。

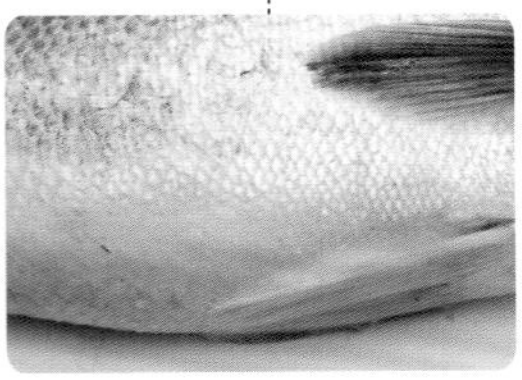

CHECK!

腹部飽滿油脂豐厚為上選。

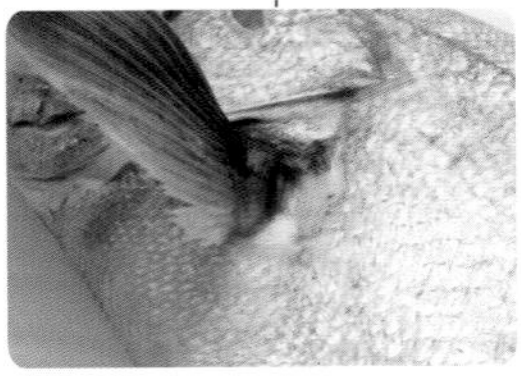

CHECK!

胸鰭要有黑紋是新鮮的象徵。

DATA

最大體長｜102cm

分佈狀態｜西部、北部

季節｜冬末春初，1–3月

適合料理｜煮湯、燒烤、大隻的適合做生魚片。

金目鱸

Lates calcarifer

23
冬季魚種

別名｜尖吻鱸、盲槽、扁紅目鱸。

孕婦補身必備

金目鱸顧名思義，在水中眼睛是金色的，屬於很兇猛的魚類，近年以養殖居多，野生的較少。煮湯很有營養，為術後恢復傷口體力的最佳補品，建議可加干貝一起熬煮，傷口復原更快更好。

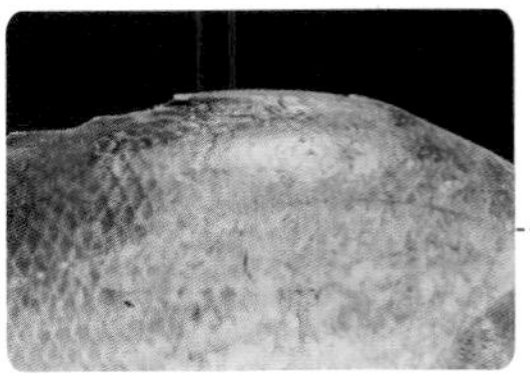

CHECK!
背越隆起越肥美。

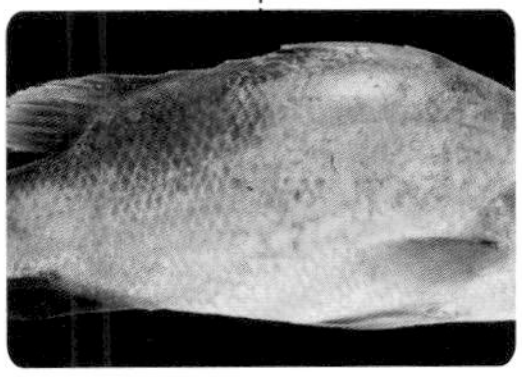

CHECK!
油脂豐滿時腹部會突起。

DATA

最大體長｜200cm
分佈狀態｜西部、南部

季節｜冬季最肥美，以10月–2月最佳
適合料理｜滷煮、燉煮、煮湯皆可，其中新鮮的野生鱸魚可做生魚片，水洗後切薄片過鹽冰水，立刻抖掉多餘水分，即會產生很好的脆度與甜味。

黃斑魚

Epinephelus awoara

別名｜青石斑魚、黃丁斑、石斑、過魚、中溝、白馬囝仔

煮湯後有蚵仔的味道

多出現在澎湖，尤以冬季數量最多。營養度不輸鱸魚，補身，清蒸、煮湯都適宜，肉質細緻、油脂豐富，煮湯後的魚肉帶有蛤仔的味道。

24

冬季魚種

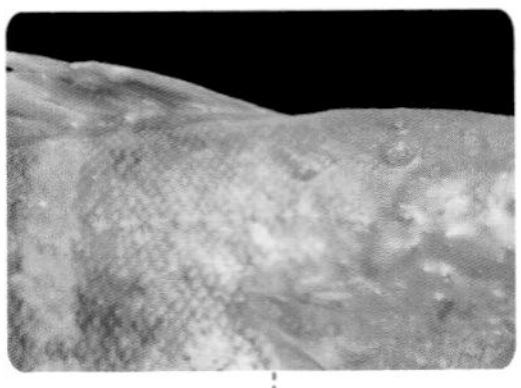

CHECK!

魚身越黃代表油脂越豐富。

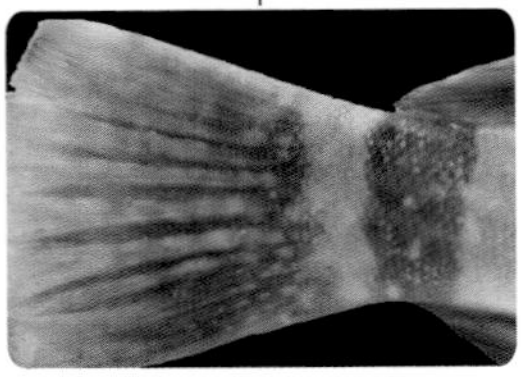

CHECK!

魚身、尾鰭越黃越肥美 。

CHECK!

嘴巴越黃表示越肥美。

DATA

最大體長｜ 60cm

分佈狀態｜東部、西部、南部、北部、澎湖

季節｜冬季，12–2月

適合料理｜清蒸、煮湯，燒烤肉質會太硬。

櫻花蝦湯蒸黃斑魚

材料—黃斑魚 1 尾、櫻花蝦 20g、魚湯 200cc、海鹽適量、奶油或松露球適量

作法—**1.** 將魚湯加入櫻花蝦，煮滾後加鹽。**2.** 黃斑魚汆燙後，加奶油蒸 6-8 分鐘，淋上作法 1 的醬汁即可。

老鼠斑

Cromileptes altivelis

別名｜駝背鱸、鱉魚、烏丸悅、尖嘴鱠仔、觀音鱠、敏魚

口感與味道都像蟹肉的鱸魚

一般人會拿巨點石斑魚片說這是老鼠斑，但價格與肉質吃來皆不同。老鼠斑的肉質細緻，口感與味道都像蟹肉，膠質豐富，魚皮很Q，入秋後腹部有卵，但因數量少，市場上已經很難看到大體型的老鼠斑。魚卵香氣十足，泡著牛奶或豆漿一起清蒸就很美味。

25

冬季魚種

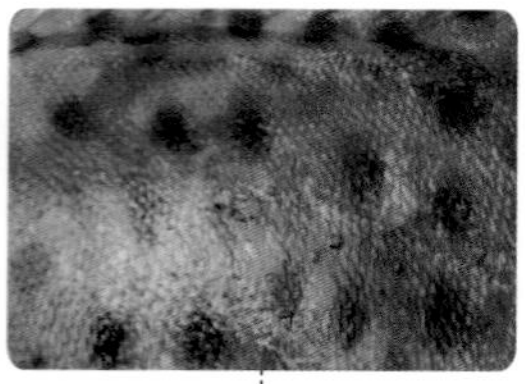

CHECK!

像駱駝一樣，背後凸起代表油脂囤積在此。

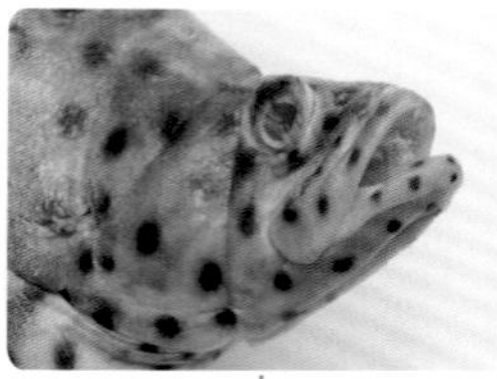

CHECK!

魚頭越小越好。雖和巨點石斑相似，但魚頭不同，可由此來辨認。

CHECK!

胸鰭鼓起代表肥美。

DATA

最大體長｜70cm

分佈狀態｜印度西太平洋，含關島，夏威夷。本省只見於北部、澎湖

季節｜秋、冬，9–1月

適合料理｜清蒸：清蒸時湯汁會有很棒的甲殼香氣，但要用「燜煮法」，即火煮開後，立刻關火，用餘溫將魚肉燜熟，避免肉質過硬。也適合生食，或將魚卵泡著牛奶和豆漿一起蒸熟。不適合燒烤，燒烤魚汁會流失。

巨點石斑魚

Epinephelus areolatus

26

冬季魚種

別名｜寶石石斑魚、流氓格仔、糯米格仔、石斑、過魚、白尾鱠、芝麻斑

魚肉有魷魚香氣

肉質細緻，長相狀似老鼠斑，魚肉有魷魚香氣，最適合清蒸。但清蒸時要用燜煮法，即火煮開後，立刻關火，用餘溫將魚肉燜熟，避免肉質過硬，肉質雖無老鼠斑細緻，卻更Q彈有咬勁。

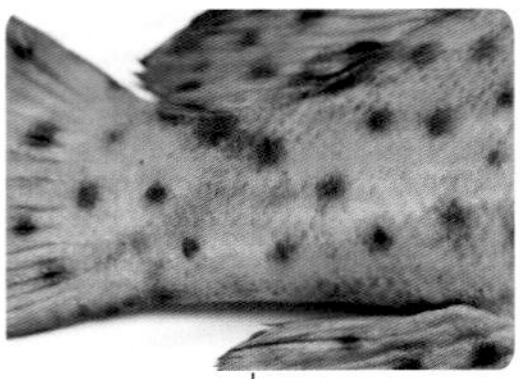

CHECK!

尾部越鼓越肥美。

CHECK!

尾鰭為偏圓形的錢型，老鼠斑的尾鰭則呈現比較長的單叉型。

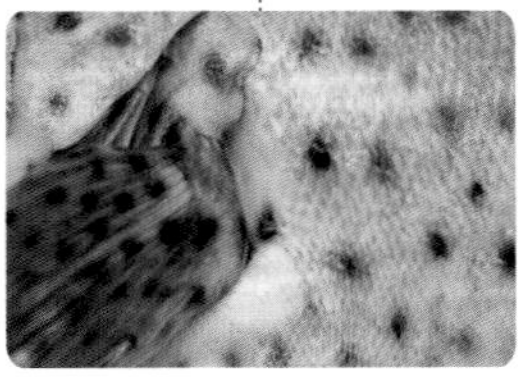

CHECK!

胸鰭拉開，肥肥的有油脂。

DATA

最大體長｜47cm

分佈狀態｜東部、西部、南部、北部、東北部、澎湖、小琉球、蘭嶼

季節｜雙季節魚種。夏季，8–9月；春季3–5月

適合料理｜清蒸，但要用燜煮法。

紅哥李

Liopropoma japonicum

有蟹膏香氣的夢幻魚種

別名｜日本長鱸、鱠仔

27
冬季魚種

屬鱸科底棲性魚類，一年四季都肥美，且因其長期吃甲殼類食物，魚肉帶有淡淡處女蟳的蟹膏味，常和石狗公一起被捕撈到。但數量少，屬於老饕行家會特別找來吃的魚種，肉質細緻甘甜，只要簡單蒸一下，就讓人難以忘懷。

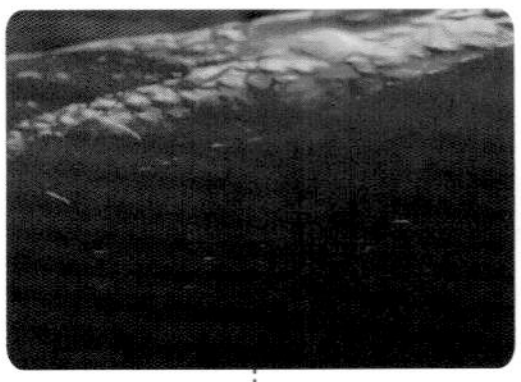

CHECK!
紅紋越紅表示越新鮮。

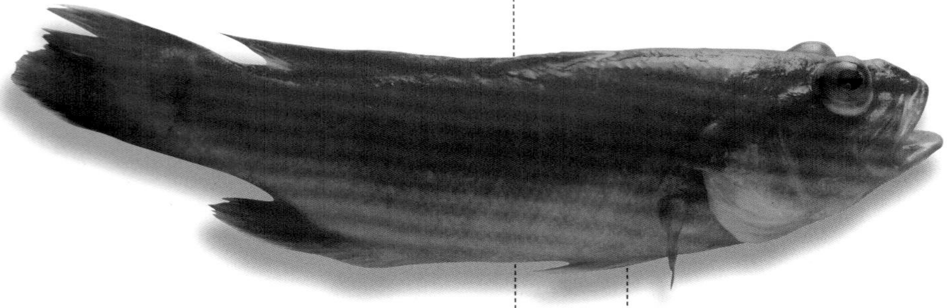

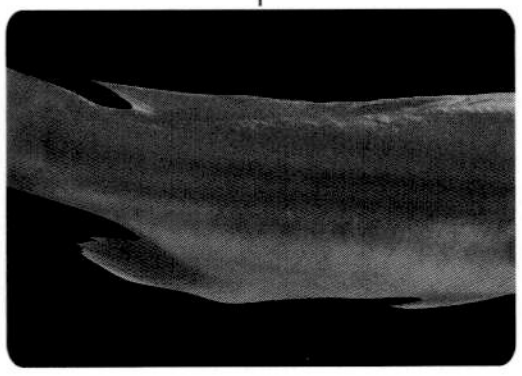

CHECK!
最大隻約可長到20公分，越大隻魚肉越美味。

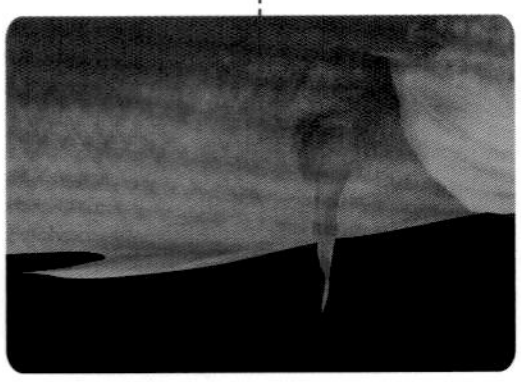

CHECK!
胸鰭有淡淡黃色的表示肥美。

DATA

最大體長｜18.8cm
分佈狀態｜南部、北部、澎湖

季節｜全年，但以11–2月數量最多。
適合料理｜清蒸

紅斑鱠

Liopropoma dorsoluteum

尾後有柚子香

別名｜黃背長鱸、鱠仔

活著的時候背部有黃色跟紅色雙色線，肉質比老鼠斑和紅條更細緻，魚肉鮮甜有如布丁般滑嫩，肥美的魚體蒸出來的魚油又有淡淡的貝類與甲殼香氣，且尾後有柚子香，屬於少見的夢幻魚。

CHECK!

新鮮時，尾部會有微紅透在魚肉下。

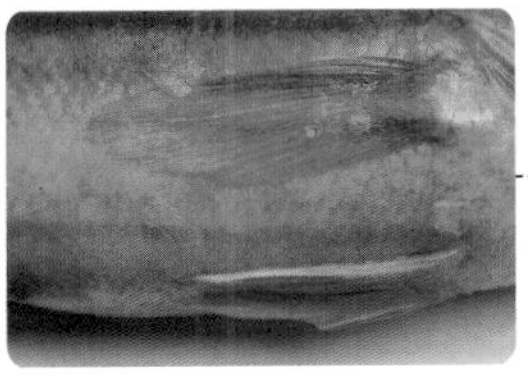

CHECK!

腹部周邊的魚鱗不脫落表示新鮮肥美。

DATA

最大體長｜25cm

分佈狀態｜澎湖

季節｜冬、春兩季，11–3月

適合料理｜最適合清蒸，煮湯會稀釋魚的香氣。含水量多，不適合燒烤，一烤甜味會散掉。

28

冬季魚種

竹葉昆布蒸紅斑鱠

材料—紅斑鱠 1 尾、昆布 1 張、竹葉 1 張、清酒少許、昆布蒸魚醬油適量

作法—**1.** 整尾魚洗淨清除內臟。**2.** 汆燙熱水後，將魚肉包上昆布與竹葉，淋上清酒蒸 8-10 分鐘。**3.** 最後淋上昆布蒸魚醬油即可。

TIPS

昆布蒸魚醬油怎麼做？
等量的醬油、香菇醬油、味醂、清酒，加入一條昆布後煮滾即成。

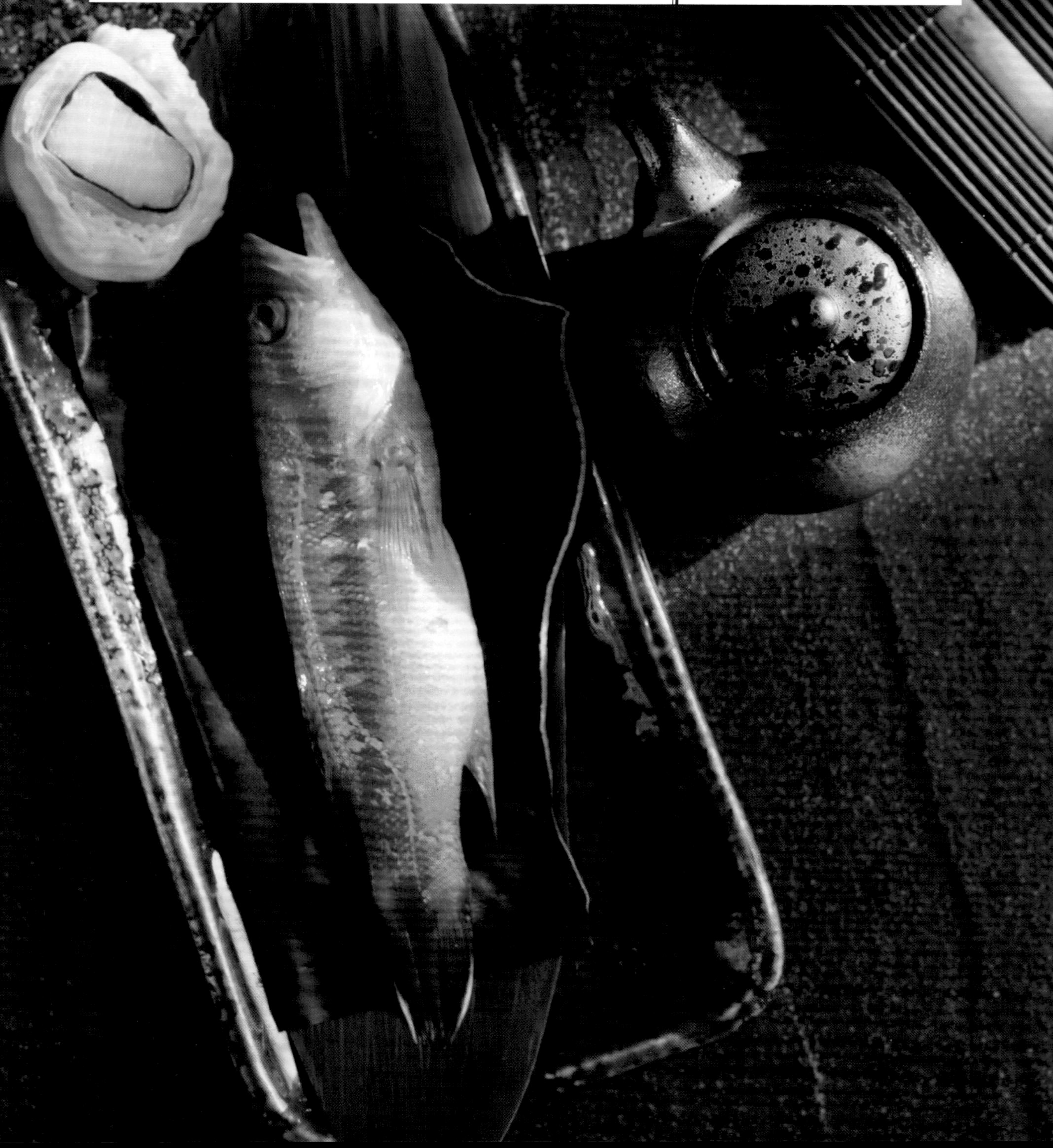

29 赤點紅斑魚

Epinephelus akaara

冬季魚種

肉質細緻，煮湯之完美

別名｜赤點石斑魚、紅斑、石斑、過魚、珠鱠、刺點石斑

頂級的石斑魚，香港四大蒸魚之一，做生魚片有柚子和荔枝香氣，但清蒸令人回味無窮，有淡淡的蝦殼味，又有蟹肉的口感，入口後還會有蚵仔味。很適合煮湯，可幫助病後元氣之恢復，體型越大越貴，屬於台灣的夢幻魚之一。

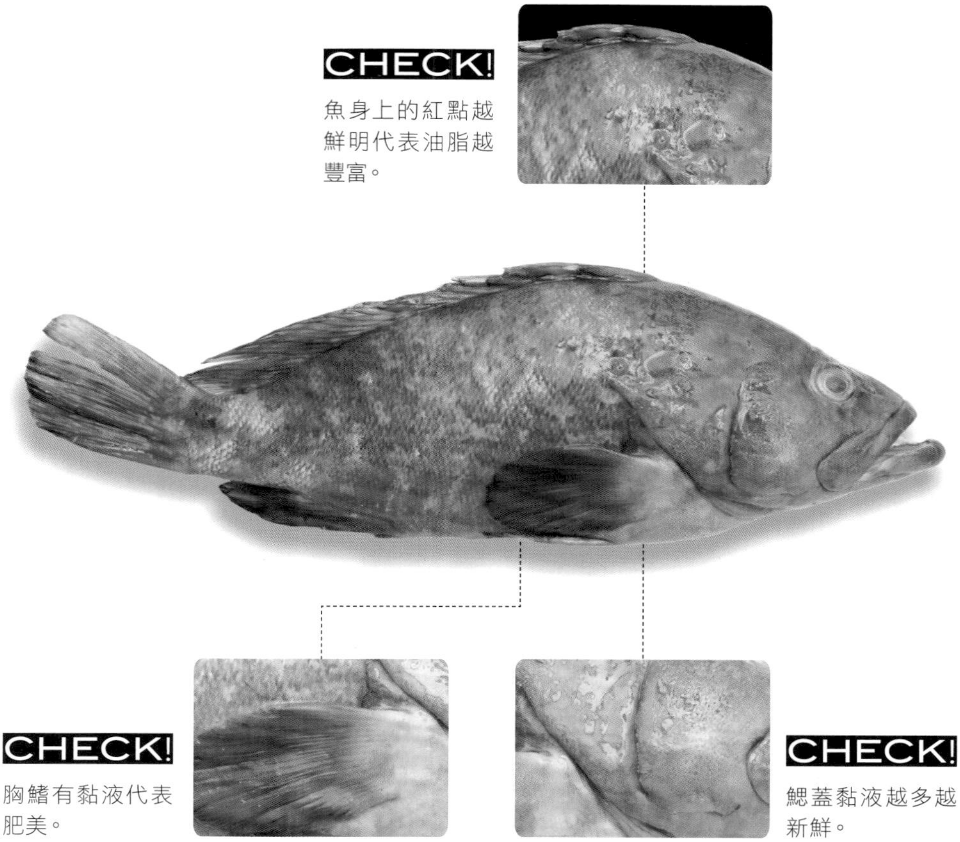

CHECK!
魚身上的紅點越鮮明代表油脂越豐富。
CHECK!
胸鰭有黏液代表肥美。
CHECK!
鰓蓋黏液越多越新鮮。

DATA

最大體長｜53cm
分佈狀態｜東部、西部、南部、北部、澎湖、綠島

季節｜秋、冬，10月–2月
適合料理｜煮湯、清蒸，但不能久煮，得用燜煮法。即原本蒸（煮）10分鐘的魚，改為蒸（煮）5分鐘，燜5分鐘，用餘溫慢慢讓魚肉熟透，肉質才會細緻好吃。

星紋笛鯛

Lutjanus stellatus

別名｜星點笛鯛、花臉、紅魚、白點仔、黃翅仔、白星笛鯛

跟食材借油的美味魚種

30

冬季魚種

魚身上的星點，是生長在游速很快海域的標記，肉質充滿彈性與膠質，且因其常吃海膽，內臟裡的橘色魚油，帶有淡淡海膽味，烹調時，可跟食材借油，將魚油放在魚肉上蒸，會有意想不到的驚喜。

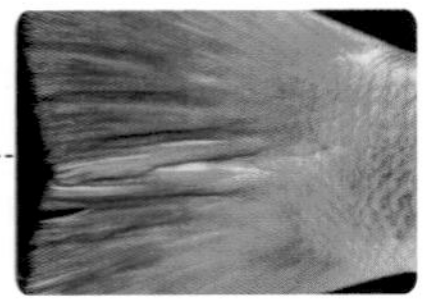

CHECK!

金黃色的尾巴和魚鰭，表示油脂豐富。

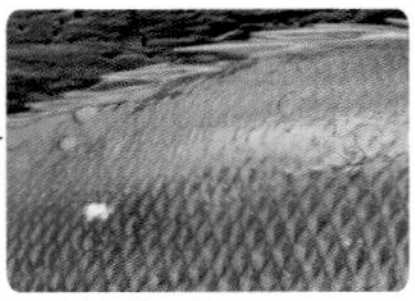

CHECK!

星紋越鮮明代表越成熟肥美。但如果是超過五年的魚，會產生更大的星點，肉質恐怕會太老。

魚油處理方法

1

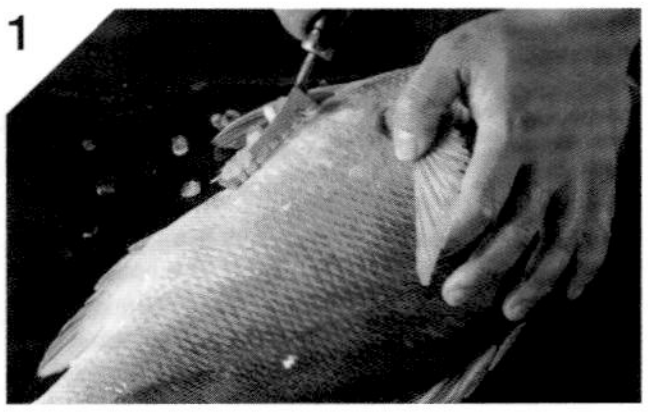

將肚子中間的鱗片刮除

2

從肚臍下刀輕輕切開一直到下顎。

3

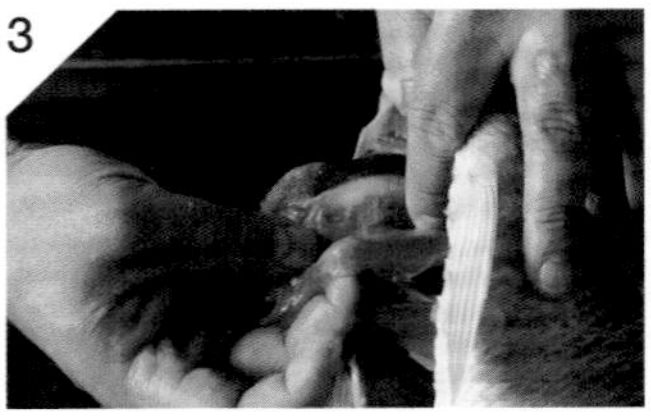

取出肚子裡的橘色魚油

4

魚油是星紋笛鯛的超級好物，直接放在魚肉上蒸，可蒸出海膽的香氣。

蒸星紋笛鯛

材料—星紋笛鯛魚油、星紋笛鯛魚肉 200g、市售魚露 625 cc

作法—**1.** 將魚油放在魚肉上一起蒸熟。**2.** 將蒸好的魚汁倒出，和魚露一起煮滾。**3.** 最後再淋回魚肉上即可。

TIPS

如果不想用市售魚露，也可去菜市場買破布子湯汁，將 500cc 湯汁加上 100c 醬油，再加上 25cc 的甘蔗汁，煮滾即可。

DATA

最大體長｜55cm **分佈狀態**｜南部及西南部海域

季節｜1、2 月最多，12 月偶爾會有，天氣越冷越好吃。5 月黑鮪魚來之前正好是星紋笛鯛的產卵季，此時也很美味，但只有 2-3 週。

適合料理｜蒸、烤、做成生魚片都適合，肉質帶有淡淡的海膽與甲殼類香氣，嘴唇蒸出來的膠質很好，或可將魚油取出，放在魚肉上蒸，蒸來會有海膽的香氣。

花臉

Lutjanus rivulatus

31

冬季魚種

別名｜海雞母笛鯛、藍點笛鯛、雞母、大花臉、洄鏈

魚身變金黃，肥美好吃象徵

屬於好吃的清蒸魚，頭部有膠質，魚身可做生魚片或燒烤，腹部肥美有紅色魚油，且魚油跟星紋笛鯛一樣有海膽香氣，也可跟食材借油一起清蒸。魚身原本是黑色，變成金黃色的才好吃。

CHECK!

背鰭帶金黃色正是肥美時刻。

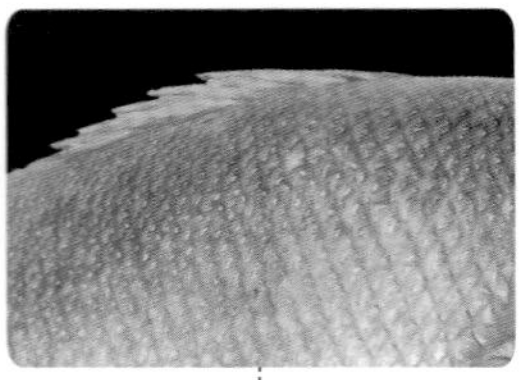

CHECK!

臉紋清楚鮮明代表鮮度佳。

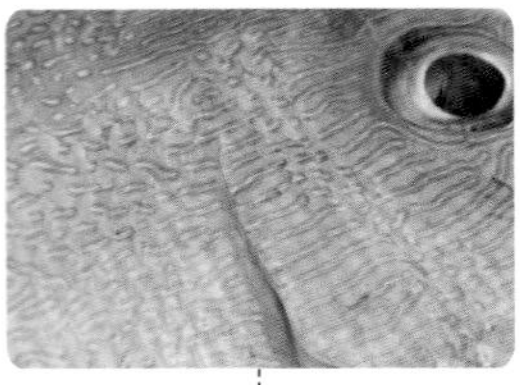

CHECK!

尾部膨起表示肥美。

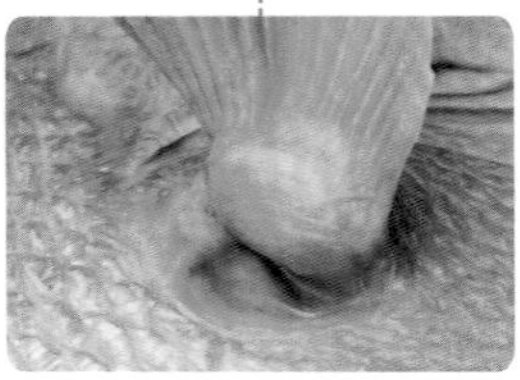

CHECK!

胸鰭拉起金黃色表示肥美。

DATA

最大體長｜76cm

分佈狀態｜西部、南部、北部、澎湖、小琉球、蘭嶼、綠島、東沙

季節｜冬季，12–2月魚身會變成金黃色，此時最肥美好吃。

適合料理｜清蒸、生食，燒烤肉質微硬不適合，魚頭部分可煮湯。

番茄味噌釜飯

材料—魚肉 200g、白飯 1 碗、魚高湯 2 碗、番茄半顆、花椰菜半顆、香菜少許、蒜頭磨泥 1 顆、昆布切碎少許、昆布醬油適量

作法—**1.** 選魚背後面比較硬的魚肉，切小塊。**2.** 番茄、花椰菜切塊。**3.** 魚肉跟所有材料一起燉煮 25 分鐘，讓其慢慢收汁即可。

影片連結

金花

Cheilodactylus zonatus

別名｜花尾唇指䱵、咬破布、三康、萬年瘦

清蒸時，有煎魚的香氣

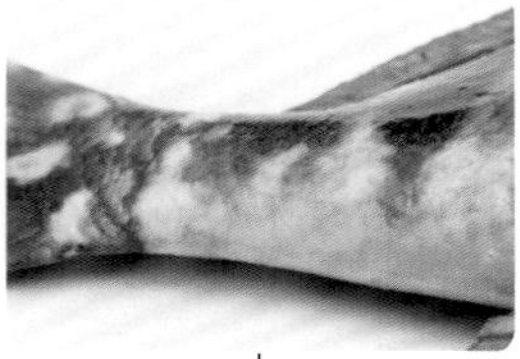

CHECK!

尾部越圓越鼓越肥美。

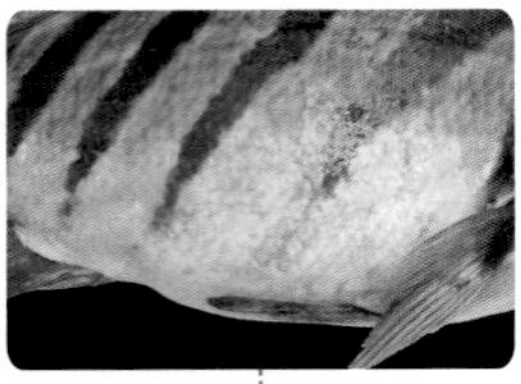

CHECK!

越大隻越好，1斤以上最好。

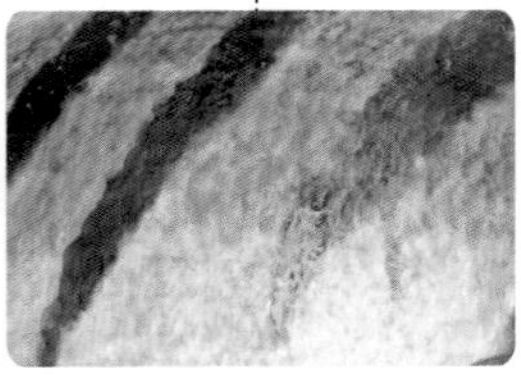

CHECK!

腹部圓圓鼓鼓的表示油脂豐富。

CHECK!

胸鰭拉開，肥肥的有油脂。

廣東人喜歡用的蒸魚，除肉質細膩、膠質豐富外，蒸出來竟有乾煎的香氣。在香港屬於夢幻魚，在台灣則屬平價魚。清蒸最能保留住美味，廣東人的蒸魚常用此一魚種，挑選頭小身體大的就對了。

DATA

最大體長｜45cm

分佈狀態｜東部、南部、北部、東北部、澎湖

季節｜冬、春、夏，11–6月，屬半年魚，每年有半年的時間吃得到。

適合料理｜清蒸、煮湯，不適合烤，燒烤肉質容易過硬。

32

冬季魚種

兔魚

Hydrolagus mitsukurii

別名｜銀鮫、箕作氏兔銀鮫、冬兔銀鮫、黑翅沙、鼠魚、兔魚、鬼鯊、幽靈鯊

超珍貴補品魚

33

冬季魚種

整條魚都是軟骨，屬於特殊的軟骨性魚類，遇熱時肉與骨頭會化掉，包含骨頭皆可食。吃來像鯊魚，膠質豐富，對傷口的復原很有幫助，菜市場偶爾會有，為稀少珍貴的補品。

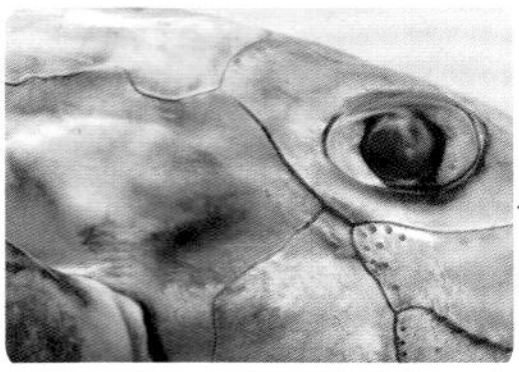

CHECK!

眼睛上面這一塊帶有金黃色，是油脂豐富的證明。

CHECK!

腹部越白越好，且魚身越大越好吃。

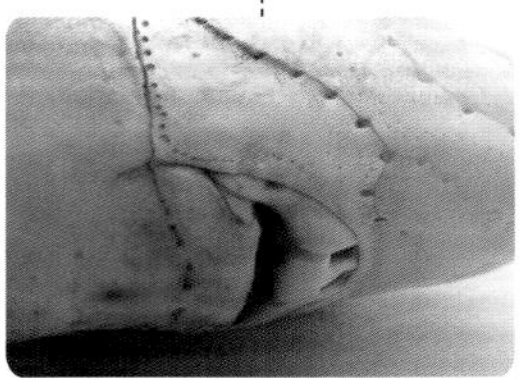

CHECK!

嘴巴像兔子，帶有兔角，為重要特徵。

DATA

最大體長｜87cm

分佈狀態｜東部、西南部、東北部

季節｜一年四季

適合料理｜可加中藥材、蒜頭燉湯；或加一點酒、少量水，有點像萃取魚精的方式，蒸出一大碗湯。

大目鰱

Cookeolus japonicus

別名｜紅目大眼鯛、嚴公舅、嚴公仔

眼仁膠質甜美好吃

34

冬季魚種

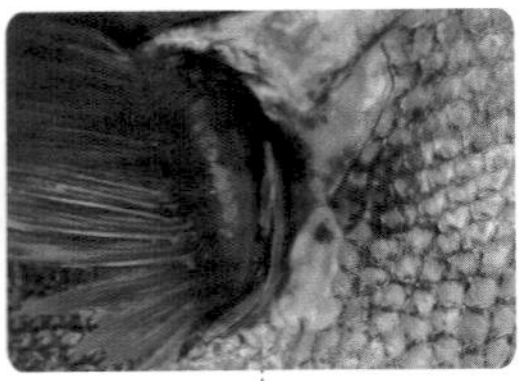

CHECK!

胸鰭拉開，顏色越鮮紅越好。

CHECK!

眼睛半透明表示膠質豐富。

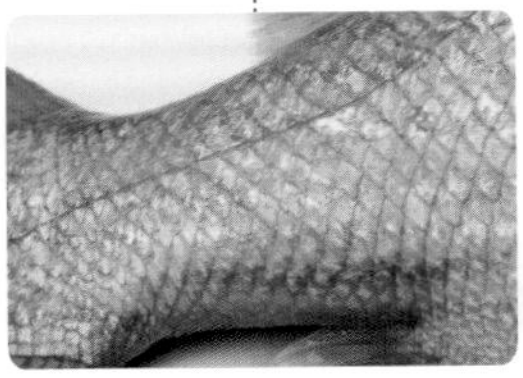

CHECK!

尾部越肥胖越好，魚鱗不剝落為優。

CHECK!

黑色胸鰭為大目鰱；如果是紅色鰭則為另一種相似魚種寶石大眼鯛（紅嚴公）。

做生魚片不輸給真鯛魚肉，生食魚肉有螃蟹味且肉質細緻。此種魚的眼仁膠質豐富，鮮甜美味。清蒸時，可將魚肝清洗乾淨後放在魚肉上一起蒸，會有令人驚喜的滋味。

DATA

最大體長｜68cm

分佈狀態｜西部、南部、東北部、小琉球、綠島

季節｜秋末到春季，10–3月。

適合料理｜生食、燒烤、清蒸，清蒸時可特別取出魚肝，放在魚肉上一起蒸。料理可特別吃其眼仁，眼仁膠質豐富鮮甜。

大眼鯛荒煮

材料—魚頭半顆、濃口醬油 200cc、味醂 200cc、清酒 150cc、昆布半條、昆布水 100cc、麥芽糖 150g、牛蒡切條狀 8 條

作法—將上述所有醬料煮滾後放入魚頭，慢慢收汁 30 分鐘，至湯汁濃稠即可。

紅目鰱

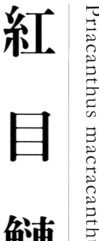

Priacanthus macracanthus

同時有蝦殼和蟹膏香氣

別名｜大棘大眼鯛、短尾大眼鯛、嚴公仔

35

冬季魚種

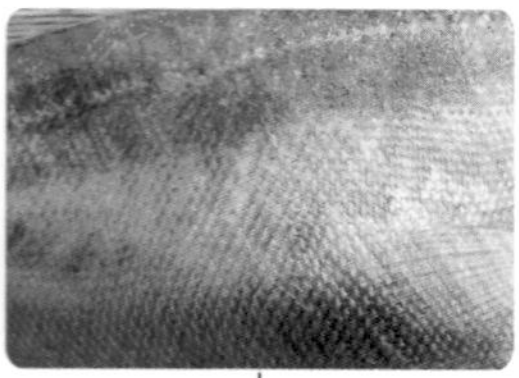

CHECK!

身體越紅越好。

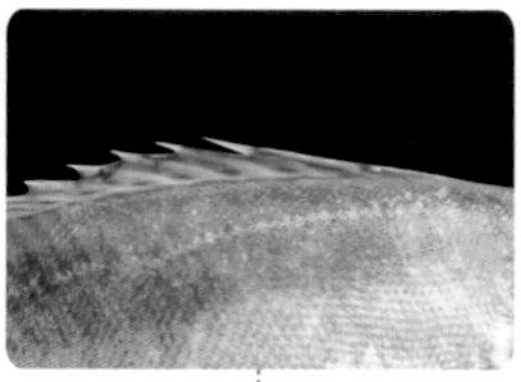

CHECK!

背越厚越肥美。

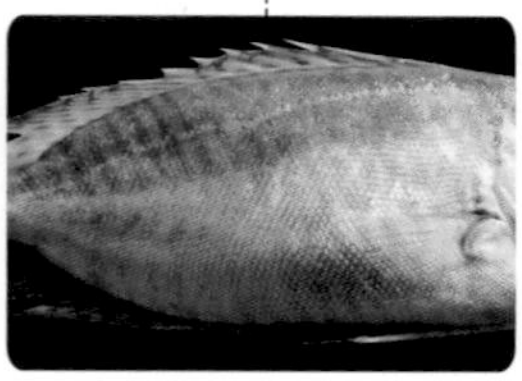

CHECK!

越大隻越好吃，8兩以上的甲殼香味較清楚。

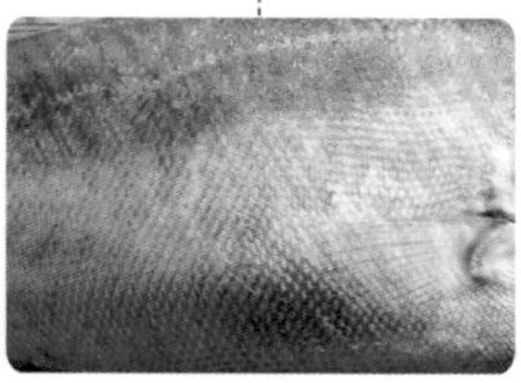

CHECK!

鮮度不佳時，身上的紅紋會褪去。

魚鱗很難去除，可參考剝皮魚的方式直接去皮，再清蒸、煮湯，或者是不去鱗直接裹鹽燒烤，最後再將魚皮整個剝除，屬於便宜又美味的魚種。魚肉剛吃時帶有蝦殼的香氣，食後又有蟹膏味。因產地水深不同，味道也會略有差異，通常南方澳產的有淡淡海水香；基隆捕撈的則有海藻味。

DATA

最大體長｜29cm

分佈狀態｜東部、西部、南部、北部、東北部、澎湖

季節｜每年只有4月–6月沒有，但肥美的時節還是在冬天，10月–3月。

適合料理｜清蒸、煮湯、連魚鱗一起燒烤。因魚鱗較難剝除，可參考剝皮魚的剝皮方式，直接去皮（詳見本書285頁）。魚鱗細，鋪上鹽燒烤，拉下魚皮就可以吃。

雪鹽燒烤紅目鰱

材料—蒜頭 3-4 顆、蛋白 1 顆、鹽巴 1 公斤

作法— **1.** 將鹽巴和蛋白充分攪拌做成蛋白鹽。**2.** 內臟清除後，魚不去鱗，整顆蒜頭從鰓蓋塞入魚肚內。**3.** 將蛋白鹽鋪在魚肉上。**4.** 以預熱的 220 度烤箱烤 8-10 分鐘。**5.** 食用時直接將魚皮剝除即可。

TIPS

魚鱗較難處理的魚都可以用此種雪鹽燒料理法。鹽巴可協助加熱與提味，且烤完的蒜頭吃來會有馬鈴薯的口感，香氣十足！

黑大目

Glaucosoma buergeri

36

冬季魚種

別名｜葉鯛、灰葉鯛、大目仔、青葉鯛

魚肝軟嫩，清蒸就美味

屬深海魚，常棲息於臺灣東北部、西南部及澎湖一帶的礁岩海域。頭大、眼睛大的外型引人注目，肉質細緻且呈現美麗的珍珠白色。魚肝肥美好吃，可泡牛奶簡單蒸就是一道好食，魚皮甘甜，是不輸真鯛的好魚。

CHECK!

魚眼清亮飽滿為佳。

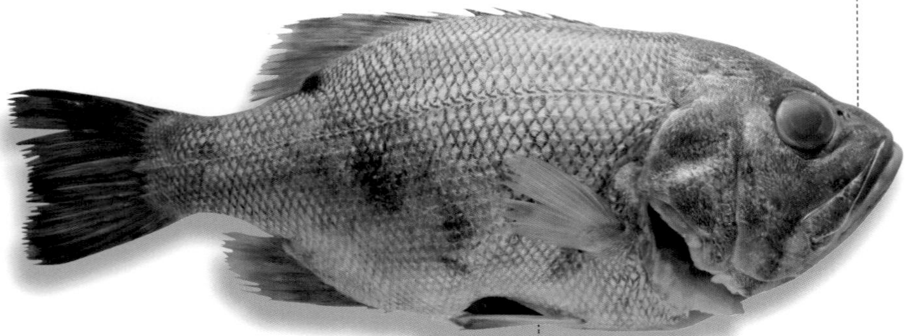

CHECK!

魚體緊實有彈性。

DATA

最大體長｜122cm

分佈狀態｜東部、西部、南部、北部、澎湖

季節｜秋冬，10–3月最肥美。5月、9月也會出現。

適合料理｜生食、燒烤，尤其眼睛燒烤特別美味。而魚肝可泡牛奶清蒸，牛奶有助於去腥且讓魚肝口感更軟嫩。

黑大目處理訣竅

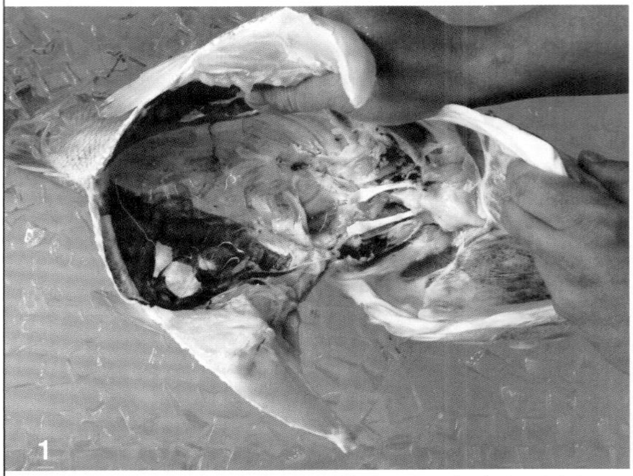

1

黑大目放血，內臟洗淨後，整隻浸入鹽冰水，同鹽冰水一起放入冰箱冷藏 6 小時。

2

拭乾魚體表面及內部水分。

3

取下魚頭放一旁。

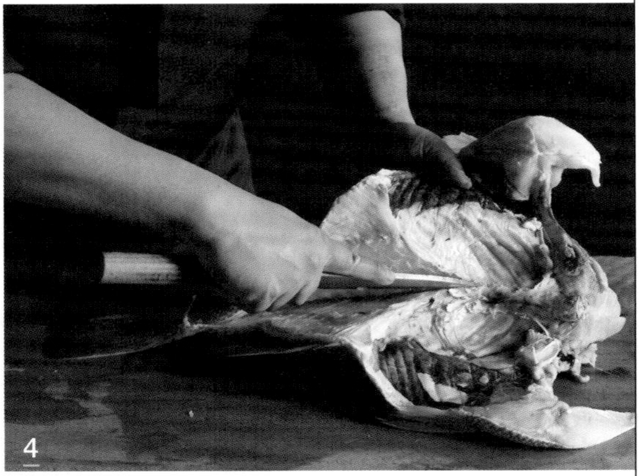

4

從骨與骨接縫的地方，切開魚身。

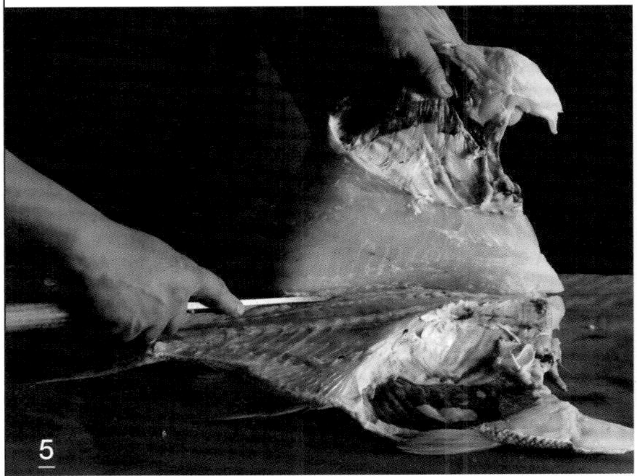

5

順著骨頭，慢慢剖開魚肉。

6

剖成兩塊的魚肉，可分別煮湯、烤魚。

魚肝昆布捲

材料—黑大目魚肝、牛奶 100cc、白飯（或醋飯）少許、昆布 1 條、蔥碎少許、紫蘇鹽少許

作法—**1.** 將黑大目魚肝泡入牛奶，蒸 10 分鐘後，取出切碎。**2.** 在昆布上放醋飯及切碎魚肝。**3**. 放上適量紫蘇鹽（其他口味亦可）與少許蔥碎。**4.** 用保鮮膜將魚肉捲稍微包住，但不壓緊；放 3-4 小時後品嚐最美味。

TIPS

做好的魚肉捲，很適合當作簡易果腹的風味小食。好吃的醋飯怎麼做？（可見 317 頁）

黑身鸚哥

Chlorurus japanensi

別名｜日本鸚哥魚、鸚哥、青衫（雄）、菜仔魚（雌）、海帶鸚哥（臺東）、豪（澎湖）

肉質最細緻的鸚哥魚

37

冬季魚種

活的時候尾巴是紅色的，死亡後會逐漸變成棕色。魚肉非常鮮甜，屬於鸚哥魚裡肉質最甜的一種，不過就像一般的鸚哥魚一樣，肚子帶有海藻味，處理的時候要小心，建議下刀時薄薄經過肚皮，且泡在鹽冰水裡把內臟取出。小秘訣是鹽冰水裡可加一點咖啡渣，可幫助去除海藻味。

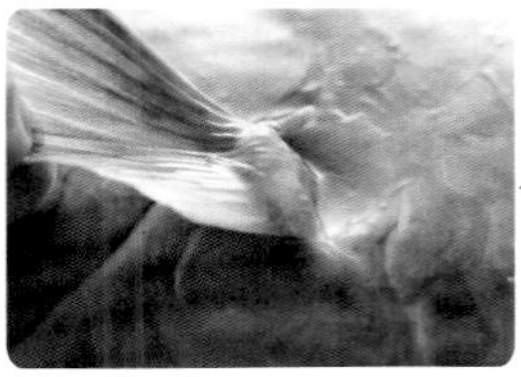

CHECK!

胸鰭拉開，看得見油脂，表示飽滿肥美。

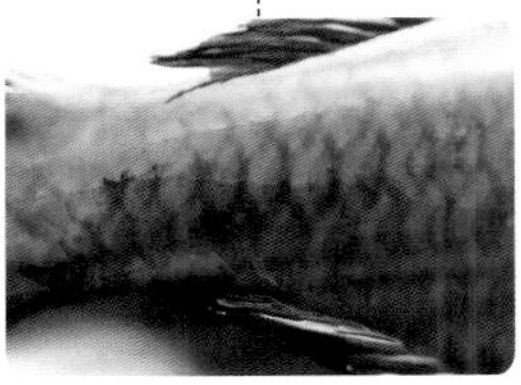

CHECK!

尾鰭飽滿表示肥美。

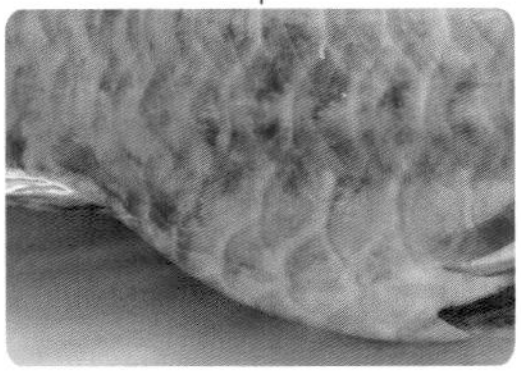

CHECK!

腹部不要有髒東西跑出來，否則代表腐敗。

DATA

最大體長｜31cm

分佈狀態｜西部、南部、澎湖、蘭嶼、南沙

季節｜少數一年四季都好吃的魚，但以夏末到冬初最好

適合料理｜清蒸、油炸，且因屬水分較多的魚類，燒烤時要封烤，水分才不會散出。

魚鱗處理小撇步｜此魚的魚鱗比較難處理，日本人會直接拔除，建議也可用熱水汆燙後，整片輕輕拔下來即可。

藍點鸚哥

Scarus ghobban

酥炸好魚

別名｜鸚哥、青衫（雄）、紅蠔魚（雌）、紅衫、綠新娘

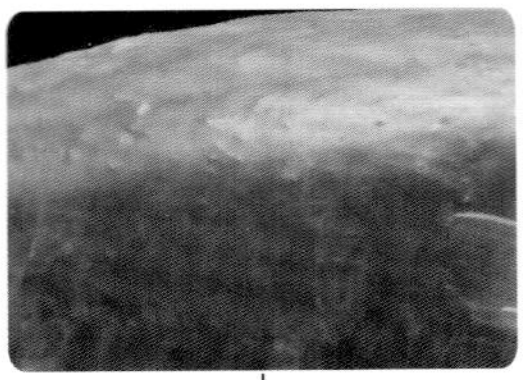

CHECK!
摸起來皮膚有黏稠感的較新鮮。

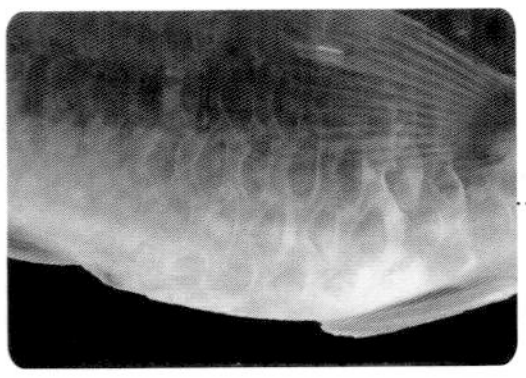

CHECK!
肚子胖胖的比較肥美。

清蒸的好魚，魚肉厚實，清蒸時吃來特別細緻，帶有淡淡的海草香氣。唯一缺點是腐敗速度快，死亡後第三天會有淡淡的阿摩尼亞味，建議可用鹽冰水清洗魚體內臟後，去除不佳的味道。除清蒸外，也很適合酥炸。

DATA

最大體長｜90cm

分佈狀態｜東部、西部、南部、北部、東北部、澎湖、小琉球、蘭嶼、綠島、東沙

季節｜6-8月，11月時會在澎湖出現，那時是最肥美的時候；每年4-5月的產卵期為次肥美期。

適合料理｜新鮮時可清蒸、煮湯、酥炸。魚肉水分多，不適合燒烤。

38

冬季魚種

酥炸鸚哥佐山藥鮭魚卵醬汁

材料—魚肉 100g、太白粉適量、山藥鮭魚卵醬汁適量
作法— **1.** 魚肉片下裹太白粉乾炸。**2.** 魚肉排盤後淋上醬汁即可搭配食用。

TIPS

山藥鮭魚卵醬汁怎麼做？
山藥泥 200g、優酪乳 25cc、白醬油 25cc、鹽少許、鮭魚卵 1 小湯匙，輕輕攪拌均勻即可。

油石老魚

Choerodon robustu

別名｜粗寒鯛、粗豬齒魚、劍唇豬齒魚、石老、四齒仔、西齒、番簾仔、粗寒鯛、四齒（臺東）、番鏈仔（澎湖）

開刀回復傷口好魚

39
冬季魚種

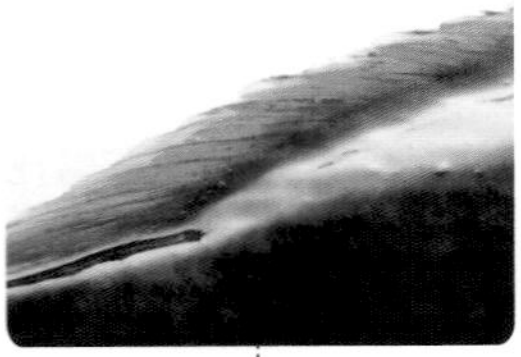

CHECK!
背鰭金黃色，表示肥美。

CHECK!
眼睛上方越飽滿代表油脂越豐滿。

CHECK!
臀鰭金黃色，是肥美的象徵，且兩天以內的魚會出現藍線，為新鮮的證明。

CHECK!
胸鰭拉開，金黃色表示油脂豐滿。

長相和石老魚相似，但身上沒有黑紋，肉質比石老細緻，且沒有寒鯛的海藻味，有金桔跟柚子混合的獨特淡香，魚肉淡雅，有豐富的膠質，尤其頭部的膠質很讓人驚艷，烹煮時膠質會整個化開，即使尾部也不遑多讓。熬湯非常甘甜，有助於傷口恢復。

DATA

最大體長｜35cm

分佈狀態｜南東部、西部、南部、北部、東北部、澎湖、小琉球、蘭嶼

季節｜春夏產卵期，腹部有卵；冬季最肥美

適合料理｜可加蘿蔔泥一起下去清蒸（蘿蔔泥擠掉多餘水分後，拌入少許的蔥，放到魚肉上一起蒸）；油炸可鎖住甜味；不適合烤，肉質會變硬。

酥炸油石老

材料—魚肉 1 條、蒜泥少許、薑泥少許、醬油適量、胡椒鹽（或抹茶鹽）適量

作法—**1.** 魚肉片下。**2.** 醬油裡拌入少許的蒜泥、薑泥。**3.** 魚片過一下醬油後再沾太白粉。**4.** 最後將魚片下油鍋炸熟，沾上抹茶鹽佐食。

TIPS

抹茶鹽怎麼做？

抹茶粉 1、鹽巴 3、胡椒鹽 2、昆布粉 0.2，攪拌均勻即成。只要炸物都可用，烤魚也可，但不適合肉類。作法 3 是用醬油來醒魚肉的味道，入味後更能發揮魚肉的甘甜，且油炸時溫度過高，瞬間將魚肉的甜味鎖在裡面。

紅尾青鯛

Paracaesio sordida

冷凍後更好吃的魚

別名｜梭地擬烏尾鮗、紅鰭烏尾鮗、沖繩若梅鯛、雞仔魚

40

冬季魚種

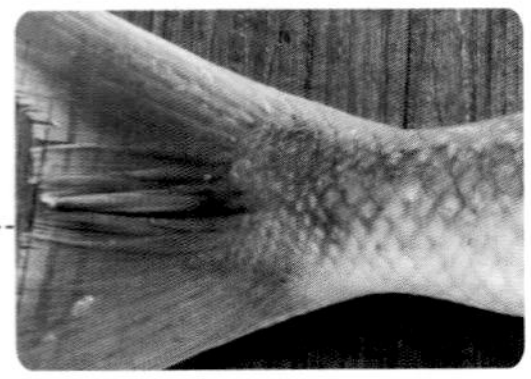

CHECK!

尾巴有突起的小圓點代表肥美。

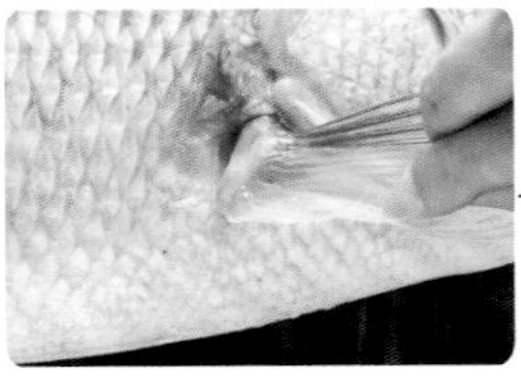

CHECK!

將胸鰭拉起，有肥肥的蝴蝶袖。

屬於冷凍後甜味加乘數倍的好魚，建議一定要經過熟成處理再料理。魚肉有淡淡梅子香氣，日本人稱呼為梅鯛，用醋漬法可帶出梅子的香氣，屬於海釣魚類常見的魚種，約3－4斤的魚肉最有彈性。

DATA

最大體長｜48cm

分佈狀態｜南部

季節｜秋冬時節，最美味是9月–1月

適合料理｜生魚片、油炸、燒烤

青鯛櫻花蝦濃湯

材料—魚肉 300g、牛奶 300cc、櫻花蝦適量、芹菜珠少許、北海道奶油 1 塊、無鹽奶油少許

作法— **1.** 將魚肉和牛奶用果汁機打碎備用。**2.** 放入北海道奶油塊一同以小火燉煮 15 分鐘。**3.** 最後加入少許的無鹽奶油，再撒上烤乾的櫻花蝦與切碎的芹菜珠即可。

TIPS

自己做烤櫻花蝦

買到新鮮的櫻花蝦洗淨陰乾後，以 120-160 度的烤箱反覆烤至收乾即可。放涼後放入冷凍庫，隨時需要即可取用。

包公雞魚

paracaesio xanthura

別名｜黃擬烏尾鮗、紅准烏尾鮗、黃雞仔、貢仔、黃腳佳仔

清蒸最可發揮魚肉優點

跟青雞魚不同，身上有黃色紋路。小隻的肉質細緻，大隻的肉質較粗卻可做成生魚片，吃來Q彈有咬勁。屬於海釣船常會釣獲的魚種，清蒸最可以發揮魚肉的優點。

41

冬季魚種

CHECK!

尾部中段鼓起，為油脂豐富之特徵。

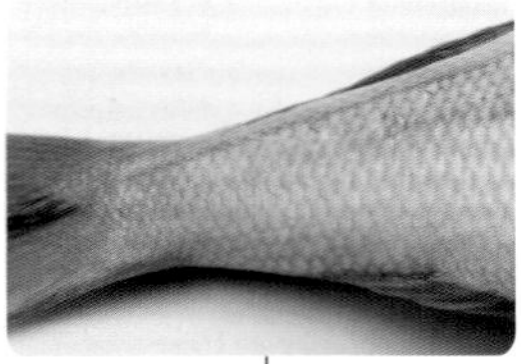

CHECK!

腹部鼓起，生殖腺有油脂溢出為肥美上選。

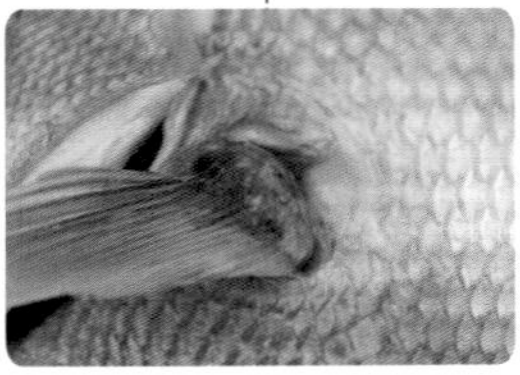

CHECK!

胸鰭鮮紅代表死亡時間短，若無紅鰭則表示不新鮮。

DATA

最大體長｜50cm

分佈狀態｜東部、南部、綠島

季節｜春、冬季，11–3月

適合料理｜大隻的可做生魚片、最適合清蒸，也可用蛋白鹽蓋燒，即：將內臟取出後，不用去鱗，鹽巴拌著蛋白一起鋪在魚身進烤箱，烤熟後將魚鱗連同魚皮一起剝除即可。

包公雞山藥蒸

材料—魚肉 100g、山藥泥 100g、蛋白 1 顆、鮭魚卵醬汁適量

作法— **1.** 將魚肉以刀背剁成泥。**2.** 魚肉泥、山藥泥和蛋白攪拌均勻，以小火蒸 8 分鐘。**3.** 最後淋上鮭魚卵醬汁即可。

TIPS

鮭魚卵醬汁怎麼做？

將市售鮭魚卵與醬油 100cc、味醂 100cc、清酒 100cc 混合，放入冰箱冷藏一天即成。

青雞魚

paracaesio stonei

別名｜史式准烏尾鮗、橫帶若梅鯛、雞仔魚

冷凍熟成後，甜度加倍

CHECK!
胸鰭帶黃表示肥美。

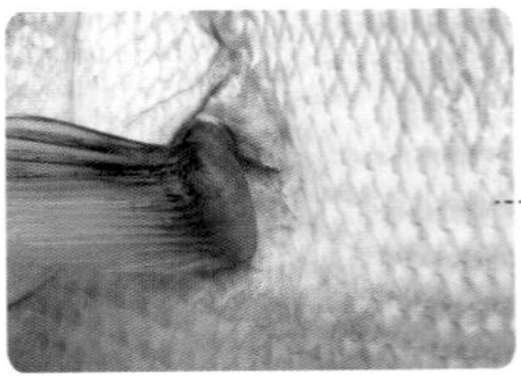

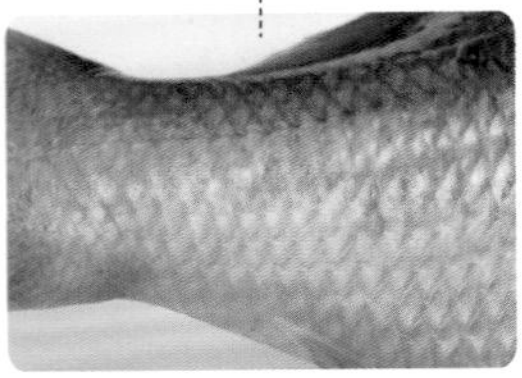

CHECK!
藍色紋路一直延伸到尾部表示新鮮，若鮮度不好藍紋容易退掉。

CHECK!
腹部鼓鼓的代表油脂豐富。

屬深海魚類，且冷凍之後的魚肉比新鮮的更鮮甜可口。活魚買回來後，噴鹽冰水後急速冷凍，凍過之後的甜味令人印象深刻。屬於極需要經過熟成才能完整顯現優點的魚。魚皮只要簡單汆燙，就Q彈有咬勁。

DATA

最大體長｜50cm
分佈狀態｜南部

季節｜冬季，10-1月
適合料理｜清蒸、燒烤、生食

42
冬季魚種

影片連結

紅肉欉仔

Erythrocles scintillans

別名｜火花紅諧魚、紅鰱魚

以湯霜法處理，魚皮帶Q有咬勁

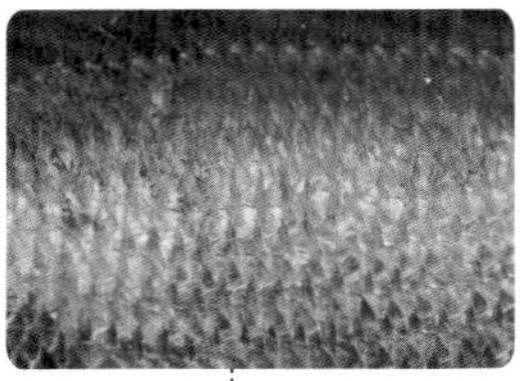

CHECK!

繁殖期會有微微的金色。

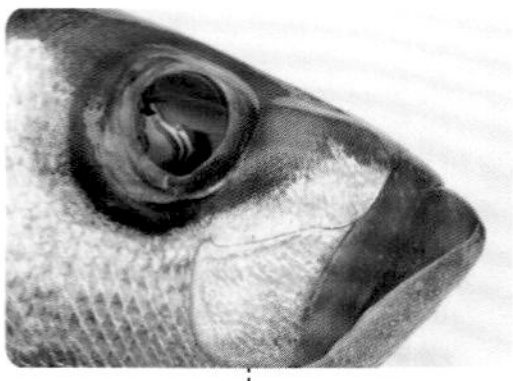

CHECK!

紅唇是肥美的象徵。

CHECK!

尾巴摸起來堅硬，不然表示鮮度不夠。

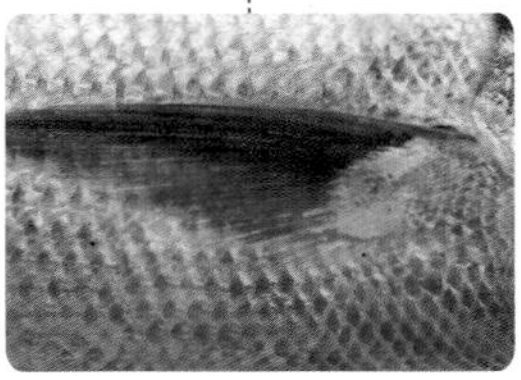

CHECK!

胸鰭拉開，肥美時，會出現淡淡的金黃色。

最適合熟成的魚種之一，買回家後，先用鹽冰水泡30分鐘，再放入冰箱冷藏6｜12小時，會讓甜味特別釋放。用湯霜法處理過的魚皮Q勁又美味，且秋冬時節特別肥美，不同產區的肥美時節不同，為便宜又美味的紅肉魚種。

DATA

最大體長｜30cm

分佈狀態｜東北部

季節｜秋冬，不同產區肥美時節不同，澎湖：9–11月；南方澳：11–1月；八斗子10–12月

適合料理｜生魚片、燒烤、煮湯

43

冬季魚種

影片連結

黑豬哥

Prionurus scalprum

別名｜黑豬哥、黑將軍、打鐵婆、剝皮仔、三棘天狗鯛、粗皮鯛

魚肉有淡淡海藻味

可以做生魚片，或者油炸也好吃。但肚裡有較重的海藻味，就像臭豆腐一樣，有人特別鍾愛。菜市場很容易見到黑豬哥的蹤跡，屬於海釣客常釣到的魚種之一。

CHECK!
尾部有小小凸起來的圓點代表肥美。

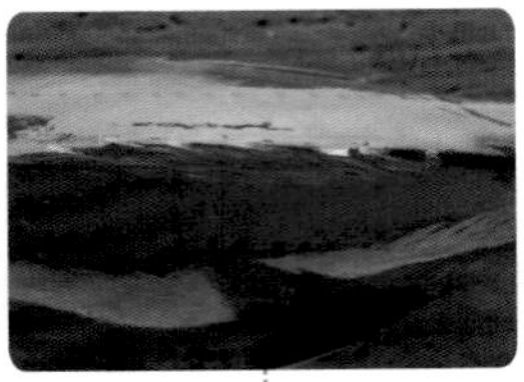

CHECK!
背厚，代表肥美。

CHECK!
腹部肥厚表示油脂豐富。

DATA

最大體長｜50cm
分佈狀態｜東部、西部、南部、北部、東北部、澎湖、小琉球

季節｜12–2月，冬末春初
適合料理｜生魚片、油炸，清蒸草味會變重。死後可經歷第二次放血，從眼睛後方2公分處，切到中骨，並將尾部切除後，丟到鹽冰水裡冷藏一天，讓體內多餘的血水流出，如此便可以降低魚體的腥臭與草味。

44
冬季魚種

黑豬哥冷麵線

材料—黑豬哥魚肉 200g、麵線 1 把、涼麵醬適量

作法—**1.** 先用湯霜法（詳見 40 頁）處理魚肉的熟成。a. 在魚肉那面噴鹽冰水（2% 的比例），形成保護膜。b. 以鹽熱水澆燙魚皮來回兩三次，魚肉會因熱而捲曲。c. 立刻浸入鹽冰水浸 5-8 分鐘，取出備用。**2.** 將麵線煮熟後，冰鎮一下。**3.** 將麵線配著黑豬哥，並淋上特製涼麵醬。**4.** 講究一點的，可再搭配魚卵享用。

TIPS

特製涼麵醬怎麼做？

水、味醂、燒過的清酒、醬油以 8：1：1：1 的比例攪拌均勻即成美味的涼麵醬！可選用日曬法製成的麵線， 質地比較 Q。在煮之前可先將長麵線用刀子切一半，用橡皮筋綁起來，煮熟後，放入冰水用手慢慢抖動水洗，吃來會更 Q 彈美味。

剝皮魚

Aluterus monoceros

冬季魚肝味鮮豐美

別名｜白達仔、一角剝、薄葉剝、光復魚、狄仔魚

產量大，魚身沒有鱗片，摸起來像人的皮膚。冬季的剝皮魚肝非常美味好吃，建議可買整尾，自己取肝。雖屬冬季肥美的魚，但每年10月秋季吃來卻有甲殼香氣，可針對不同季節吃出不同氣味，屬滋味豐厚的平價魚種。

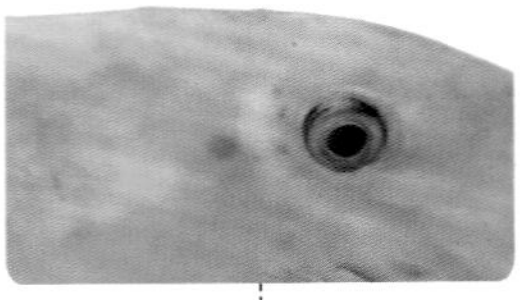

CHECK!
眼部後方的魚肉摸起來較厚實，代表肉多。

CHECK!
肚子圓圓的代表肝臟肥美。

DATA

最大體長｜76.2cm

分佈狀態｜東部、西部、南部、北部、東北部、澎湖、小琉球、蘭嶼、綠島。

季節｜11–2月，冬季時最好吃。每年10月雖不肥美，但吃來有甲殼味，有點蟹肉的感覺，尤其是東北角漁港，如八斗子漁港捕撈到的都有這種特殊味道。

適合料理｜魚頭可剁小塊煮湯；魚肉噴鹽冰水包布，放冰箱冷藏，三天內做生魚片食用完畢、魚肝可清蒸。**剝皮魚魚肝怎麼吃？**｜剝皮魚的肝特別好吃，取出後，可泡牛奶蒸3-5分鐘，夾著麵包一起吃，或是做成魚肝醬油。（肝醬油做法可見313頁）

剝皮魚處理步驟

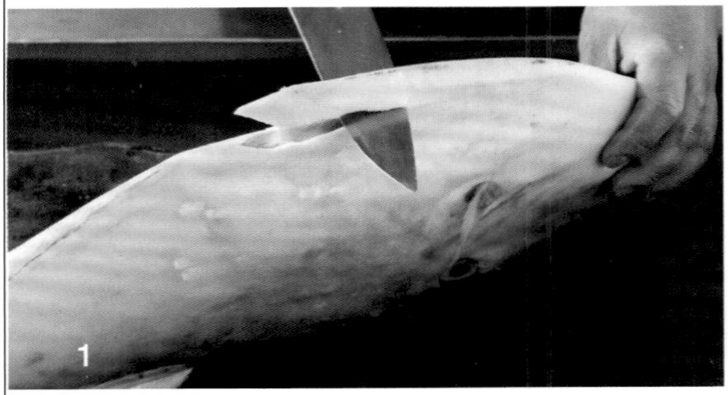

從肚子下面的顎下骨下刀。

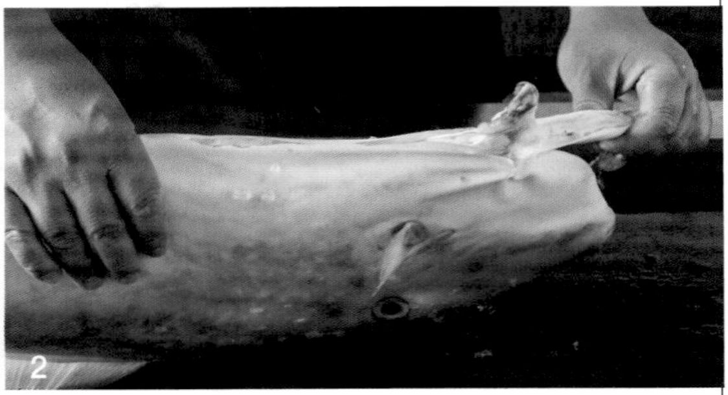

拉開顎下骨。

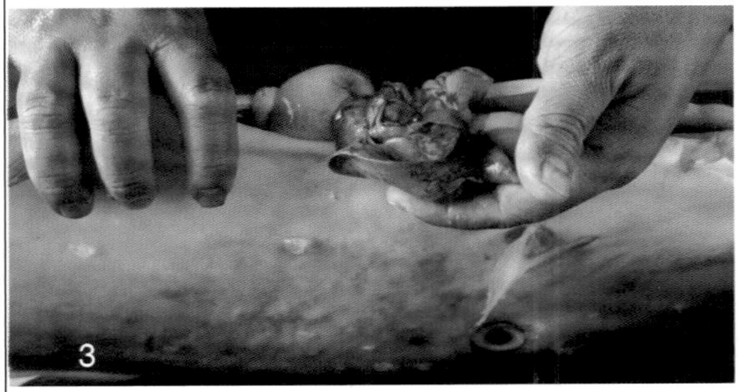

從魚身取出內臟、肝腸。

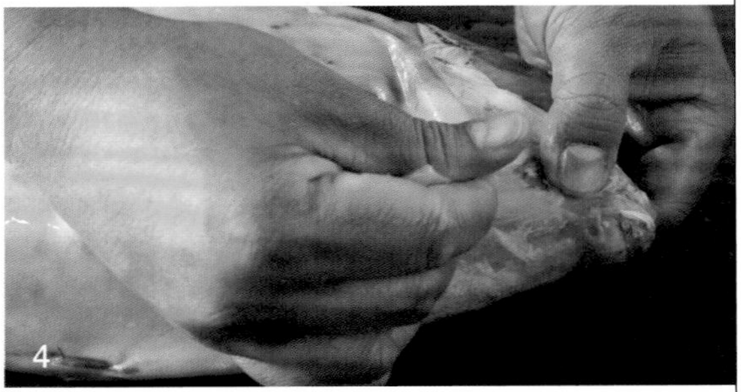

從嘴緣處，順著魚皮拉下。

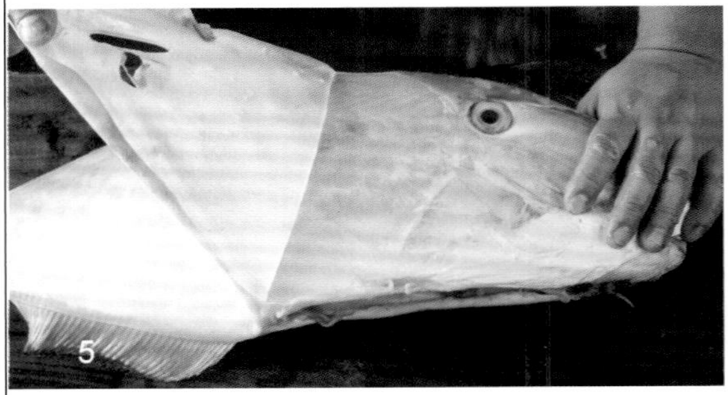

像脫衣服一樣從嘴巴剝皮。

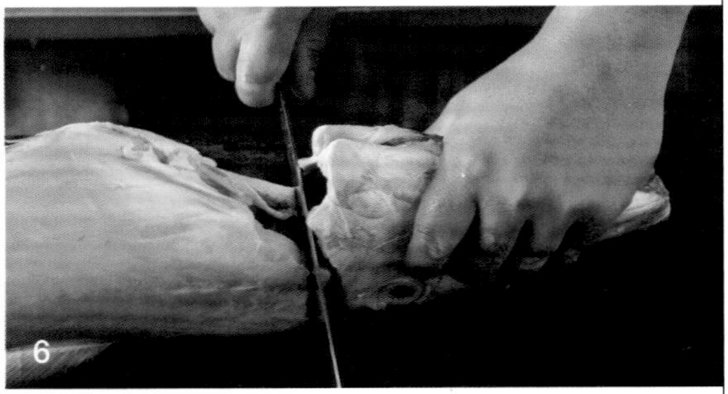

將頭切下。

TIPS 剝皮魚殺頭秘訣

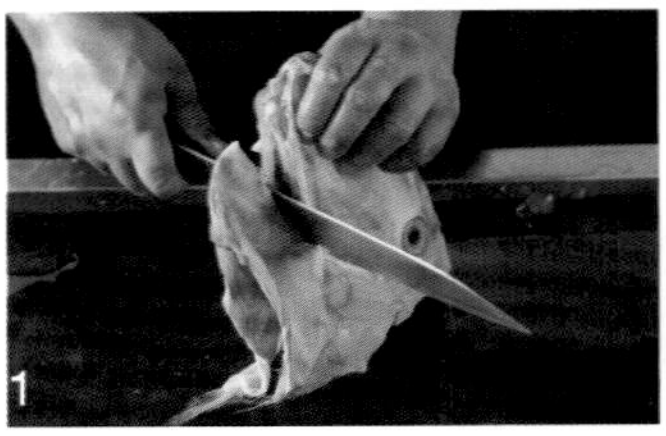

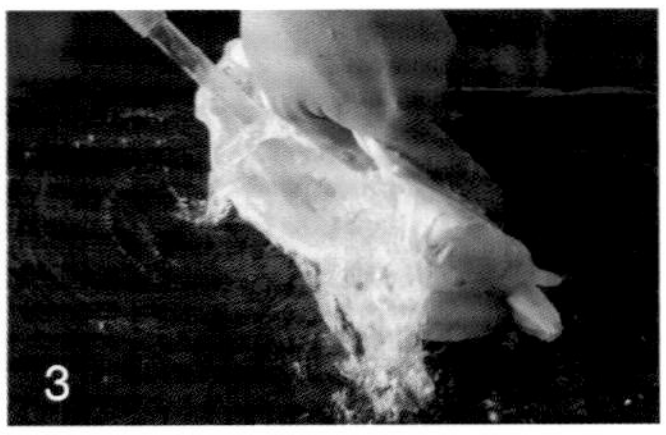

1. 不從嘴巴，從下顎骨下刀。**2.** 拉開取腮。**3.** 用水沖乾淨，頭取下可煮湯。

剝皮魚肝捲

材料—剝皮魚肉適量、剝皮魚肝1塊、紫蘇葉適量

作法— **1.** 魚肝泡牛奶醃 30 分鐘後蒸 6 分鐘，放入冰箱冷藏一晚。**2.** 剝皮魚肉噴鹽冰水後冷藏三小時。（沒用完的剝皮魚可放冷凍，需要時再取出烹調。）**3.** 魚肉取出切薄片、魚肝切成塊狀。**4.** 以魚肉將魚肝捲起，再放上紫蘇等配色即可。

牛港鰺

Caranx ignobilis

46

冬季魚種

別名｜珍鰺、浪人鰺、牛港瓜仔、牛公瓜仔、流氓瓜仔

有寒流來時最美味

洄游性魚類，一年四季都捕得到，夏天數量多，但最佳賞味期卻在冬季。鮮度流失的很快，買回家得趕快處理吃完。天冷有寒流時最美味，不過在市場上較難看到，想嚐鮮可特別跟店家訂購或去漁港購買。

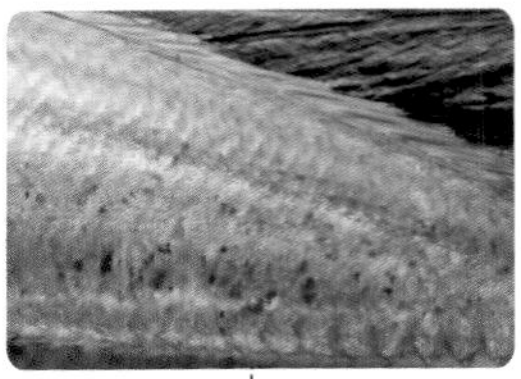

CHECK!

仔細看魚身，皮膚光滑代表新鮮。

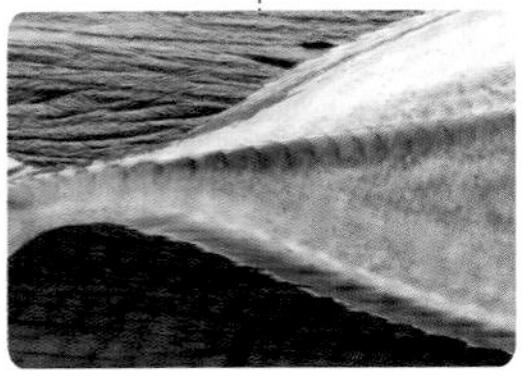

CHECK!

尾鰭有硬骨，越粗越肥美。

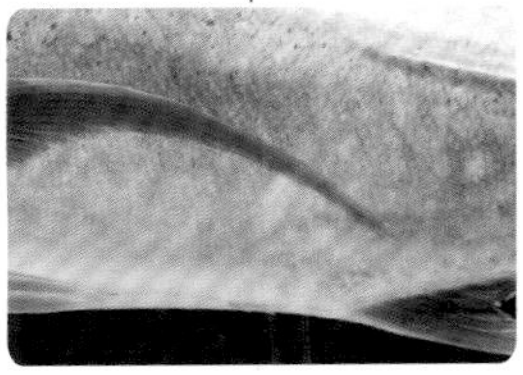

CHECK!

腹鰭周圍，肚子鼓鼓的表示肥美。

DATA

最大體長｜160cm

分佈狀態｜東部、西部、南部、北部、蘭嶼、綠島、東沙、南沙

季節｜一年四季都有，但以冬季12月中－2月最好吃

適合料理｜生魚片、油炸。魚肉偏酸不適合清蒸。

牛港鰺處理方式

1. 鱗片比較厚，以刀沿著中骨削鱗。

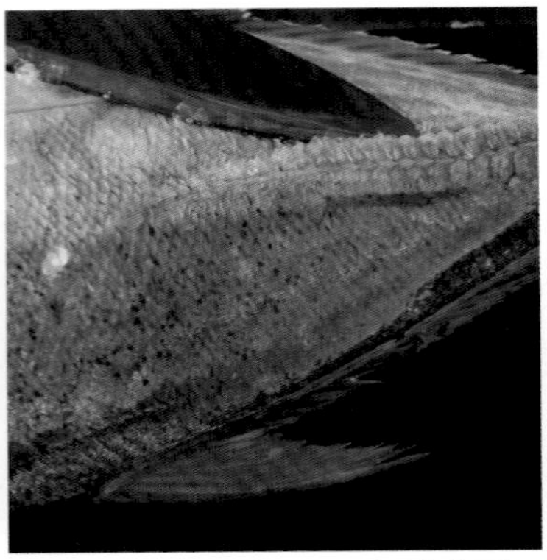

2. 先削鱗片，沿中骨一刀切進去再逆切回來。

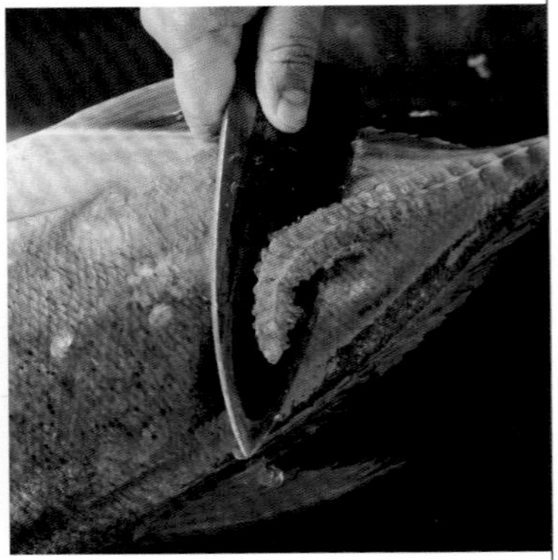

3. 再以正切的方式，切除魚皮骨。

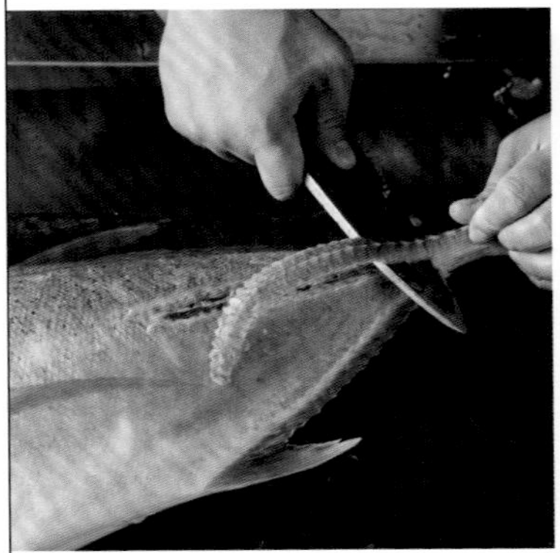

4. 取下魚皮骨。

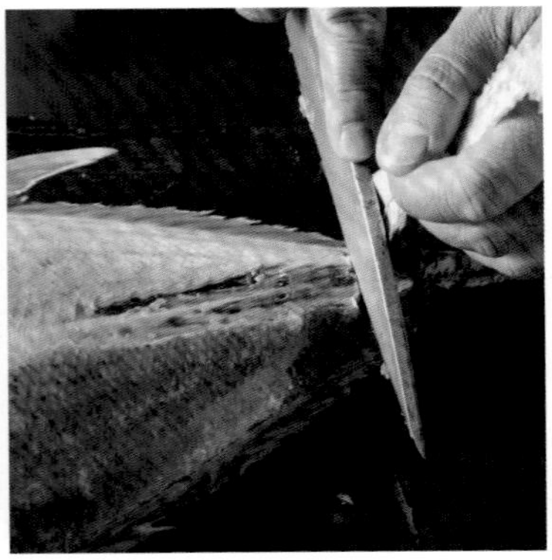

5. 將魚皮骨拉起，折一下。

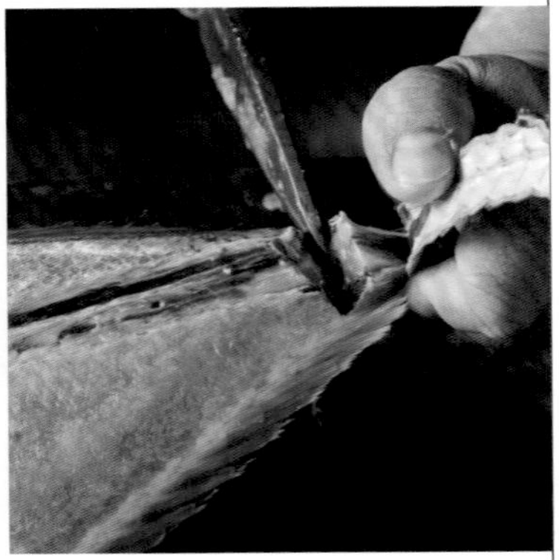

6. 從骨膜處下刀切除尾部。

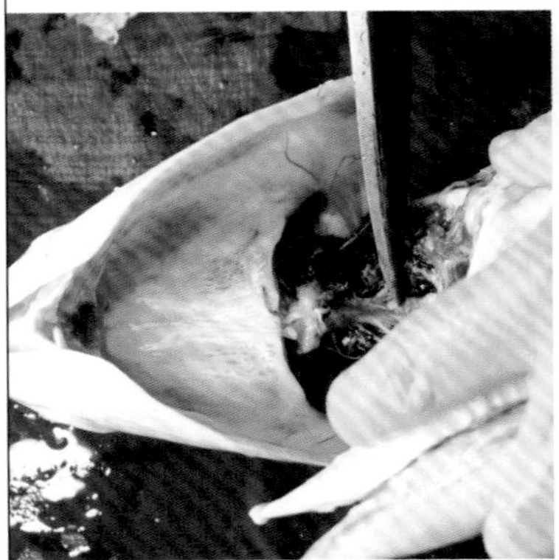

7. 切頭時，從骨頭跟骨頭接縫處下刀，即可輕鬆取下魚頭。

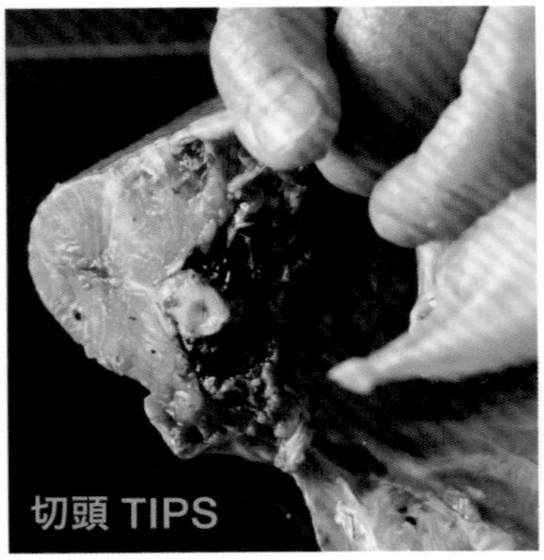

切頭 TIPS

從骨頭與骨頭的接縫處切，魚肉才不會被擠到，肉才會均勻，出現漂亮的橫切面。

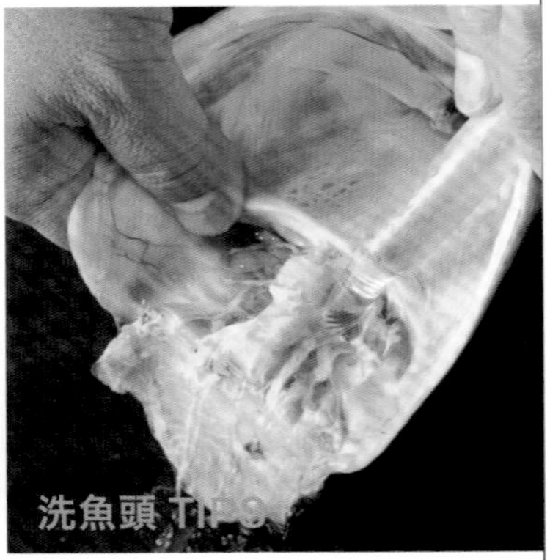

洗魚頭 TIPS

通常大型的洄游魚類，魚頭會有白色的神經元，神經元和血水要清洗乾淨，食用時才不會遺留味道。

8. 擦乾身體，從腹部下刀切到中骨的地方。

9. 換到另一面，從尾巴邊緣處下刀，沿著弧度切，刀深深到中骨。

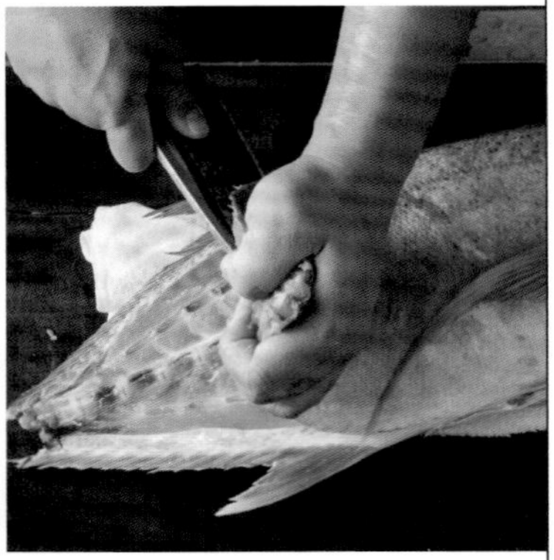

10. 從尾部中間下刀，沿著中骨，邊片邊將魚肉拉起。

11. 魚肉取下趕快噴鹽冰水，形成保護膜。

12. 冰箱 0 度冰 5 分鐘，讓肉質穩定再分切使用。

13. 順著中骨淺切，此部份可做烤魚。

14. 以刀慢慢將肚子旁邊的腹骨取出，腹骨可煮湯。

15. 背肉、後腹肉可生食；前腹肉、血合肉可燒烤；腹骨可煮湯。

影片連結

黑笶魚

Uraspis helvola

別名｜沖鰺、白舌尾甲鰺、瓜仔、沖鰺、黑面甘、黑鮒、甘仔魚（臺東）、白鮚仔（澎湖）

美味度不輸白鯧的好魚

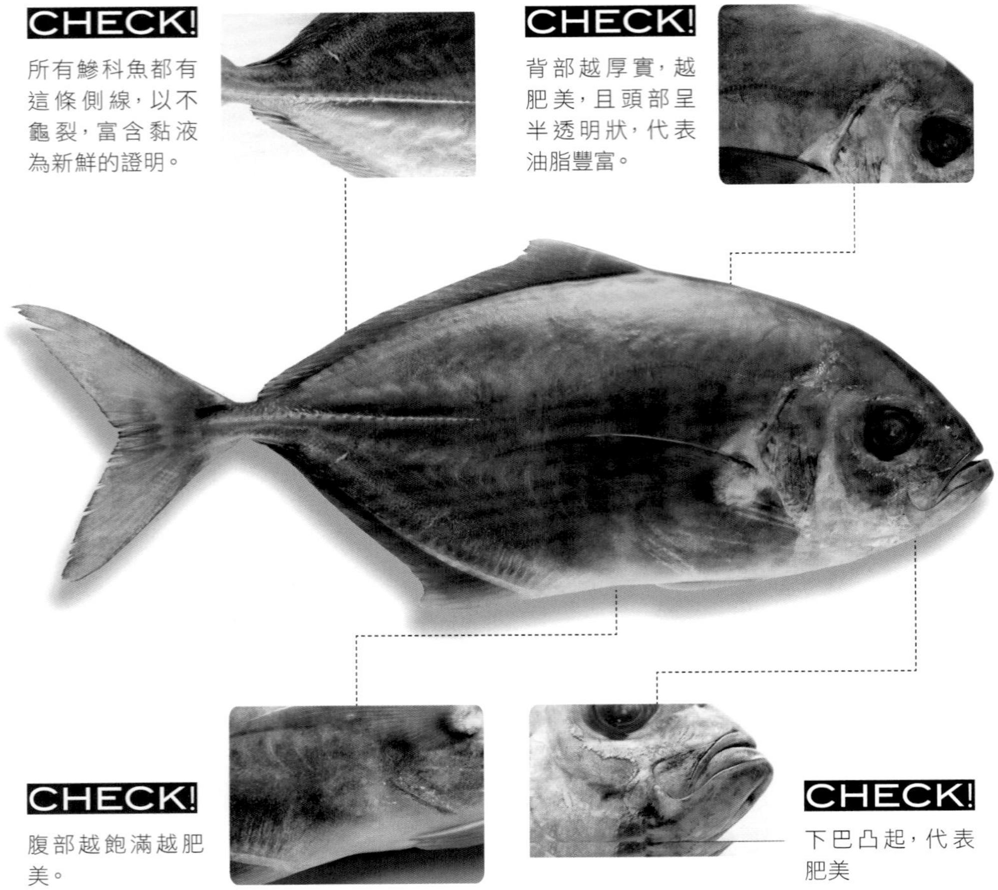

CHECK!
所有鰺科魚都有這條側線，以不龜裂，富含黏液為新鮮的證明。

CHECK!
背部越厚實，越肥美，且頭部呈半透明狀，代表油脂豐富。

CHECK!
腹部越飽滿越肥美。

CHECK!
下巴凸起，代表肥美

又有人稱目鏡魚，因頭部有個黑線在中間，很像戴個眼鏡，讀書人的樣子。有蟹肉的甜味，口感則像白帶魚，乾煎時的香氣特別好，魚皮的香氣會被誘發出來，產生很棒的油香氣，比乾煎的白鯧魚氣味更足，且價格便宜，可作為鯧魚的替代魚。

DATA

- **最大體長**｜58cm
- **分佈狀態**｜東部、南部、北部、澎湖、小琉球
- **季節**｜春天吃魚卵，秋冬吃魚肉
- **適合料理**｜生魚片、乾煎

47
冬季魚種

橫帶石鯛

Oplegnathus fasciatus

48
冬季魚種

別名｜條石鯛、海膽鯛、黑嘴、硬殼仔

1斤左右最好吃

專門吃甲殼類與海膽，所以魚肉與魚油有貝類與海膽的香氣，屬磯釣魚的王者、夢幻魚，肉質細緻，盡量選擇1斤左右的最好吃，肉質剛好介於細緻跟緊實間，鮮甜美味，是最適合清蒸、做生魚片的魚種之一。

CHECK!
橫紋越清楚鮮度越好。

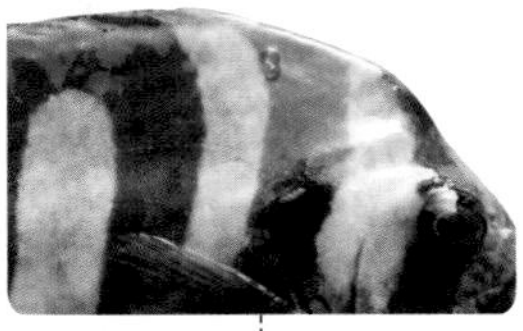

CHECK!
越大隻越緊實，小隻的肉較細緻。

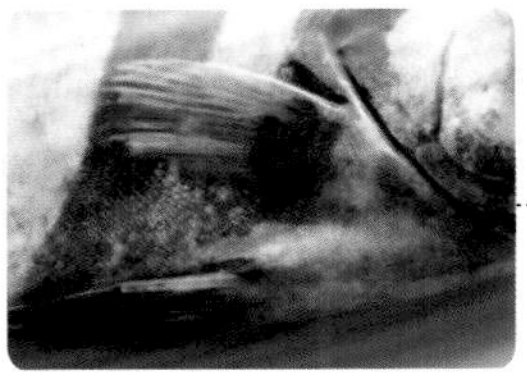

CHECK!
鰭下胖胖鼓鼓的代表肥美。

DATA

- **最大體長**｜80cm
- **分佈狀態**｜東部、西部、南部、北部、東北部、澎湖
- **季節**｜冬季
- **適合料理**｜清蒸、煮湯、生食

豆仔魚

Chelon macrolepis

肉質細緻香甜

別名｜豆仔魚、烏仔、烏仔魚、烏魚、大鱗**鮻**、粗鱗烏（澎湖）

49
冬季魚種

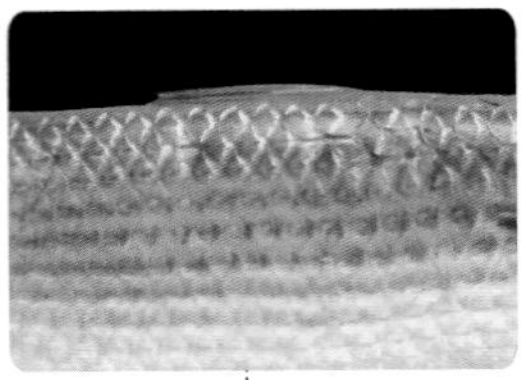

CHECK!
背部越黑代表鮮度越好。

CHECK!
輕輕聞魚鱗身上的味道，盡量挑土味越少越好。

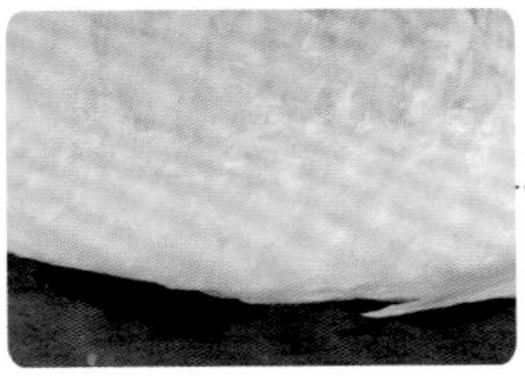

CHECK!
腹部越胖表示有卵。

產量大卻美味的魚種之一，價錢不貴，肉質細緻，味道香甜，越小隻肉越細，半斤左右最好，但盡量不要挑在工業區附近捕撈到的豆仔，容易有土味與汙染問題。不適合油炸，但煮湯、清蒸、乾煎都很美味。長相和烏魚類似，肉質甜美好吃。

DATA

最大體長｜60cm
分佈狀態｜東部、西部、南部、北部、東北部、澎湖、小琉球

季節｜秋、冬、春，11–3月
適合料理｜魚肉口感似棉花，味道像煎蛋後的蛋香氣，適合蒸、煎或加薑絲一起煮湯。整尾清蒸好吃。

影片連結

烏魚子

烏魚腱

烏魚

Mugil cephalus

別名｜青頭仔（幼魚）、奇目仔（成魚）、信魚、正烏、烏魚、正頭烏、回頭烏、鯔、大烏（澎湖）

魚白美味，魚腱燒烤好吃

冬天是產卵季，魚肉和魚卵都好吃，肉質有點像吳郭魚，但非常軟嫩，還帶有蝦子的香氣。適合煮湯或麵線。台南、台西、大園捕撈到的野生烏魚都很美味，台灣現在也有很多養殖的，每年冬季烏魚子產季都會吸引許多老饕。和豆仔魚長相相似，可特別辨明。

50

冬季魚種

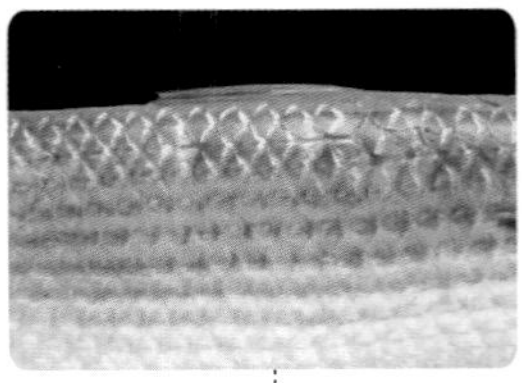

CHECK!

魚身不要有撞擊出血。

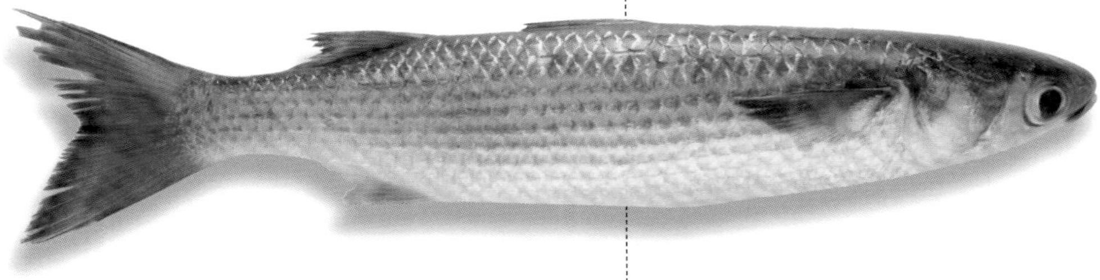

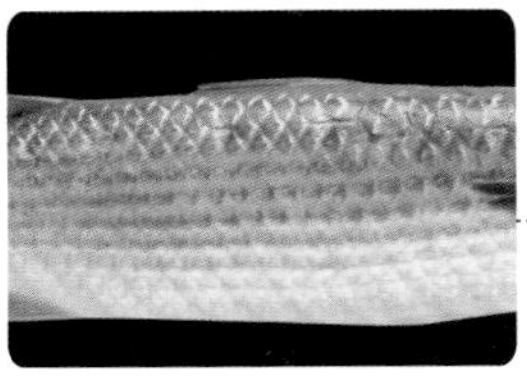

CHECK!

越胖越大隻越好。

DATA

最大體長｜120cm

分佈狀態｜東部、西部、南部、北部、東北部、澎湖

季節｜冬季，東北季風來臨時開始，11 月底–1 月底

適合料理｜煮湯、煮麵線，烏魚肚可乾煎，烏魚子可煎或烤。

烏魚子佐松露玉子

材料—烏魚子適量、高粱適量、松露少許、溫泉蛋1顆

作法—**1.** 將58度高粱酒倒在淺盤，烏魚子入內浸泡約3分鐘。**2**. 將烏魚子外膜剝除，再浸泡一下。**3.** 直接將火點在淺盤上，可翻面讓烏魚子多烤一下，直到火停。**4.** 第二次直接拿噴槍烤，烤到表面焦黃。**5**. 用餐巾紙將烏魚捲起燜5分鐘（燜過之後香氣更濃）。**6.** 將烏魚子切片，旁邊可搭蛋黃（加一點鹽跟松露）即可。

日本蝠魟

Aetomylaeus nichofii

別名｜聶氏無刺鱝、青帶圓吻燕魟、魴仔、燕仔魴（澎湖）、飛魴仔（澎湖）、佛祖燕（澎湖）

用麻油快炒去除臭味

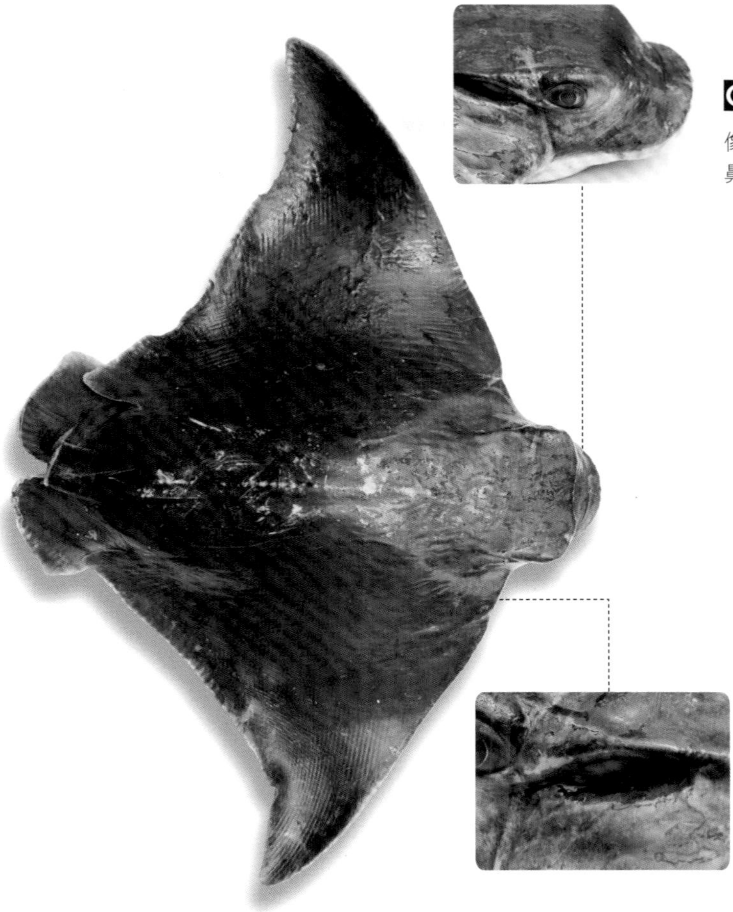

CHECK!

像蝙蝠一樣有豬鼻子。

CHECK!

側邊有氣孔，可看出其膠質豐富與否。

屬底棲魚類，能有效過濾髒東西，讓大海乾淨。肉質美味但鮮少人知，可用熱水汆燙魚皮後即可刷掉外面的鯊皮，富含膠質，可做成一夜干，但不夠新鮮時身上會有阿摩尼亞味，可用麻油快炒去除。處理時要小心尾鰭有毒不要被刺到。韓國人喜歡剁碎切成生魚片，特別吃其獨特的阿摩尼亞味。

DATA

最大體長｜58cm

分佈狀態｜西部、澎湖

季節｜一年四季都有

適合料理｜加麻油快炒、一夜干，最不適合清蒸、煮湯，整鍋都會有阿摩尼亞味。

影片連結

斗底白鯧

Pampus argenteus

52

冬季魚種

別名｜銀鯧、正鯧

越大隻越美味的家常魚

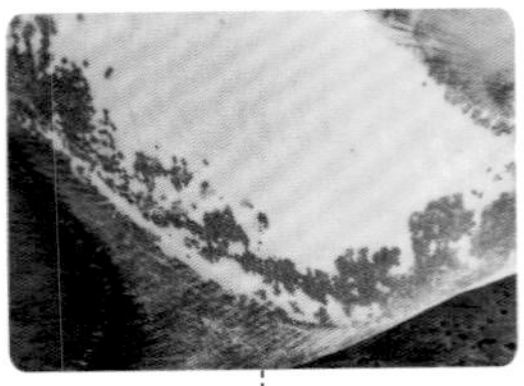

CHECK!

白鯧鱗片一摸就掉，越多鱗片代表接受過較少的觸摸與運送。

CHECK!

尾部厚實，有圓圓凸起表示肥美。

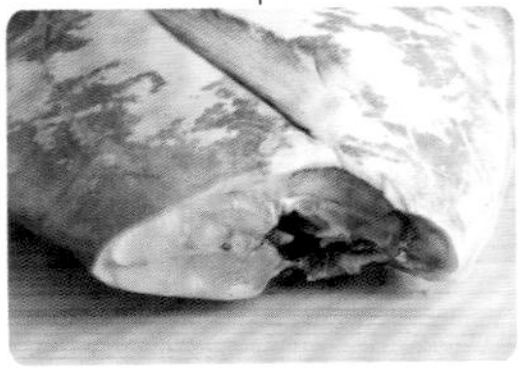

CHECK!

切開後，魚肉呈白色，不新鮮的魚肉呈透明。

CHECK!

下巴寬厚，代表進食多，肉質肥美。

白鯧分斗底與長支白鯧兩種，斗底白鯧肉質清香、長支白鯧肉質細嫩。屬萬用魚，怎麼做都好吃，尤其到冬季，將白鯧魚卵加點鹽巴乾煎，就可配上好幾碗飯。因斗底和長支的味道接近，因此可選價格便宜的買，魚肉有淡淡的螃蟹香，煎過後更是明顯。

DATA

最大體長｜60cm

分佈狀態｜西部、北部

季節｜雙季節的魚，夏季 6-9 月吃肥美；冬季 1-2 月產卵期，可吃魚卵。

適合料理｜乾煎、燒烤、煮湯、清蒸、酥炸

長支白鯧

Pampus argenteus

家常萬用魚

別名｜燕尾鯧、暗鯧、黑鰭、麻葉鯧

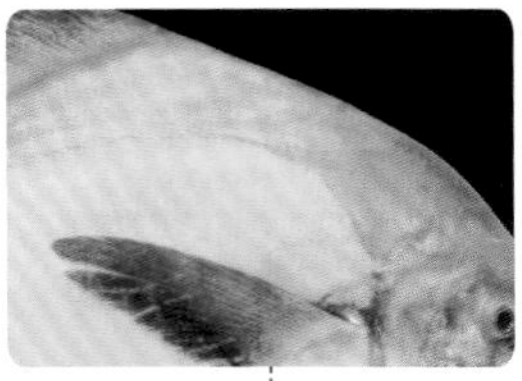

CHECK!

越大隻香氣越濃，盡量挑選1公斤以上。

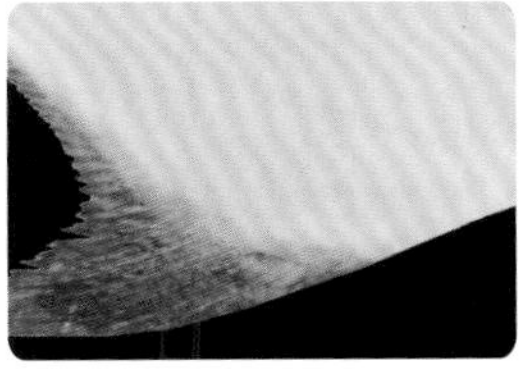

CHECK!

腹部圓圓胖胖代表肥美。

常被誤認為斗底白鯧，但細究起來，斗底白鯧的油脂與香氣都較長支白鯧更為豐富。其實兩者都很美味，可依個人需求購買，不過因長支白鯧的價錢為斗底白鯧的1／2，因此常被魚販當做斗底白鯧來販賣，購買時可特別留意。

DATA

最大體長｜60cm

分佈狀態｜澎湖

季節｜秋、冬時節，10-2月最美味；春末3、4月油脂開始退掉，肉質會較柴。

適合料理｜乾煎、燒烤、煮湯、清蒸、酥炸、生食、一夜干

斗底白鯧、長支白鯧怎麼分？

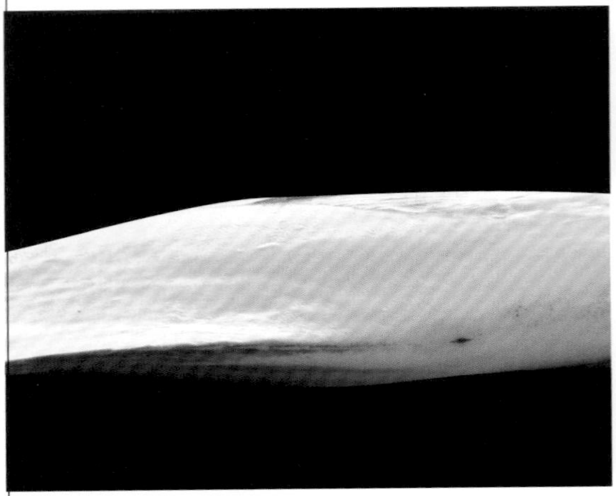

長支白鯧腹部較薄

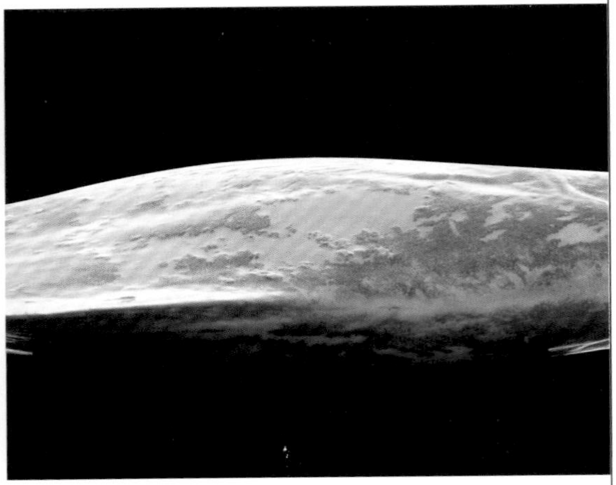

斗底白鯧腹部較厚

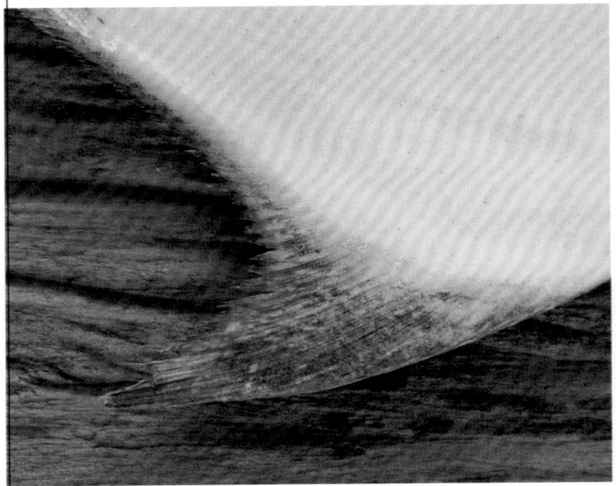

長支白鯧臀鰭較尖

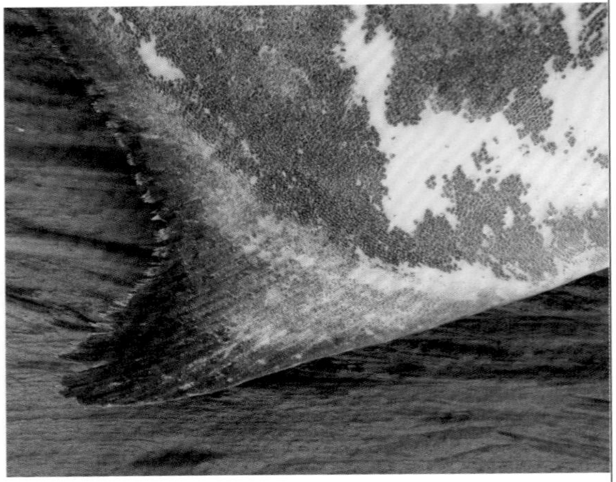

斗底白鯧臀鰭較圓

俗稱小白鯧的「支子魚」

小隻的長支白鯧，因長相狀似白鯧魚，但體型較小，因此常被稱為小白鯧。適合乾煎、煮湯、清蒸，每年夏天正當季，價格便宜，自助餐常見。因骨頭是軟的，可煎到骨頭酥脆後連骨一起吃。

白鯧魚味噌麵線

材料一白鯧魚1尾、魚高湯1000cc、蘿蔔半條、味噌50g、酒粕適量、牛奶5cc

作法一**1.** 白鯧魚下油鍋煎，煎到一面稍微變色後翻面，至魚肉熟透。**2.** 將味噌、蘿蔔切薄片加入高湯裡，再加入酒粕與牛奶。**3.** 麵線以熱水煮熟。**4.** 在味噌湯內加鹽調味，並將煎好的魚、煮好的麵線放入碗裡，直接把湯沖入即可。

TIPS

在味噌湯裡加酒粕與牛奶，是讓味噌湯與眾不同的秘密。不將魚放在湯裡一起煮，而是另外煎得焦香，可增加湯頭香氣。

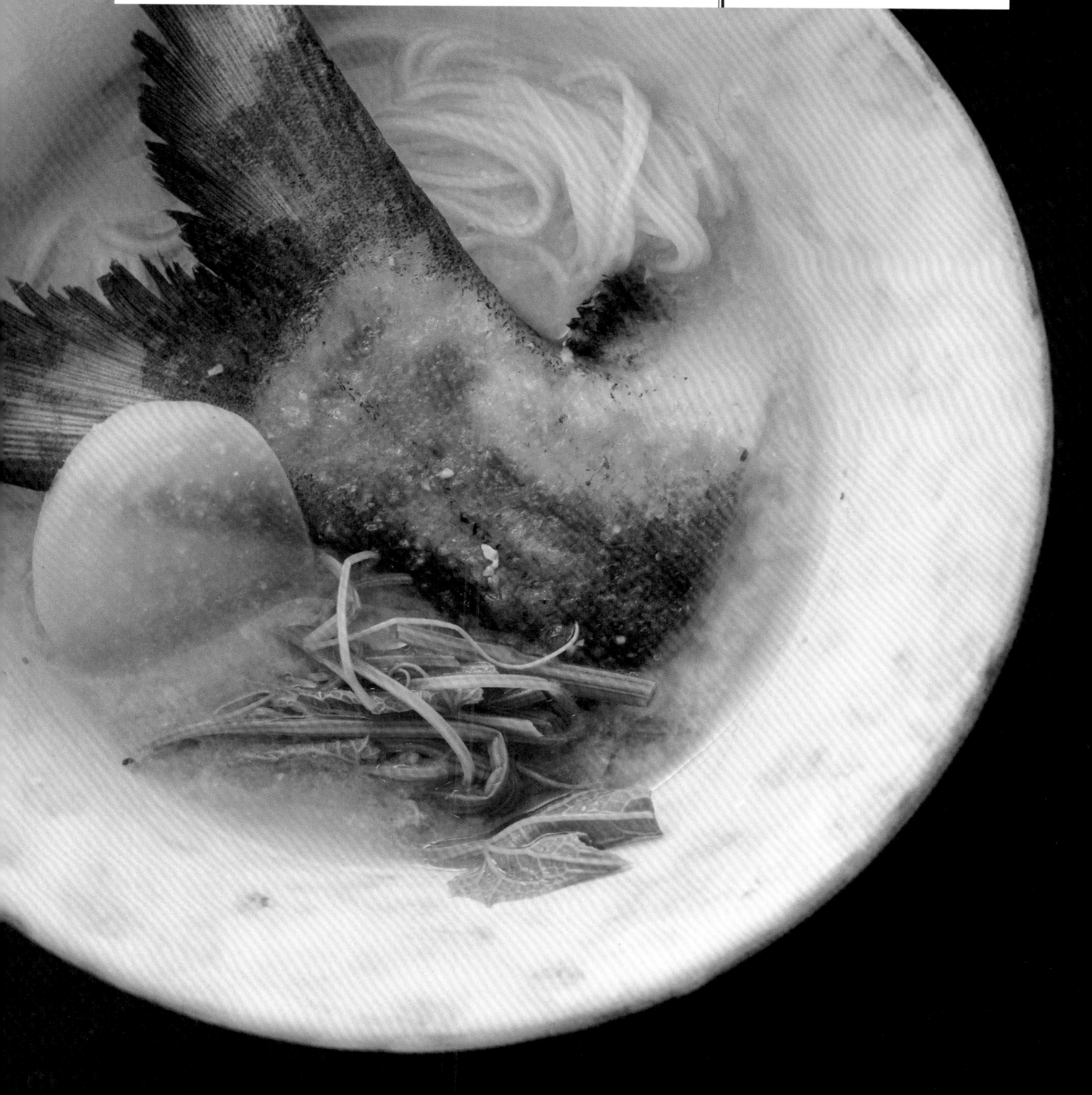

54
冬季魚種

紅沙

Trachinotus blochii

別名｜黃臘鯵、金鯧、布氏鯧鯵、獅鼻鯧鯵、金槍、金鯧、紅杉、紅沙瓜仔、長鰭黃臘鯵、甘仔魚（臺東）、紅紗（澎湖）

清蒸、乾煎、燒烤都美味的料理萬用魚

一般市場上常見的多是養殖紅沙，野生的則在沙岸游，是有點像鯧魚的魚。養殖的一年四季都肥美，野生的夏天油脂少，肉質較柴，冬天油脂豐富則適合做成生魚片，冷凍之後的甜味尤其明顯。乾煎的時候跟鯧魚一樣美味，且價格便宜，可作為乾煎時鯧魚的替代魚。很容易腐敗，要趁鮮儘快處理。

CHECK!

背部越厚，肉質越好。

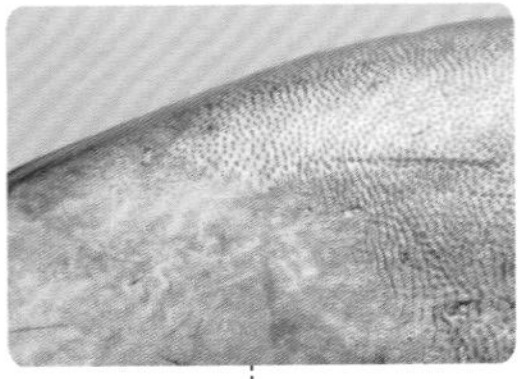

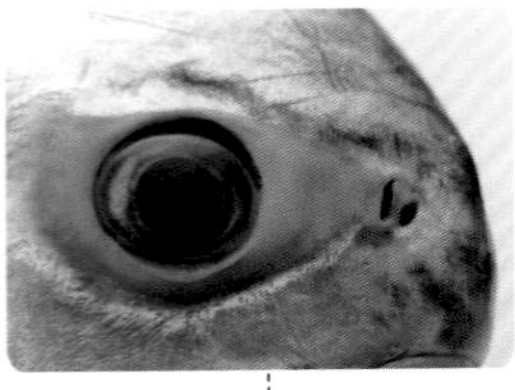

CHECK!

鼻骨不出血為佳，不然代表有摔到、撞傷。

CHECK!

尾巴凸起表示肥美。

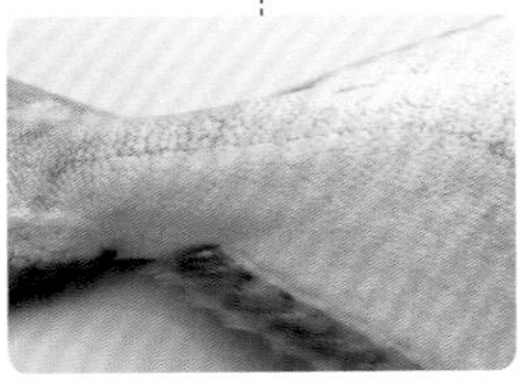

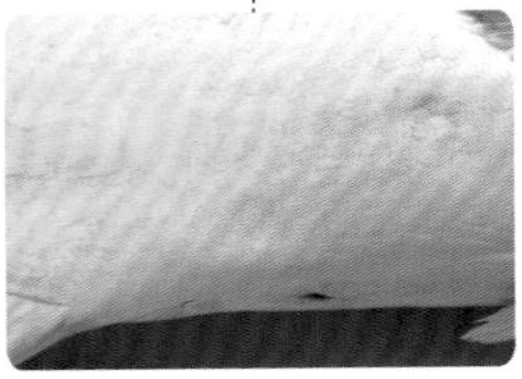

CHECK!

腹部飽滿，壓起來硬質代表油脂肥美。

DATA

- **最大體長**｜110cm
- **分佈狀態**｜西部、南部
- **季節**｜10月開始後的一個月是野生紅沙最肥美的時節；養殖一年四季都肥美
- **適合料理**｜清蒸、乾煎、燒烤、生魚片

昆布杉板燒

材料—魚 1 條、昆布 1 片、杉板 1 小片、鹽適量

作法—**1.** 用鹽抹過紅沙魚頭，用昆布包裹住，以預熱 200 度的烤箱烤 3 分鐘。**2.** 將食用級的杉板放在魚肉上，一起用預熱 240 度的烤箱一起烘烤 5 分鐘即可。

圓瓜

Carangoides hedlandensis

可代替白鯧的平價魚

別名｜海蘭德若鰺、甘仔魚

55
冬季魚種

長相圓圓扁扁，肉質和白鯧魚一樣細緻，適合乾煎與清蒸。營養價值高，南部人會吃來補身。近年白鯧魚價格居高不下，不妨可買圓瓜來替代，平價且帶有淡淡的絲瓜與蚵仔味。西半部漁港多，菜市場偶爾有，屬平價好魚。

CHECK!
尾巴的骨頭越凸越好，代表生長在游速快的地方，肉質較有彈性。

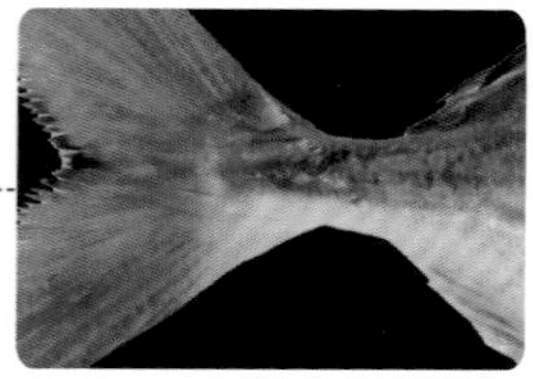

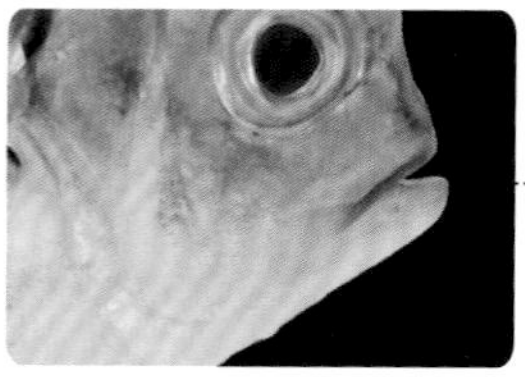

CHECK!
下巴寬厚，代表進食多，較肥美。

DATA

最大體長｜35cm
分佈狀態｜東部、西部、南部、東北部、澎湖、東沙

季節｜夏天，5–8月；冬天，12–3月
適合料理｜乾煎、清蒸，且適合和豆豉一起蒸煮。或是煎過後再煮麵線（可參考299頁白鯧魚味噌麵線）。

影片連結

金面馬頭

Branchiostegus auratus

最細緻的馬頭魚

別名｜斑鰭馬頭魚、馬頭、方頭魚

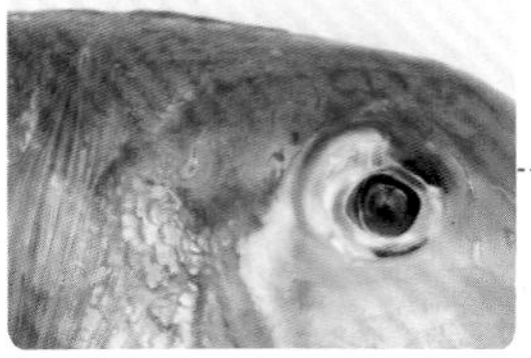

CHECK!

臉上會有金黃色反光。

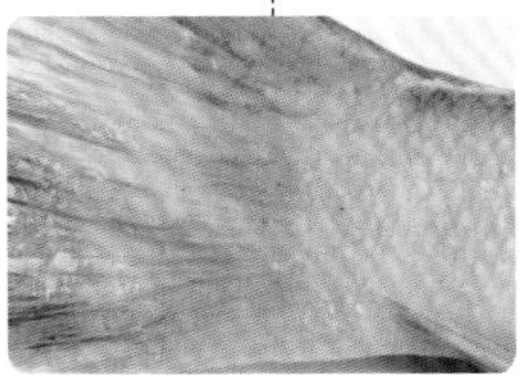

CHECK!

尾鰭帶有黃線表示新鮮肥美。

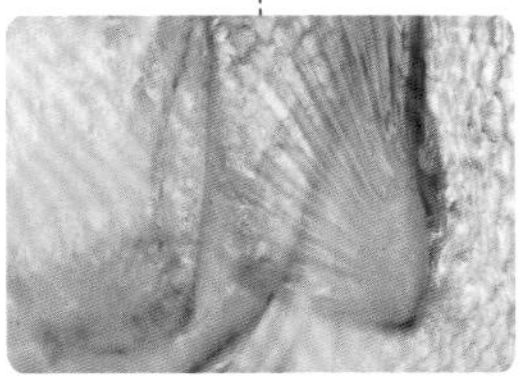

CHECK!

胸鰭內有金色的代表肥美。

臉帶金色的，俗稱金馬獎，是馬頭魚裡肉質最細緻美味的品種，吃來有螃蟹的口感與香氣，油脂豐富，煎、煮、烤、蒸都美味，是一般民眾最容易吃得到的高級魚種，數量不多，看到可以買回家品嚐，超過兩公斤以上可生食。

DATA

最大體長｜30cm
分佈狀態｜西部、北部、東北部

季節｜冬季，最容易出現的時節在1月
適合料理｜乾煎、煮湯、燒烤、清蒸。2斤以上夠肥美可做生魚片。

56

冬季魚種

紅馬頭

Branchiostegus japonicus

57
冬季魚種

別名｜馬頭、方頭魚、吧唄、紅尾、吧口弄

甜味比一般魚濃郁

馬頭魚分紅馬頭、白馬頭與金面馬頭。肉質最細緻的是金面馬頭，白馬頭肉質偏軟，中秋節左右有；紅馬頭的肉質介於兩者之間，在近海容易捕撈，市場上最常見，每年7、8月、12月都十分好吃。

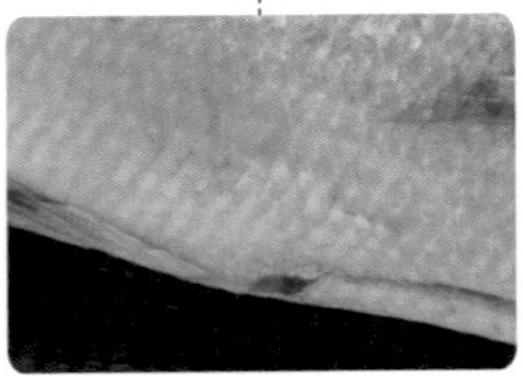

CHECK!
生殖腺越鼓越肥美。

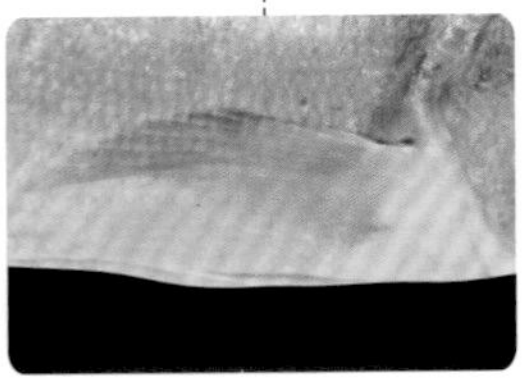

CHECK!
胸鰭有黃色油脂表示肥美。

DATA

最大體長｜46cm

分佈狀態｜西部、北部、東北部、澎湖

季節｜夏季，7–8月；冬天12月正好產卵期，也是美味的時候。

適合料理｜乾煎、燒烤、清蒸

鬱金香蒸馬頭魚

材料—魚肉 100g、香菜葉少許、鬱金香醬適量
作法—**1**. 將鬱金香醬煮滾。**2.** 將馬頭魚放入鬱金香醬料，撒上香菜葉，一起入鍋蒸 5 分鐘即可。

TIPS

鬱金香醬怎麼做？
10g 奶油、150g 馬頭魚骨放入 500cc 的水熬成 300cc 的魚湯，加上少許咖哩粉（可依口味調整），攪拌均勻。

白馬頭

paracaesio xanthura

肉質口感有如蟹肉

別名｜白方頭魚、馬頭、方頭魚

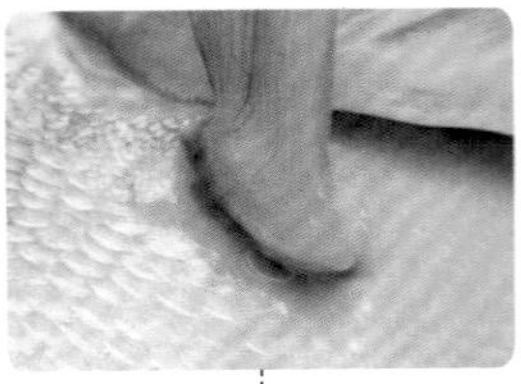

CHECK!
胸鰭拉開，肥嫩為上選。

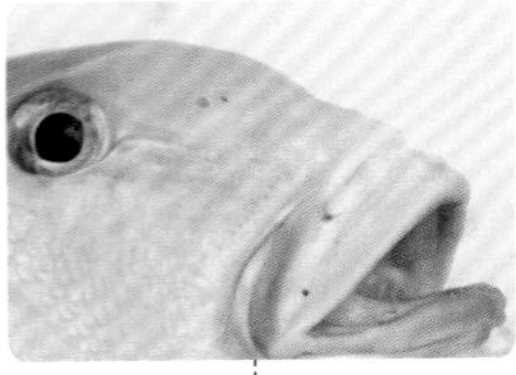

CHECK!
頭部、唇邊沒有潰爛較佳，表示新鮮沒有撞傷。

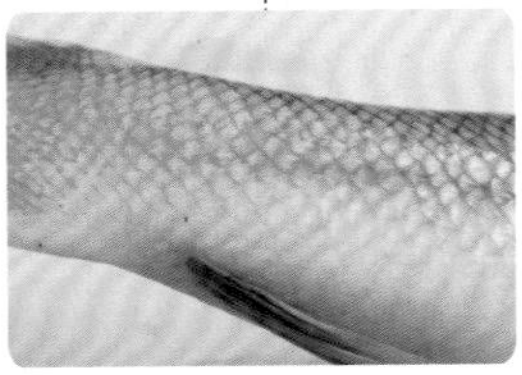

CHECK!
尾部魚鱗不脫落，紅白分明為新鮮。

CHECK!
鰓下白色代表新鮮。

大家都覺得紅馬頭魚比較好吃，其實時機選對，白馬頭一點都不輸紅馬頭魚。肥美時，肉質口感有如吃蟹肉，且因其體型較大，更適合做成生魚片。價格也比紅馬頭便宜，是馬頭魚裡面，經濟又實惠的魚種。

DATA

最大體長｜45cm
分佈狀態｜西部、北部、東北部

季節｜冬季，11–2 月，越大隻越好吃
適合料理｜清蒸、燒烤、生魚片

58
冬季魚種

蒜香奶油蒸馬頭

材料—魚肉100g、蒜頭3-4顆、蒜苗3-4片、細蔥2-3根、蒜香奶油醬汁適量

作法—**1.** 馬頭魚煎過魚皮，把香氣煎出來。**2.** 蒜頭跟蒜苗放在煎過的馬頭魚上蒸5-8分鐘。**3.** 最後配上細蔥、淋上醬汁即可。

TIPS

蒜香奶油醬汁怎麼做？

蒜頭30g打成泥、鮮奶油200cc、奶油20g、鹽巴1小匙、魚高湯100cc，熬煮20分鐘即可。

午仔魚

Eleutheronema rhadinum

魚肉有螃蟹、蝦、蚵仔的香氣

別名｜四絲馬鮁、四指馬鮁、竹午、大午、午仔

59
冬季魚種

有分大小隻，75公分（3公斤）以上的稱竹午，肉很結實、油脂豐富，魚肉有螃蟹味道，魚皮則帶有海潮香氣，大隻的產量稀少。一般我們看到的多是小隻的午仔，諺語說「一午、二鯧、三嘉鱲」，屬高經濟價值魚種，肥美時更是做一夜干的好食材。

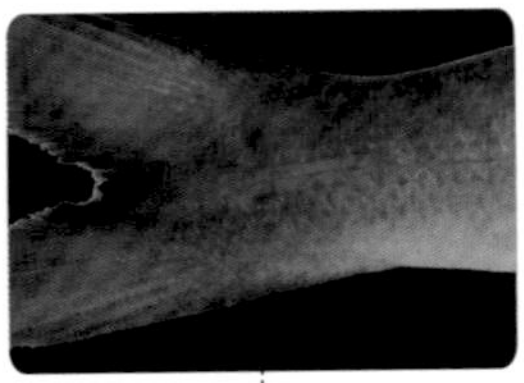

CHECK!
尾鰭肥短表示肥美。

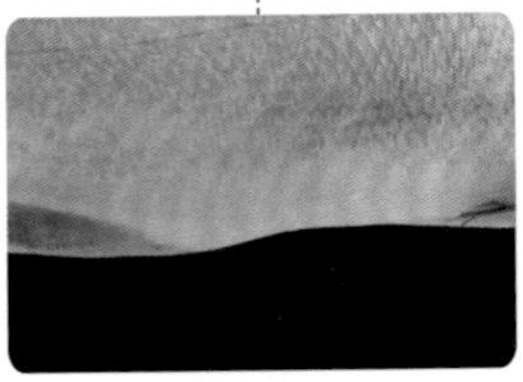

CHECK!
腹部越寬，油脂越多。

DATA

最大體長｜74cm

分佈狀態｜西部、南部、西南部、北部、東北部、澎湖、小琉球

季節｜冬春時節，11–2月最肥美；夏季6–8月雖有但較不肥美。

適合料理｜大隻生魚片、清蒸、乾煎、煮湯

風乾午魚

材料—午仔魚肉 200g、酒粕適量、鹽巴少許、昆布 1 片

作法—**1**. 以酒漬法先處理魚肉（可參考本書 42 頁）。**2.** 魚肉取出後，將酒粕抹掉，放在瓦斯爐頭上陰乾一晚。**3.** 隔天直接墊在昆布上放入預熱好的烤箱內，250 度烤 8 分鐘。

TIPS

在烤箱上墊昆布，可讓昆布的香氣浸到魚肉內，味道會更有層次。

春子

Johnius distinctus

60

冬季魚種

別名｜鱗鰭叫姑魚、春子、帕頭

尾鰭帶黃紅色時最肥美

常見的家庭魚，一般超市就可以買得到。新鮮時簡單乾煎就很美味，開始產卵時臀鰭會變成黃紅色的來吸引異性，此時相當肥美。屬河口魚、在淡水、竹圍一直到西半部的河口或紅樹林區都很常見。

CHECK!

眼睛鮮明代表捕撈時間短 。

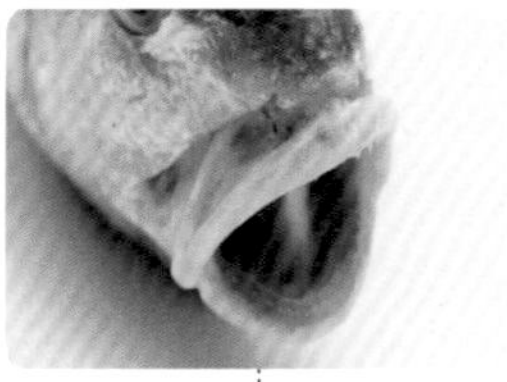

CHECK!

唇厚且帶點黃紋代表油脂豐厚。

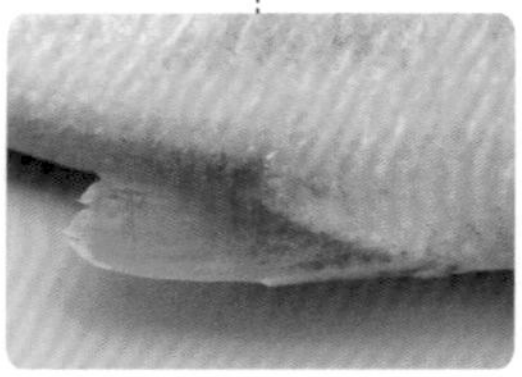

CHECK!

鰭邊帶黃紅為最好吃的肥美時刻。

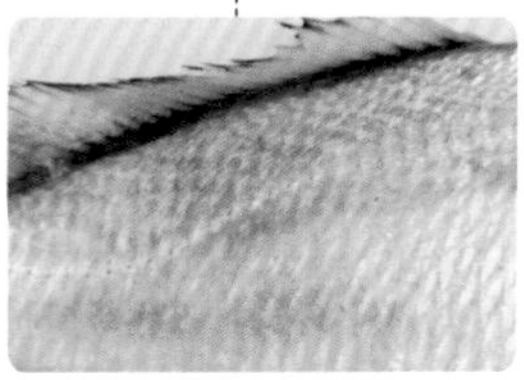

CHECK!

魚鱗不剝落，越亮越好為新鮮上選。

DATA

最大體長｜22cm

分佈狀態｜西部、澎湖

季節｜春天產卵期，1–3月底最肥美

適合料理｜乾煎、燒烤，不建議煮魚湯跟生食

紅味噌檸檬番茄烤春子

材料—魚肉 100g、紅味噌番茄醬汁適量

作法—**1.** 魚肉撒鹽乾煎煎到表面焦黃後，淋上紅味噌番茄醬汁。**2.** 以 180 度烤箱烤 5 分鐘即可。

TIPS

紅味噌番茄醬汁怎麼做？

紅味噌 100g、番茄醬 100g、牛番茄一顆、檸檬汁 100cc、鹽巴 1 小匙攪拌均勻即可。

Doederleinia berycoides

台灣紅喉

別名｜紅臭魚、紅鱸、赤鯥、紅嘉網

肥美魚肝，夢幻一絕

冬季最肥美，春季開始邁入產卵期後慢慢退油，2月油脂就不豐厚了。但5—6月進入第二個產卵季，又開始逐漸肥美。肥美期時燒烤、清蒸都很美味，做成生魚片則入口即化，屬於高級魚中的高級魚。主要產地在東部及宜蘭東北角，魚肉細緻無雜味，還帶點淡淡的甲殼類香氣。

CHECK!

胸鰭拉開，有肥肥的蝴蝶袖代表油脂肥美。

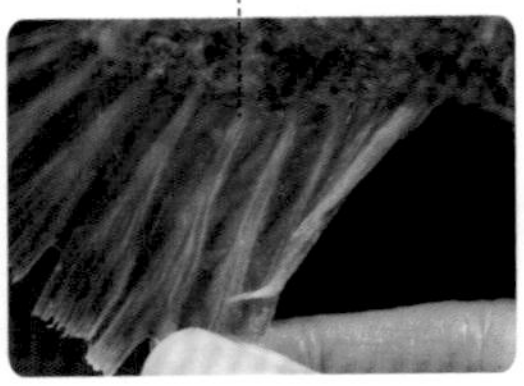

CHECK!

臀鰭有可見的白色油脂。

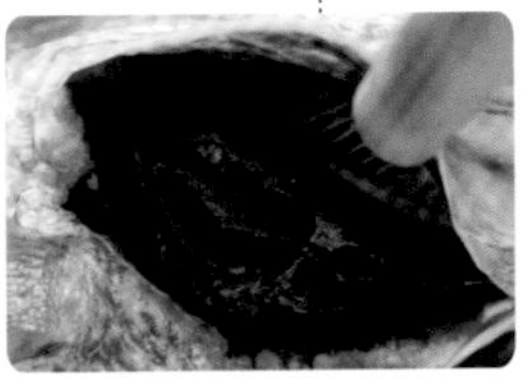

CHECK!

拉起鰓蓋，看是否呈鮮紅色。

DATA

最大體長｜40cm

分佈狀態｜南方澳、花蓮、澎湖、基隆

季節｜冬季，12月–1月；夏季，5月–6月

適合料理｜燒烤、清蒸、乾煎、生魚片。肥美期時，可將魚肝取出，泡牛奶清蒸。

61

冬季魚種

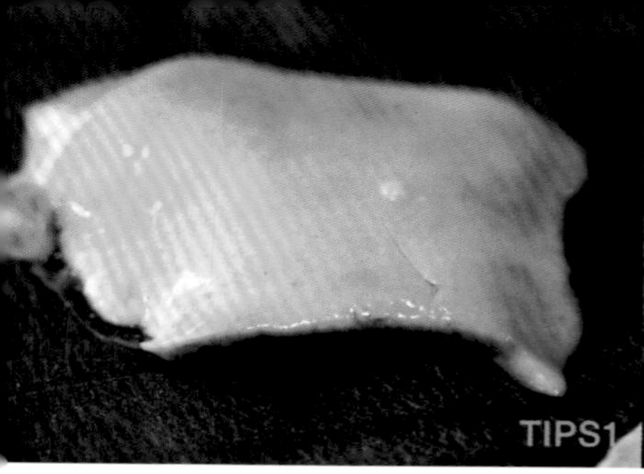

紅喉大根醋漬

材料—魚肉 100g、白蘿蔔 1 條

作法—**1.** 白蘿蔔削薄皮後，泡入自製糖醋醬（以 1:1 糖跟醋調製）30 分鐘。**2.** 以湯霜法處理魚肉後（湯霜法詳見 40 頁），將魚肉切片。**3.** 將切片的魚肉放到醋漬的大根上，放入冰箱冷藏 15 分鐘，讓魚肉吸收大根味道。**4.** 沾著辣蘿蔔泥和薄醬油（或水果醬）一起食用。

TIPS

紅喉魚肝可清蒸或做成肝醬油
肝醬油怎麼做？

1. 新鮮的肝先用鹽水洗過。要白色有豐富油脂的才可以做，紅色的肝沒有香味，較不適合。2. 輕輕的將魚肝剁碎，為了增添香味也可加入紫蘇葉一同剁，可多剁幾次，讓魚肝的香味與紫蘇的味道充分釋出。3. 倒入醬油，肝和醬油的比例為 1:3，拌勻後，放到冰箱冷藏 10-30 分鐘即可。可沾生魚片吃，或拿來炒飯也很棒！

62

冬季魚種

巴攏

Decapterus maruadsi

別名｜藍圓鰺、硬尾、廣仔、甘廣、四破

生食口感像軟一點的蒟蒻

屬於白竹筴魚，大隻的生食、燒烤都很好，肉質較硬，但乾煎油脂溢出後肉質吃來反而較為軟嫩。生食口感像軟一點的蒟蒻，有淡淡貝類香氣。油炸後魚肉很香甜、細緻，但會隨著鮮度不好味道變差，日本的酥炸竹筴魚多用此魚。

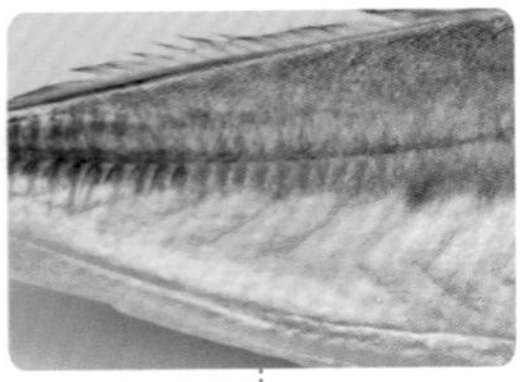

CHECK!

黑色硬尾顏色越鮮明表示越新鮮。

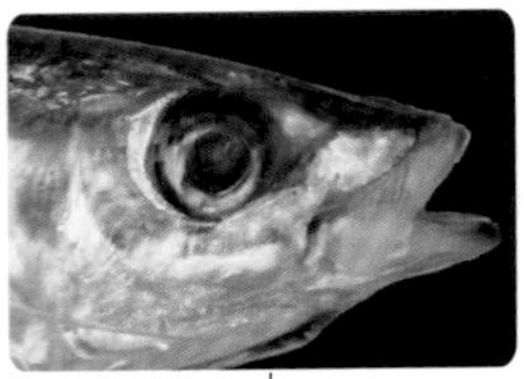

CHECK!

眼睛透明清澈是新鮮的象徵。

CHECK!

胸鰭下有一層層的肌肉紋路代表肥美。

DATA

最大體長｜35cm

分佈狀態｜東部、西部、南部、北部、東北部、澎湖

季節｜冬、春，11–3月

適合料理｜油炸、生食、燒烤、乾煎，不適合清蒸

番茄盅燒巴攏

材料—魚肉 100g、番茄 1 顆、起司 20g、鮮奶油 25cc、魚湯 10cc

作法— **1.** 魚骨、魚肉分離後，不包保鮮膜放入冰箱一晚上風乾。**2.** 將番茄肉挖出，魚肉去刺切塊放到番茄盅裡。3. 在番茄盅裡淋上鮮奶油、魚湯，放上起司。**4.** 將魚骨與番茄放到 180 度－ 200 度烤箱烤 8 分鐘即可。

TIPS

魚湯和鮮奶油先煮過，放下去一起燒烤味道會更濃郁美味。

海鱺魚

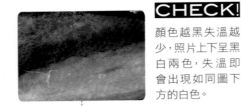

Rachycentron canadum

放血後，味道更甜美

別名｜海麗仔、軍曹魚、海龍魚、黑鮒

CHECK!

尾鰭越大越強壯，肉質會比較有彈性。

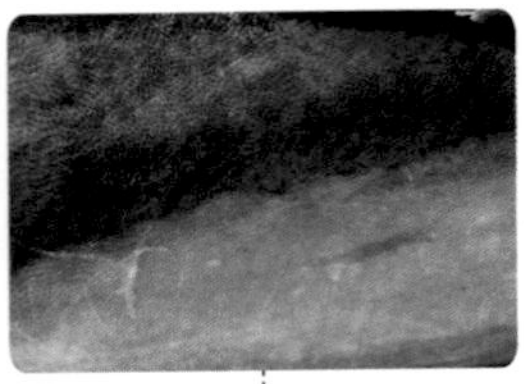

CHECK!

顏色越黑失溫越少，照片上下呈黑白兩色，失溫即會出現如同圖下方的白色。

CHECK!

腹部要有漂亮的圓弧形，表示油脂豐富。

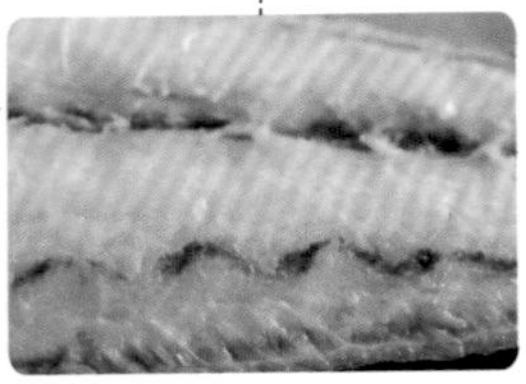

CHECK!

在超市或市場買到的常是切片後的海鱺魚，粉紅色魚肉代表油脂豐富。

有養殖和野生兩種，養殖一年四季都有魚卵，野生則是冬天最好吃、春天剛好是交配期，此時腹中有卵，海鱺的卵用蒸的相當美味。魚肉偏白色，油脂豐富，尤其是肝的部份，魚身很適合做成生魚片或煮湯。因海鱺魚的血液含較多酸素，必須經過放血程序，放過血的味道才甜美好吃。

DATA

最大體長｜200cm

分佈狀態｜東部、西部、南部、北部、東北部、澎湖

季節｜野生：冬、春，11–3月；養殖一年四季都有

適合料理｜生魚片、煮湯，魚卵很適合用蒸的，可先將魚卵泡牛奶一整天再拿到電鍋裡蒸熟，相當美味！

63

海鱺魚松露壽司

材料—海鱺魚適量、海苔片一片、醋飯少許、松露少許

作法—**1.** 新鮮海鱺魚切片後，先用噴槍烤過表面。**2.** 準備好海苔，將醋飯放上海苔，再將海鱺魚放在飯上，最後加點松露。**3.** 將壽司整個捲起後切段即可。

TIPS

醋飯怎麼做？

購買市售的壽司醋加兩顆乾梅，浸泡一天後即成梅子壽司醋。 將熱飯和梅子壽司醋以8:1的比例攪拌均勻即成醋飯。醋和飯的比例可依個人口味微調。而做好的梅子壽司醋也可用來醃魚或搭配其他海鮮。

白毛

Kyphosus bigibbus

64

冬季魚種

別名｜南方舵魚、白悶

吃來有淡淡青菜香

吃素的魚，肉質清甜細緻，魚肉有淡淡的青菜與蛋殼味，屬於磯釣魚類，和石斑魚類相同，直接加熱肉質容易過柴，因此適合用燜煮法，魚的滋味才不易流失。

CHECK!

眼睛上方越隆起代表越肥美。

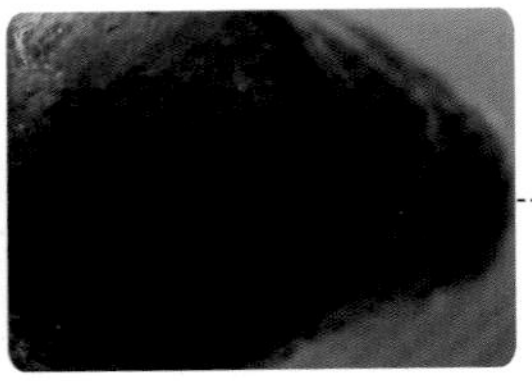

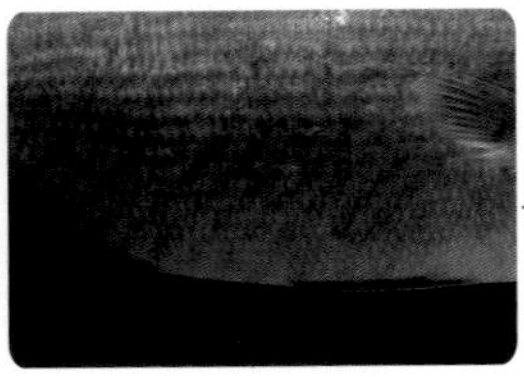

CHECK!

可特別聞生殖腺，內臟腐敗時會有股腥臭味。

DATA

最大體長｜75cm

分佈狀態｜東部、南部、澎湖、小琉球、蘭嶼、綠島、東沙

季節｜東北季風來臨時，秋末冬季，10–1月特別好吃。

適合料理｜清蒸、煮湯，但需用燜煮法，即原本要煮10分鐘的魚肉，改為煮5分鐘，燜5分鐘，如此可避免因久煮所導致的肉質過硬問題。因魚肉帶水性，不適合燒烤。

影片連結

黑毛

Girella punctata

別名｜瓜子鱲、斑紀、菜毛、粗鱗黑毛、黑悶、粗鱗仔、口太黑毛

烹煮後，有螃蟹的香氣

CHECK!

黑毛分為尖嘴與扁嘴，扁嘴的肉質較細緻。

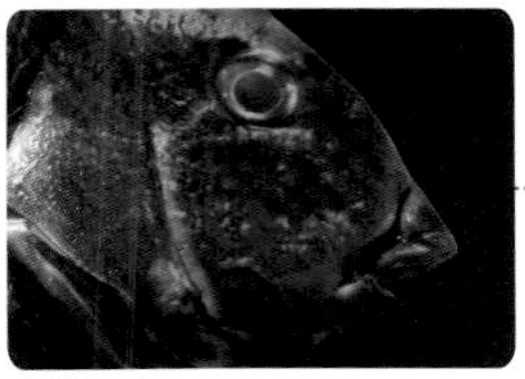

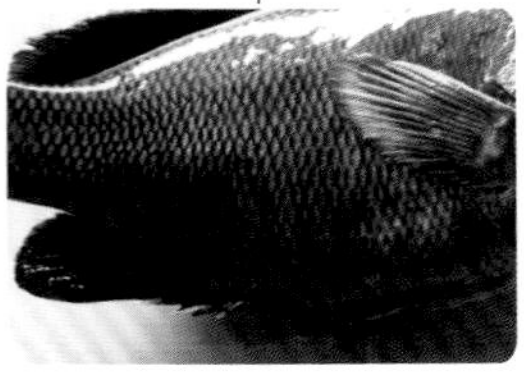

CHECK!

肚子圓圓胖胖表示肥美。

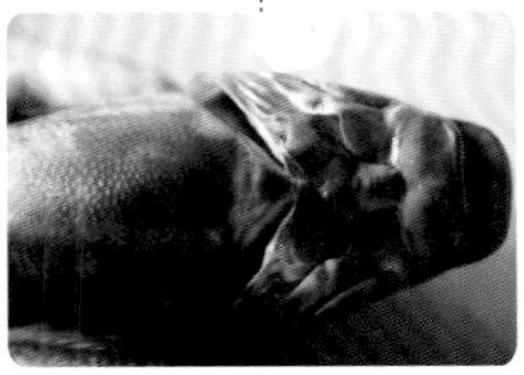

CHECK!

下顎越厚實越好。

肉質和石鯛一樣緊實，皮紋呈黑色，烹煮後有螃蟹加海藻的味道，肉質細緻、鮮甜。最適合清蒸、亦可燒烤，但煮湯會有比較重的菜味，故又稱為菜毛。市場上有一種長相相似，但鱗片較小的稱為紅皮攏（又稱小瓜子鱲），品種不同，但同樣是肉質細緻的好魚。

DATA

最大體長｜50cm

分佈狀態｜東部、西部、南部、北部、東北部

季節｜夏季有，但肉質較不美味。好吃時是東北季風來臨時，每年的10–2月。

適合料理｜清蒸、燒烤、不適合煮湯，煮湯菜味會太重。

象魚

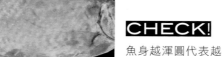

Siganus fuscescens

66

冬季魚種

別名｜褐臭肚魚、臭肚、象魚、樹魚、羊鍋、疏網、茄冬仔

台灣吃夏天；澎湖吃冬天

產卵期前最肥美好吃，因海域不同，台灣的象魚夏天美味，若是在澎湖，則要吃冬天的象魚。肚子裡有很重的海藻味，只要處理乾淨，不會影響魚肉本身的鮮甜。煮湯、清蒸或裹鹽烤都很適合，但魚鰭上的刺有毒性，處理時得特別留意手指不要被扎到。

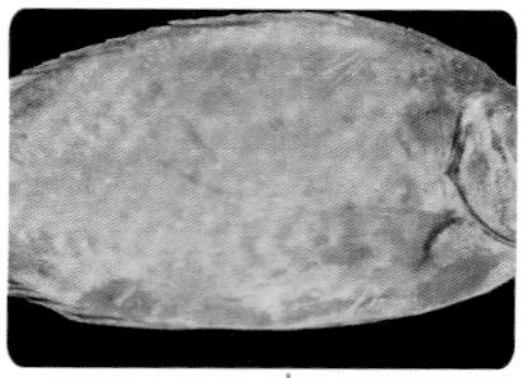

CHECK!

魚身越渾圓代表越肥美，味道越好。

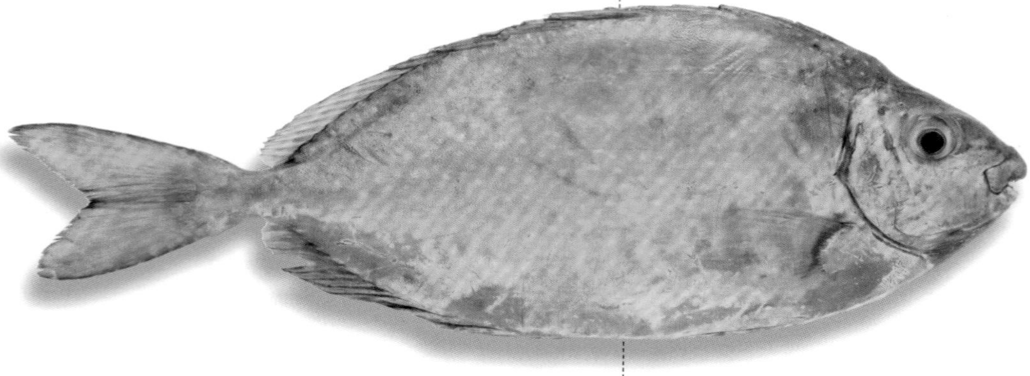

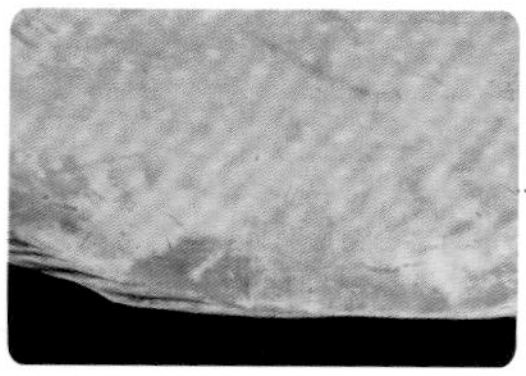

CHECK!

腐敗時肚子會有很臭的味道。

DATA

最大體長｜40cm

分佈狀態｜東部、西部、南部、北部、東北部、澎湖、小琉球、蘭嶼、綠島、東沙

季節｜台灣吃夏季，5–8月；澎湖吃冬季，12–2月

適合料理｜煮湯、清蒸、裹鹽烤

1

2

象魚絲瓜湯

材料—象魚 1 尾、絲瓜半條、蒜頭 3 顆、昆布高湯 500cc、白醬油適量

作法—**1.** 絲瓜削皮後，將還帶綠色的內裡和絲瓜肉分離，只取綠色外皮部分（口感跟甜味最好）。**2.** 剪掉魚鰭後，身體切塊放入高湯煮約 5 分鐘。**3.** 絲瓜切絲、蒜頭壓碎放入高湯內，最後加一點白醬油調味，或加一點紅椒配色即可。

TIPS

1. 象魚的背鰭、腹鰭和臀鰭上有毒刺，烹調時，只要小心將魚鰭連同刺一起用剪刀剪下即可。
2. 也可薄切幾片蘿蔔放入碗內，直接沖入高湯，讓湯的味道更香甜。

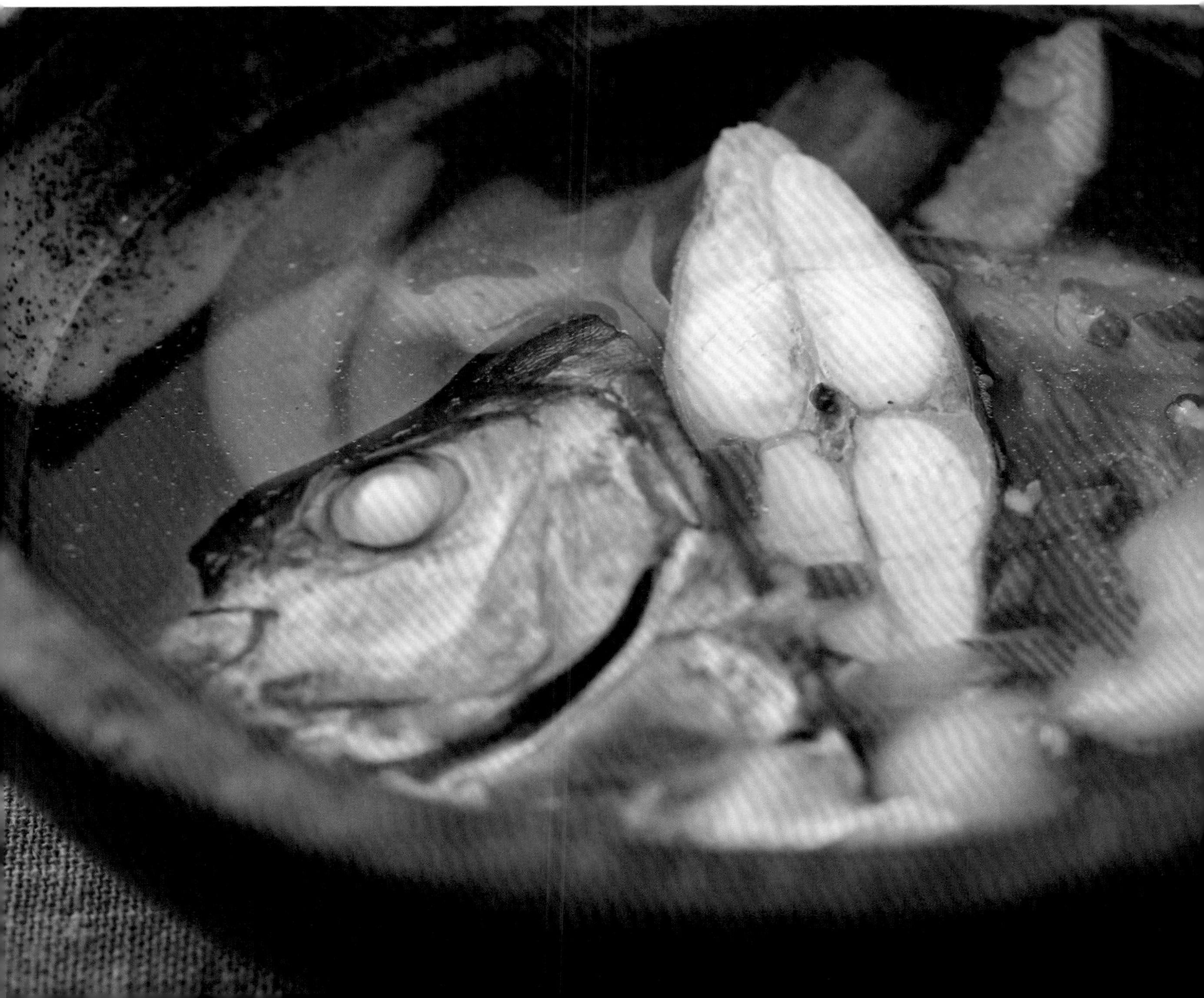

白鱈鯰

Hoplobrotula armata

別名｜棘鼬魚、鼬魚、海鯰（澎湖）

燙過有魚乳香

67
冬季魚種

CHECK!
中間的黑色紋路一直延伸到魚尾是新鮮的證明。

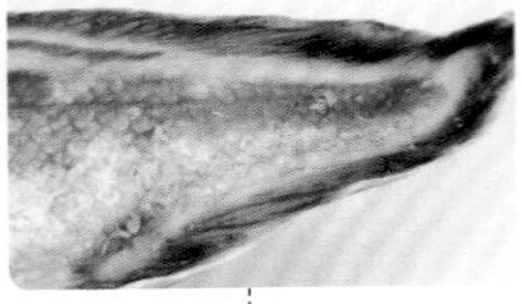

CHECK!
臉上魚鱗不剝落、唇上紅點為新鮮的象徵。

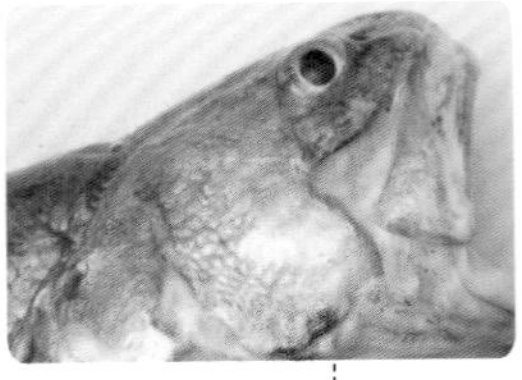

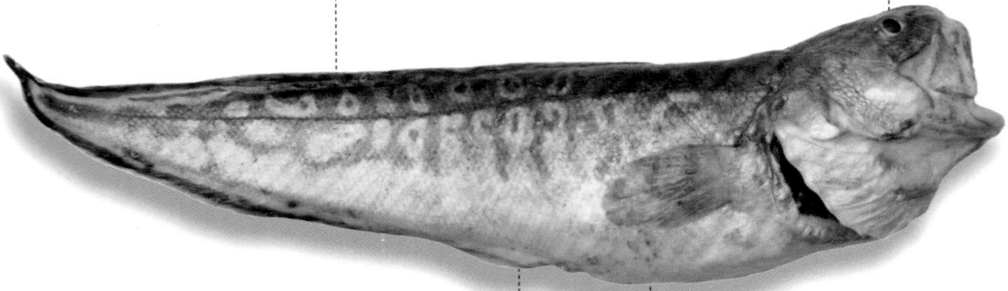

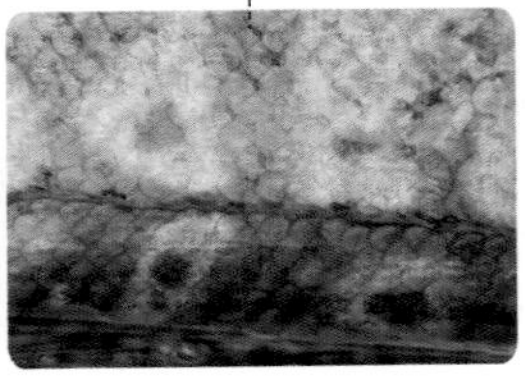

CHECK!
魚身上的斑紋，越明顯越肥美。

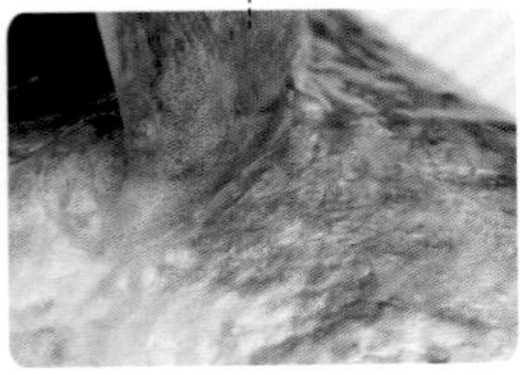

CHECK!
拉開胸鰭後，鰭上有紅色的表示肥美。

魚骨魚肉煮來非常軟嫩，有膠質又有甜味，燙過後有魚乳的香氣，是最適合切片煮火鍋的魚種之一。日本人會用昆布高湯煮酒粕火鍋，讓酒香魚香昆布香融合在一起，漁港很容易買到，是最好吃的鱈鯰魚類。

DATA

最大體長｜70cm
分佈狀態｜西部

季節｜冬季春初，11–2月
適合料理｜煮火鍋、生食、清蒸。煮火鍋時，魚肝可先用鍋子炒香，再加入酒粕昆布高湯，如此湯頭即香味十足，魚肉只要簡單切片煮熟就超級美味。

松露豆乳煮鱈鯰

材料一魚肉 100g、大白菜 1 片、海苔 1 張、豆乳醬適量、黑松露少許

作法一 **1.** 先將白菜、海苔包住魚肉蒸 5 分鐘。**2.** 將作法 1 放入豆乳醬後再蒸 5 分鐘。**3.** 起鍋前加一點黑松露即可。

影片連結

油帶

Trichiurus lepturus

別名｜白帶魚、白魚、裙帶、肥帶、油帶、天竺帶魚

寒帶帶魚，痛風者不宜多食

水溫比較冷的地方才有油帶，屬日本帶魚，煎出來的肉比黑帶、白帶略緊實，且甲殼與蟹肉的香氣更重，最肥美的時間為每年1月。價格比白帶貴，但白帶在盛產期（夏、秋）又比油帶好吃，其中油帶跟白帶因普林較多，痛風跟尿酸者較不適合食用。

68

冬季魚種

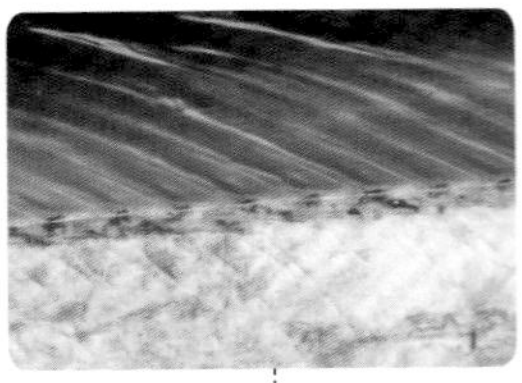

CHECK!

背鰭白色。

CHECK!

眼睛清澈透明，為新鮮上選。

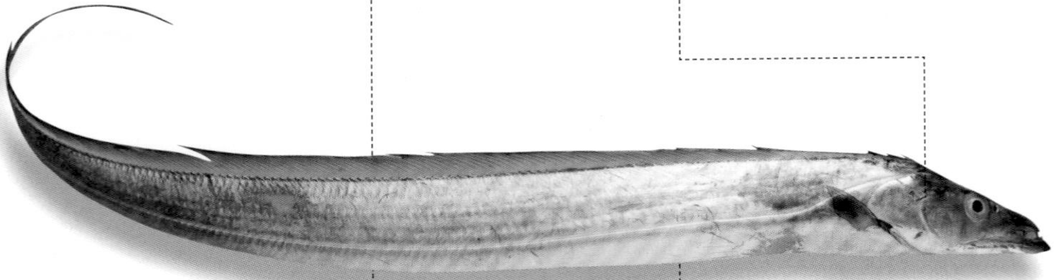

CHECK!

鱗片完整不剝落，表示新鮮。

CHECK!

粉紅色的切面代表肉質新鮮。

DATA

最大體長｜234cm

分佈狀態｜東部、南部、西南部、北部、東北部、澎湖、小琉球、蘭嶼、綠島

季節｜冬季，12月–2月，以1月最肥美

適合料理｜燒烤、乾煎、清蒸、生魚片

挑選小秘訣｜不一定每種魚新鮮與否都看眼睛，不過油帶魚的眼睛特別敏感，死亡過久立刻反映在眼睛上，因此眼睛反而是油帶魚新鮮與否的重要指標。

油帶魚處理方法

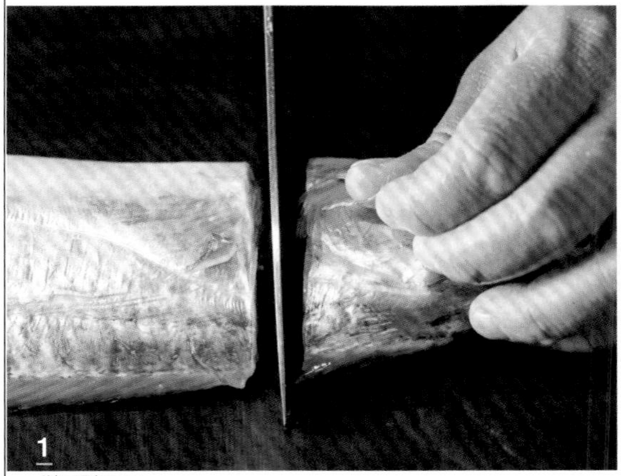

將頭切下。

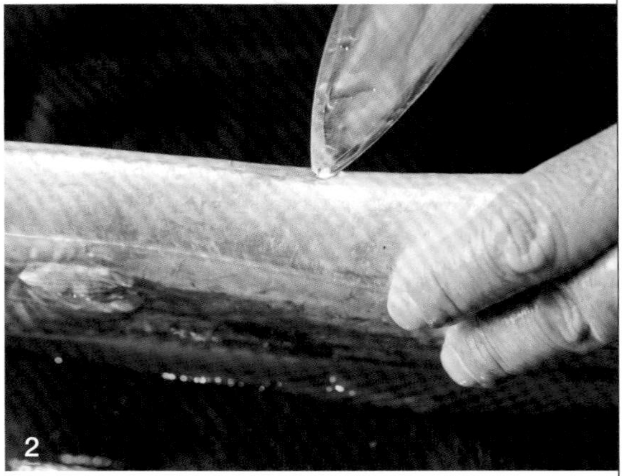

從腹部下刀往頭的方向切。

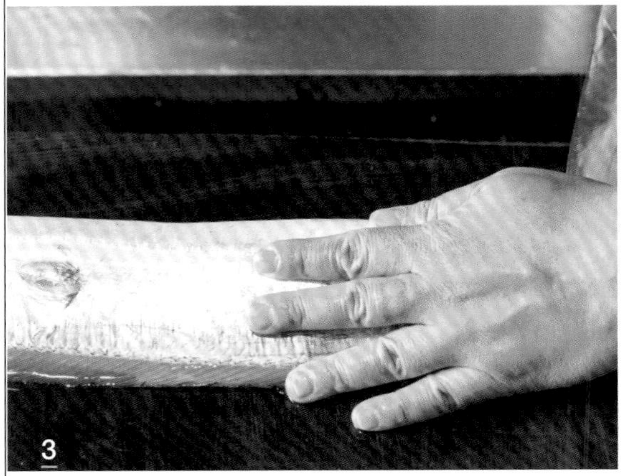

從腹部下刀往頭的方向切。

取出內臟。

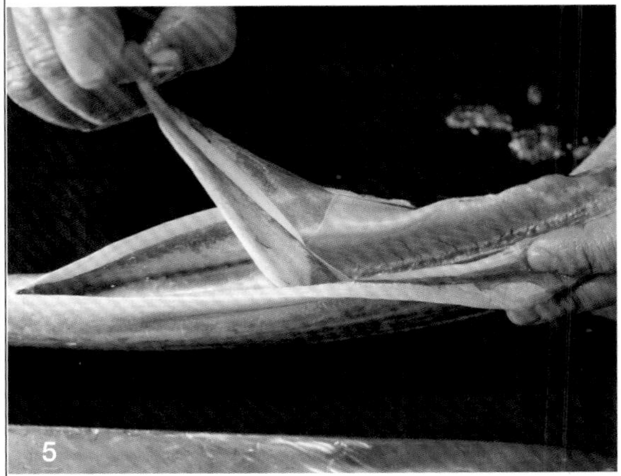

把魚翻身，將氣囊拿起。

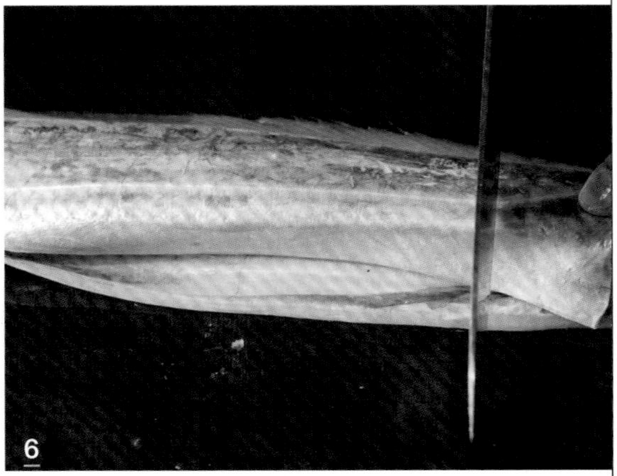

從頭部到腹部這段，剛好是油帶魚膠質最多的地方，切塊煮湯或烤都很優。

水針魚

Hemiramphus lutkei

生食有柚子香，烤時有餅乾味

別名｜南洋鱵、補網師、水針、長尾針（台東）

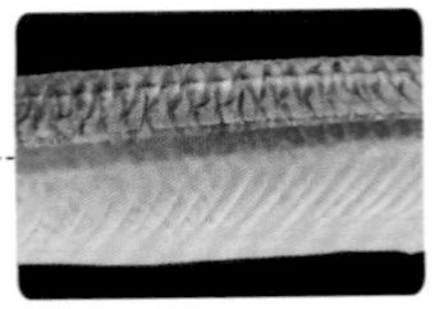

CHECK!
魚身越寬大越好。

CHECK!
腹部越厚實，越肥美。而不新鮮時，腹部會出現紅色的線條。

冬季的浮水魚，通常拿來做生魚片或烤，烤的時候魚皮會有很棒的香氣，有點像鹹餅乾的味道。生食則有清香的柚子味，屬高階的銀皮魚類生魚片。魚卵粗大，可清洗後泡在豆漿或牛奶裡蒸。因魚肉失溫速度快，建議可泡在鹽冰水內清洗保鮮，且盡量連切魚的刀子都冰過（或浸過鹽冰水），如此魚肉可保存較好。

牛奶蒸水針魚卵

當魚卵遇上牛奶，即可做出一道簡單又營養的料理。幾乎所有的魚卵都可按此步驟操作。但因水針魚卵顆粒較大，因此食用時須特別小心。

1

將魚卵取出後，泡在牛奶裡。

2

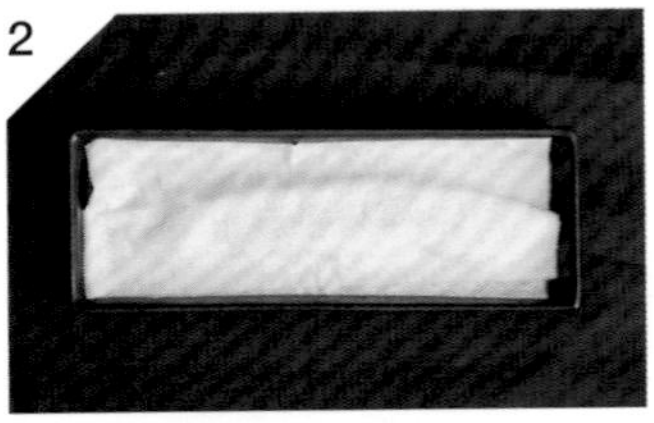

將餐巾紙覆蓋在魚卵上，不但可遮掉魚腥味，也可使牛奶更容易入味。

3

將魚卵放在電鍋裡蒸 5-6 分鐘後，切段即可。

69
冬季魚種

水針魚昆布湯

材料—水針魚 1 尾、昆布高湯適量、白蘿蔔 1 小條、秋葵 1 條、清酒 1 小匙、白醬油 1 小匙、鹽巴少許

作法—**1.** 內臟處理完後，魚肉切塊，不加油以小火煎過約 5 分鐘後翻面。**2.** 加少許鹽，撈起一點昆布水一起燴煮（在高溫下，鍋裡的魚香會釋放），讓昆布水慢慢收乾。**3.** 加入清酒、白醬油，煮到魚肉鬆開即熟。**4.** 將蘿蔔削絲放碗裡，魚湯直接沖入碗中即可。**5.** 可用秋葵做擺飾，或將秋葵打成泥直接放在湯裡增加口感。

DATA

最大體長｜30cm **分佈狀態**｜東部、西部、南部、北部、東北部、澎湖、小琉球

季節｜冬天，11–2 月 **適合料理**｜生魚片、燒烤、煮湯

黑馬鞭

Fistularia commersonii

別名｜康氏馬鞭魚、馬戍、槍管、火管、剃仔、土管

外觀奇特　甜味跟香氣非常驚人

因外型、顏色不討喜，屬於一般人不會想吃的魚，但煮魚湯特別好吃，在花蓮東部近海很容易看到其蹤跡，近年來很多日本料理店喜歡用此種魚做生魚片，香氣很足，魚卵可直接泡牛奶蒸。

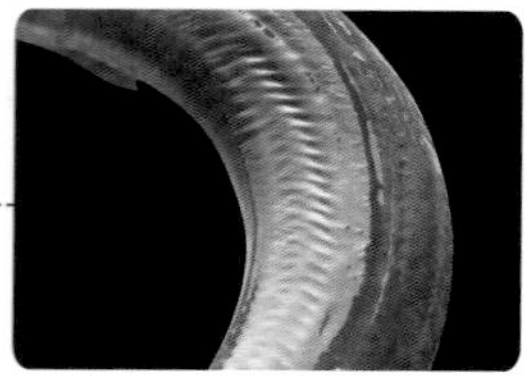

CHECK!

腹部越寬，代表油脂越厚越好吃。

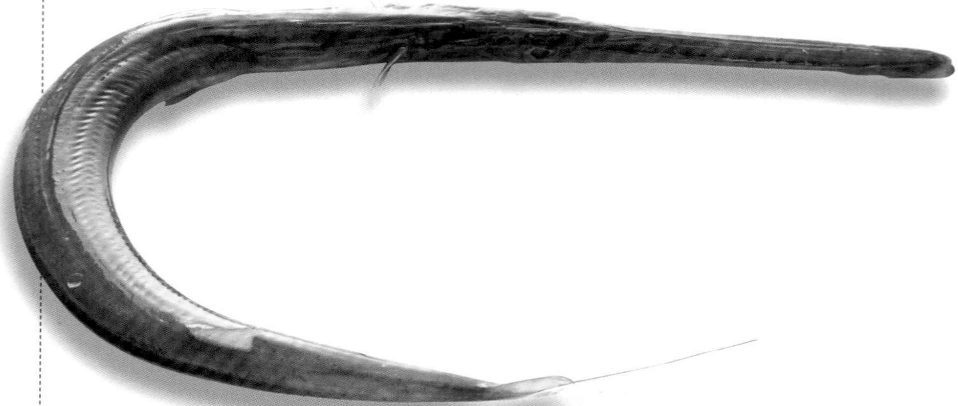

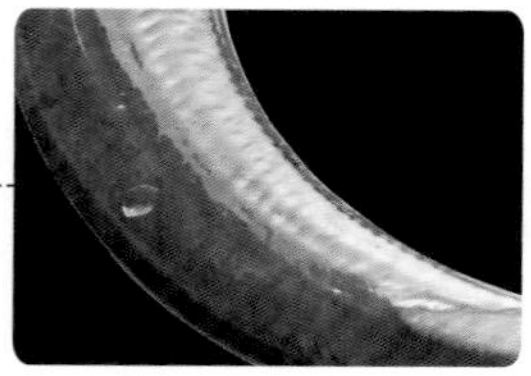

CHECK!

掀開腹部，腹部越白油脂越好。

DATA

最大體長｜160cm

分佈狀態｜西部、南部、北部、澎湖

季節｜夏末秋初，8–10月；冬季12–1月，此時腹部有卵，最肥美。

適合料理｜生食、煮湯，香氣驚人，其含豐富的膠質，且帶有貝類香氣，十分誘人。

71

冬季魚種

紅馬鞭

Fistularia petimba

別名｜鱗馬鞭魚

做生魚片有入口回甘的鮮甜

洄游性的魚，有分紅馬鞭跟黑馬鞭，兩者都非常美味，屬生魚片的夢幻魚種，肉質細緻，從嘴邊到頭含有豐富的膠質。體內的薄膜，可吸收雜質，煮出來的湯也很清淡好喝，烤的話油脂則略顯不足。

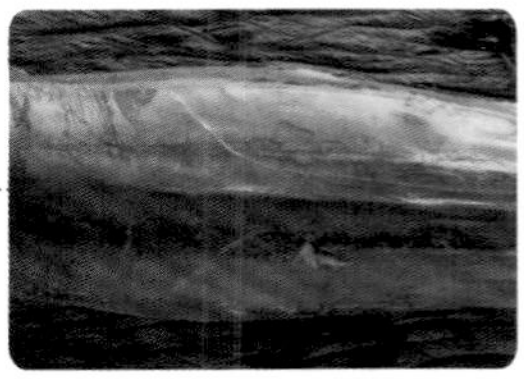

CHECK!

腹部越寬，代表油脂越厚越好吃。

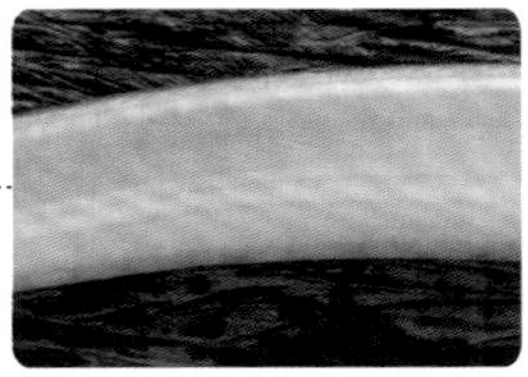

CHECK!

掀開腹部，腹部越白油脂越好。

DATA

最大體長｜200cm

分佈狀態｜東部、西部、南部、北部、東北部、澎湖、小琉球、蘭嶼、綠島、東沙

季節｜4–7月，以清明前後最多

適合料理｜煮湯或做生魚片，生魚片通常都吃從魚鰓到腹部這一塊。

馬鞭魚處理方法

將馬鞭魚翻身，鰓拉開，由此下刀。

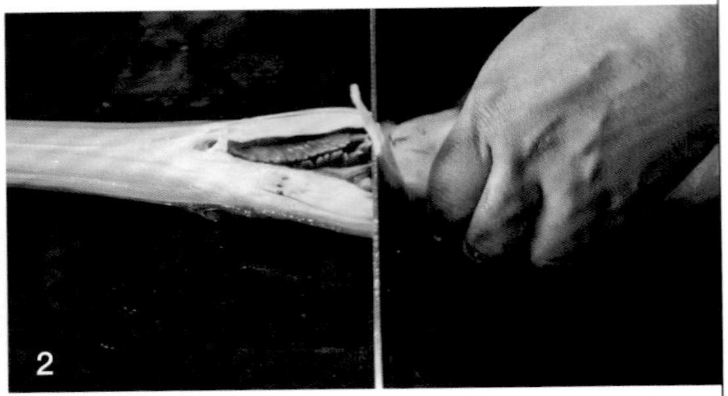

將刀子轉下來，把頭切下。

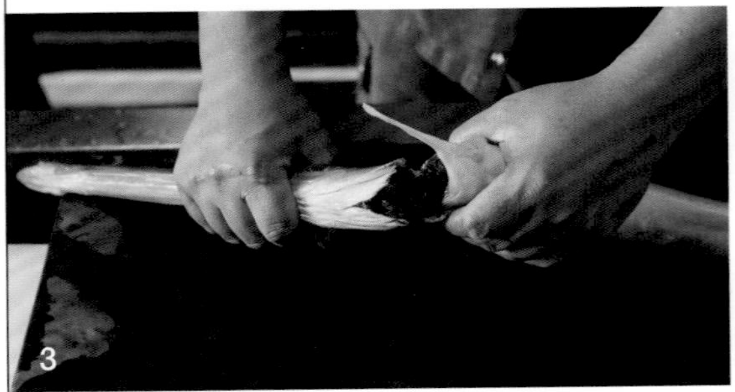

折一下，把頭拉開。

將魚身拉直，從尾巴沿著腹部的白線輕輕劃開到底。

魚卵取出。

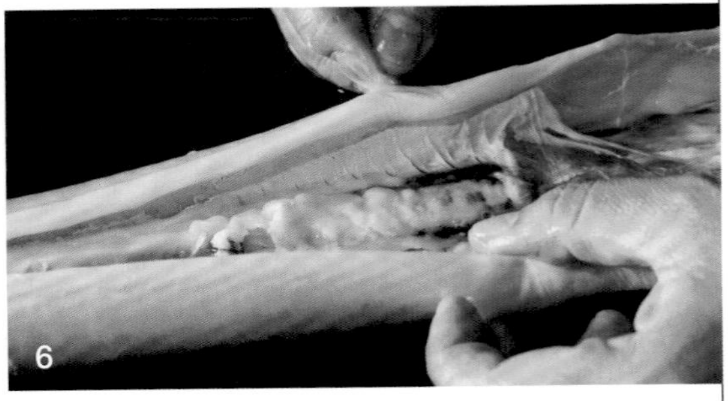

將魚身慢慢拉開，清洗裡面的內臟。

將刺取出，再切成所需的大小即可。

分切後的紅馬鞭

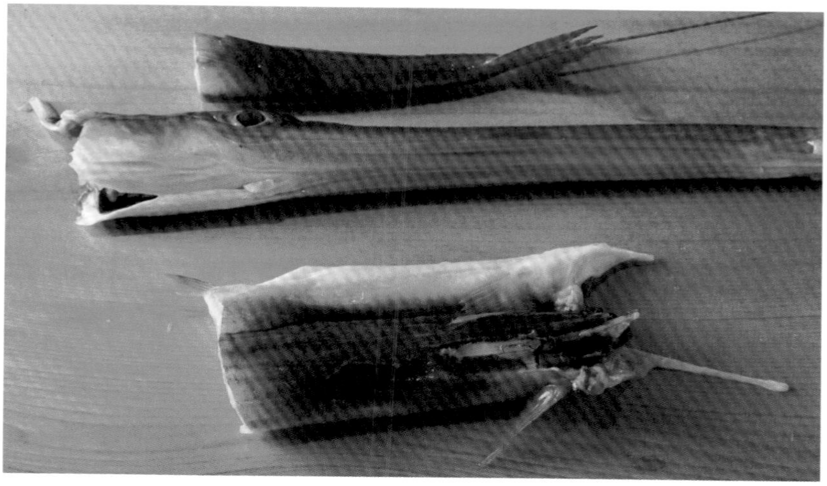

馬鞭魚的嘴巴到頭部這一塊（中）最適合煮湯。頭、尾、腹部都含有豐富膠質。魚卵取出後可泡牛奶蒸，味道美味迷人。

馬鞭魚昆布柚子熟成法

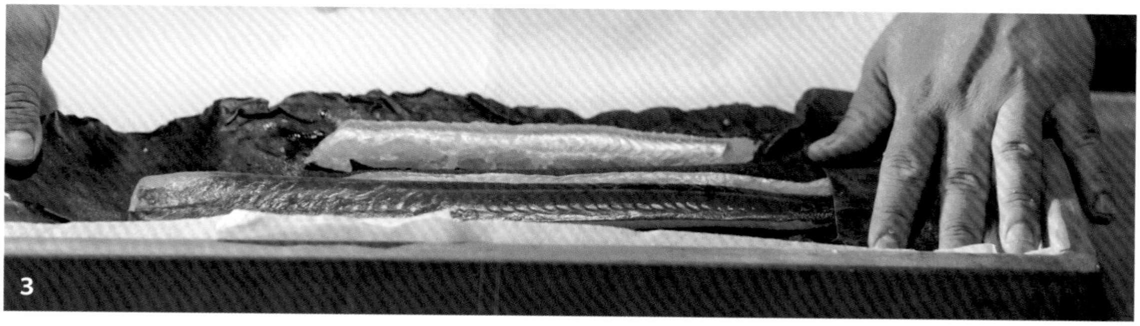

1. 馬鞭魚切下後噴 2% 的鹽冰水。**2.** 撒上少許的柚子粉，以增加香氣。**3.** 將馬鞭魚放在昆布上，放到冰箱冷藏。冷藏 30 分鐘、3 小時、12 小時、27 小時味道都不同。**4.** 可直接切成生魚片食用，或接著後續的煮湯料理。

牛尾

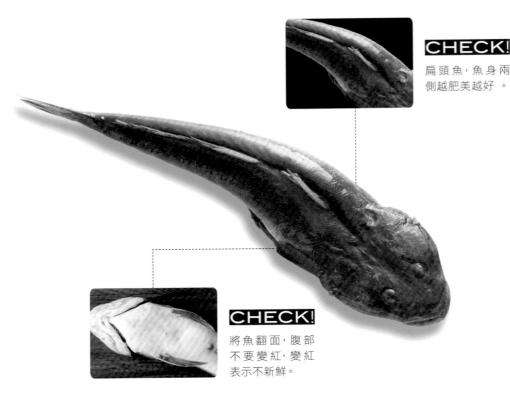

Inegocia japonica

72

冬季魚種

魚肉有薄薄的柚子香氣

別名｜日本眼眶牛尾魚、竹甲、狗祈仔、牛尾

做生魚片很好的白身魚肉，屬高級魚，以昆布熟成處理最好。魚肉裡清甜的香氣能帶出薄薄的柚子味，柚子味結束後則會有海潮味回到口中。魚肉用酥炸特別細緻，魚骨適合熬湯，魚頭燒烤可口。

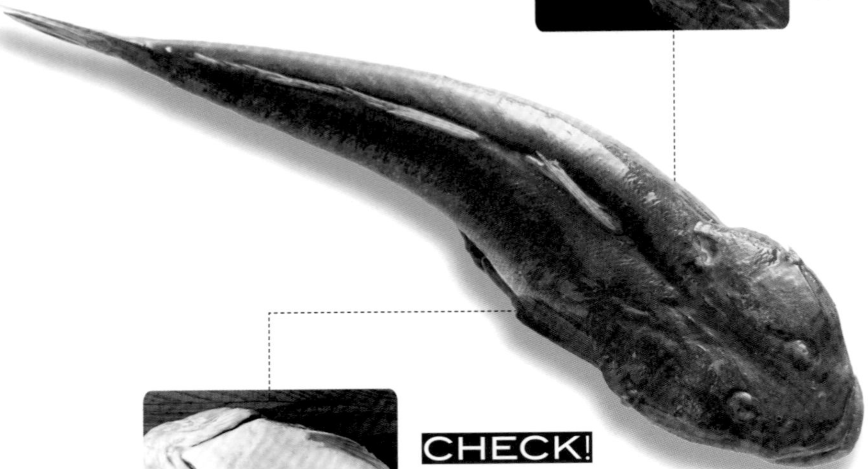

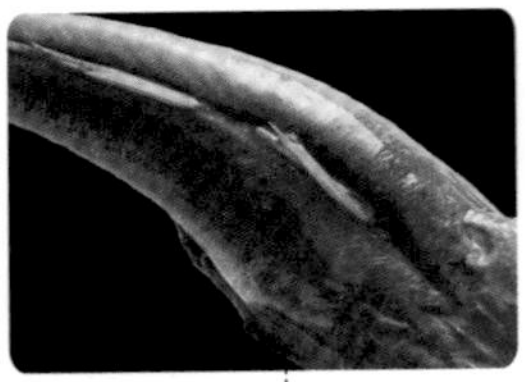

CHECK!

扁頭魚，魚身兩側越肥美越好 。

CHECK!

將魚翻面，腹部不要變紅，變紅表示不新鮮。

DATA

最大體長｜ 25cm
分佈狀態｜東部、西部、西南部、東北部、澎湖

季節｜冬、春，12–4 月
適合料理｜ 酥炸、熬湯、以昆布熟成做生魚片、燒烤

牛奶燒烤牛尾魚頭

材料—牛尾魚頭1個、魚湯200cc、西洋芹1小段、洋蔥1/4顆、奶油20-30g、鹽少許

作法—**1** 牛尾魚頭抹鹽，以180度烤10分鐘，鹽烤到油脂乾焦。 **2.** 淋上奶油，繼續烤3分鐘，讓奶油融化，香味進到魚頭內。**3.** 將魚湯加入切碎的西洋芹、洋蔥一起燉煮，煮到有點收汁。**4.** 將醬汁淋到烤好的魚頭上即可。

影片連結

鮟鱇魚

Lophiomus setigerus

肝超美味，肥美時不輸鵝肝

別名｜黑口鮟鱇、九牙（台東）、死囝仔魚（澎湖）、合笑（澎湖）

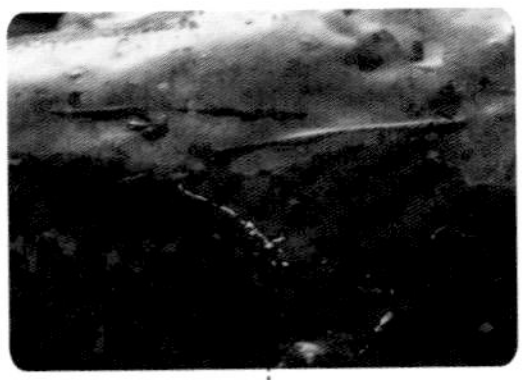

CHECK!

皮膚表面越黏稠越好。

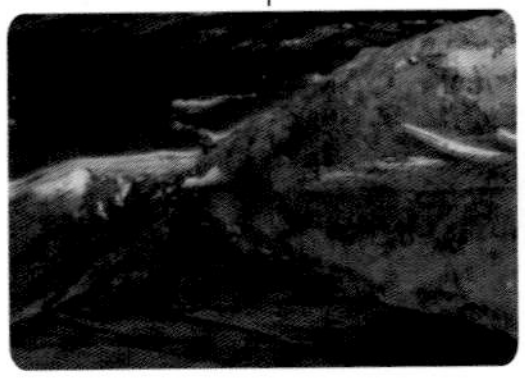

CHECK!

尾巴越肥厚代表越肥美。

CHECK!

有一個小燈籠可以引誘魚。

分黑皮和黃皮兩種，肉質綿密細緻，連骨頭都是膠質，把內臟處理乾淨，簡單剁一剁煮湯或粥都很棒。尤其鮟鱇的肝特別美味，值得細細品嚐。因背鰭附近有一個小燈籠，又被暱稱為「會釣魚的魚」，和日本品種不同，台灣是黑生鮟鱇魚，日本則是白生鮟鱇魚。

DATA

最大體長｜40cm

分佈狀態｜西部、南部、西南部、東北部、澎湖、小琉球

季節｜冬末春初，1–3月

適合料理｜煮湯、粥、火鍋

73

冬季魚種

鮟鱇魚處理方法

A 先取肝

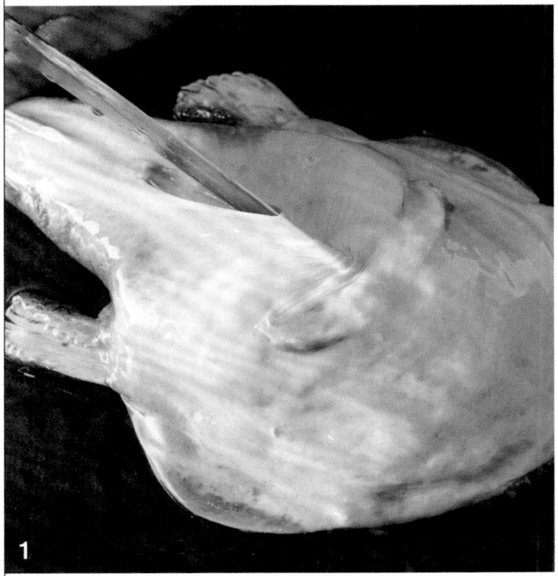

魚肚子較軟，翻肚刀子向上，劃開肚皮。

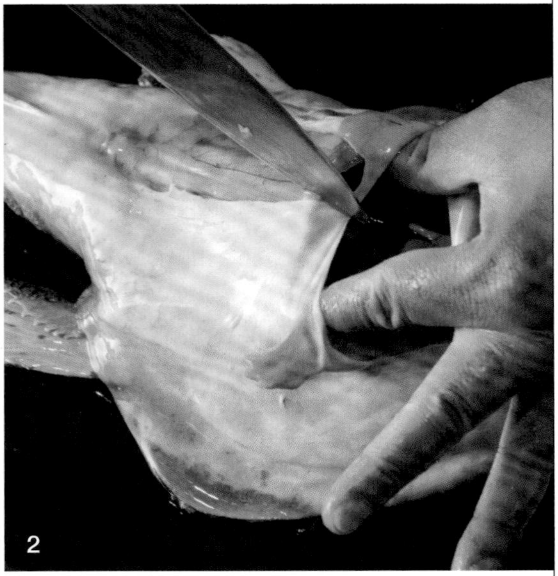

手指撐開小翅膀，慢慢往下割，盡量不要傷到魚肉。

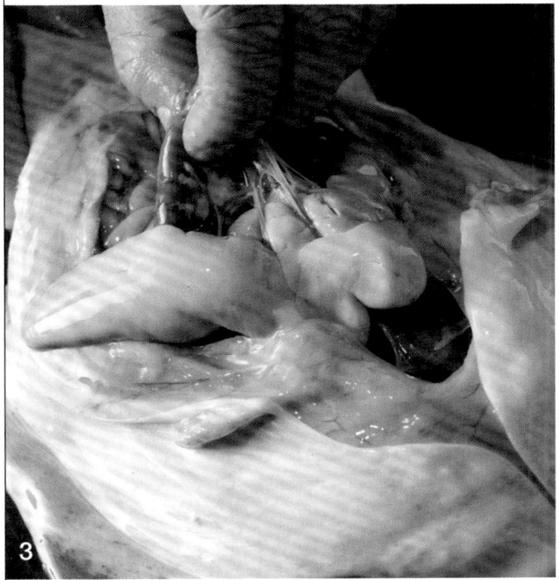

將膽往下拖，肝就會出現。

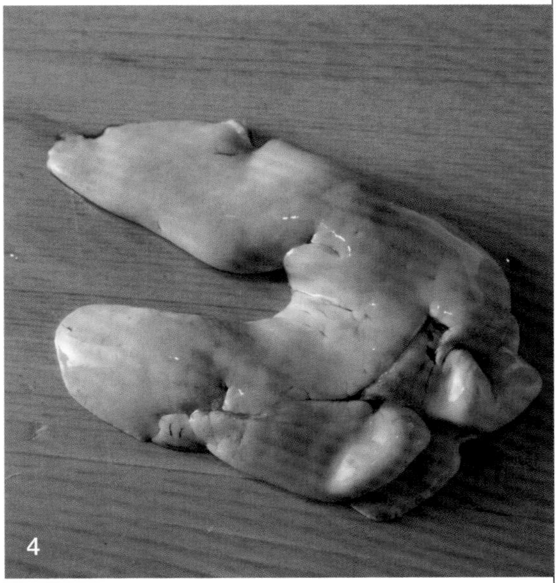

將整塊肝取出，鮟鱇魚的魚肝超級美味，值得細心品嚐。

鮟鱇魚處理方法

B 再取肉

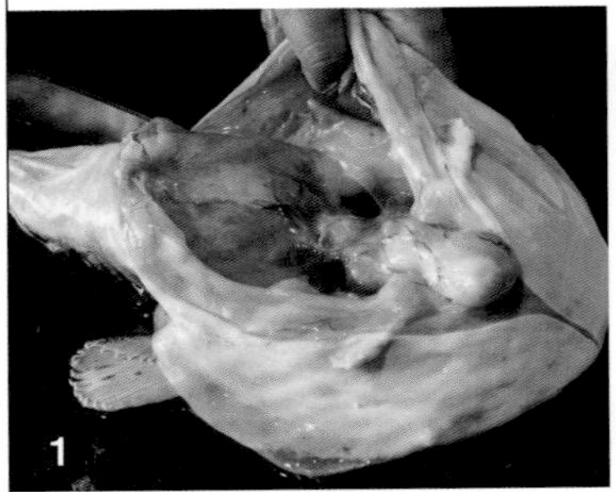

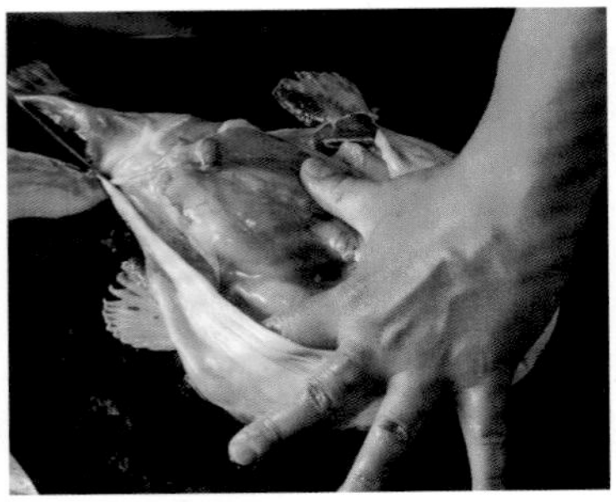

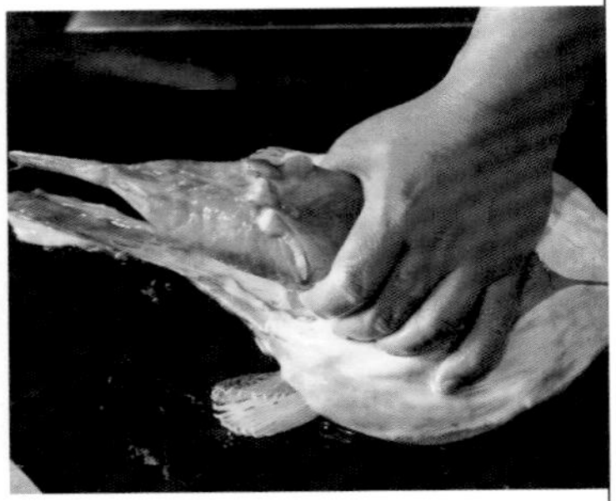

將內臟洗淨後，從骨頭和骨頭間的縫隙下刀，切完一邊，再處理另一邊。

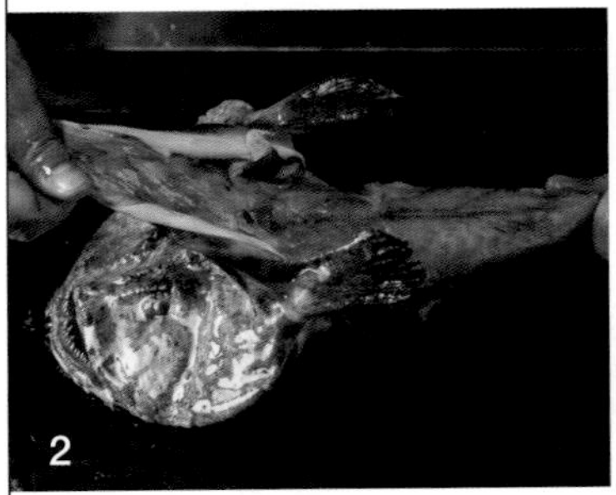

翻面，將魚皮從尾部拉開。

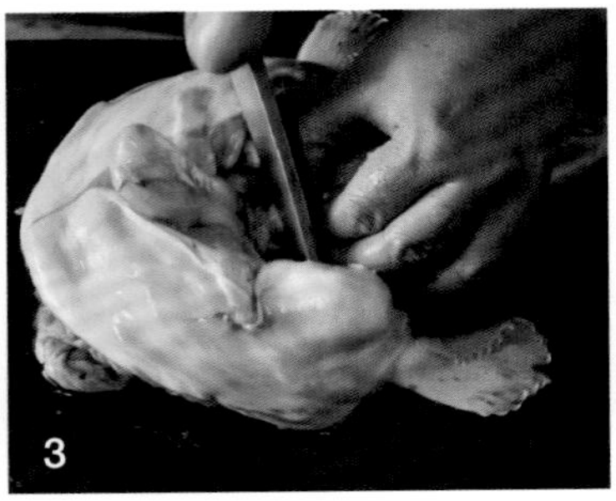

從中骨下刀，將頭與尾分離。

C 處理魚頭

腮跟嘴巴在一起很危險，要小心。

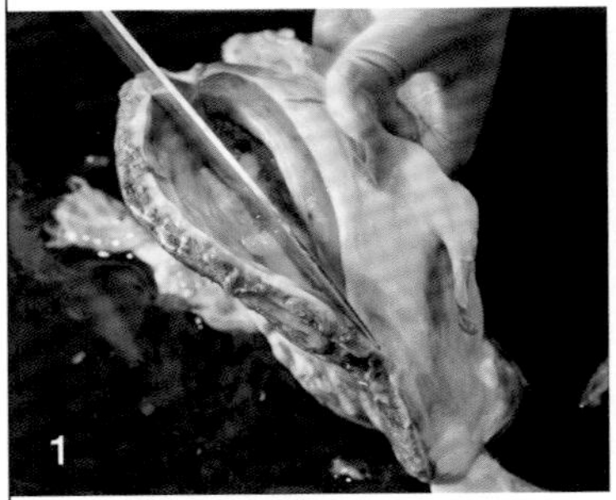

從嘴巴中間下刀，往上下兩邊拉開。

將顎骨拉起，往上拉，因鮟鱇魚的鰓在嘴內，此時鰓會在兩邊現形。

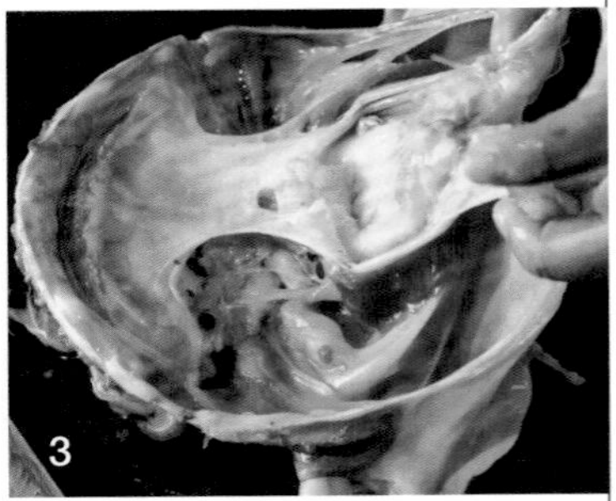

從中間將骨頭與鰓取出，剩下的肉剁一剁即可煮湯。

TIPS 處理鮟鱇魚內臟時，可特別把魚腸留下，簡單清燙一下就很美味。

魚市場資訊

除了一般菜市場的魚攤外，台灣有許多精采的魚市場，走逛一圈，不只可以看到新鮮多元的漁獲，還可以感受到市場裡生猛有力的氣氛。

基隆崁仔頂魚市

北部最大的集貨魚市，包含北部、西半部、東半部等漁港的魚貨交易買賣。當天價格會因捕獲量多寡而產生差異，是全省魚市場、菜市場的價格指標。

如果要挑選比較特別的魚貨，建議可半夜 12 點半左右就到，那時的選擇最多。但接近收市尾端的 5、6 點，則可撿選到一些便宜又好的漁獲，不過因崁仔頂的漁獲都得一籃一籃的買，不能買單隻，通常都是需要比較大量的時候去購買才合適。但即使不買光是半夜走逛一圈，感受魚市裡的人聲雜沓，也別有一番風味。

地址 ／ 基隆市仁愛區孝一路
營業時間 ／1:00am-6:00am，週一公休

宜蘭南方澳觀光魚市場

屬半觀光魚市，通常在下午兩點左右會有新鮮魚貨，可以買少量漁獲回家品嚐。由於外海是黑潮行經之處，漁產豐富，洄游魚類很常出現在這一區，因此有不少的深海魚與底棲性魚類。屬於近撈、遠撈、遠洋集合的魚市，也是台灣花腹鯖魚的主要產地，南方澳的青花魚便宜又美味，不到幾百塊就可以買到一整籃的漁獲，當地也可以吃到新鮮現烤的鯖魚，很適合全家一起同歡。

地址 ／ 宜蘭縣蘇澳鎮內埤路 185-194 號
營業時間 ／8:00am-6:00pm

宜蘭大溪魚市場

屬觀光魚市，主要捕撈龜山島的蝦類、魚類等火山地區的海鮮，養分特多，魚特別肥美，尤以蝦類居多，角蝦更是其中聞名。

常見的魚類有紅甘、煙仔虎、鰹魚等，也有不少海釣的青雞魚、黃雞魚等等，但還是以蝦子最精采，如果想買好吃的蝦子，不妨到大溪漁港碰碰運氣。

地址 ／ 宜蘭縣頭城鎮濱海路五段 490 號
營業時間 ／8:00am-6:30pm

嘉義東石魚市場

東石早期沒有漁港，是從養殖業開始繁榮後，75 年才開始有漁市場。全台灣數一數二好的白鯧魚、午仔魚、沙岸地帶的洄游性魚都會在此拍賣，目前屬觀光魚市，民眾可在此感受漁獲拍賣的氣氛，看到好的漁獲也可以很方便的買回家打牙祭。

地址 ／ 嘉義縣東石鄉觀海三路 300 號
營業時間 ／1:30pm 到漁貨拍賣完為止，週一公休

台東成功魚市場

專門捕撈白旗魚、油旗、鯊魚、鮪魚的漁港，成功魚市場販賣的旗魚非常好吃，台灣的白旗魚多由這裡來，是一個很棒的拍賣場，且一般民眾都可進入購買，多是花東捕撈到的魚，品質優良，味鮮物美。

地址 ／ 台東縣成功鎮港邊路 19 號
營業時間 ／10:00am-5:00pm

生魚片處理標準流程

1. 驗貨

1. 生魚片用魚該如何看是否新鮮：魚鱗要有光亮，魚肉有彈性，鰓鮮紅，無異味，沒有傷口，再以溫度計測量魚體中心溫度不可過高，須10°C 以下。
2. 魚貨應立刻放入冰庫降低溫度保鮮，但不可完全冷凍，才可方便魚貨之處理、分切保存備用。

▼

2. 洗手標準程序

1. 檢視手部指甲，將蓄留的部分修剪乾淨。
2. 料理生魚片前，依下列洗手步驟完成手部的清潔：

濕：在水龍頭下開小水把手淋濕後，立即關閉水龍頭。

搓：擦上肥皂手心手背、手腕，搓揉起泡約二十秒。

沖：開小水將雙手沖洗乾淨。

捧：捧水沖洗一下水龍頭，立即關閉水龍頭。

擦：用擦手紙或乾淨毛巾將手擦乾。

▼

3. 魚貨處理

1. 將處理魚之刀、抹布、砧板，用氯液消毒、擦乾備用。
2. 將魚從冰庫移出，依不同魚做不同的切塊，擦吸多餘血水，再小塊包裝後放入冰庫保鮮備用。
3. 如整隻魚需先去鱗、去鰓、去內臟後再分解切塊，每樣魚的處理時間須在 20 分鐘內，不可超過 20 分鐘，處理完須包裝入庫保鮮。

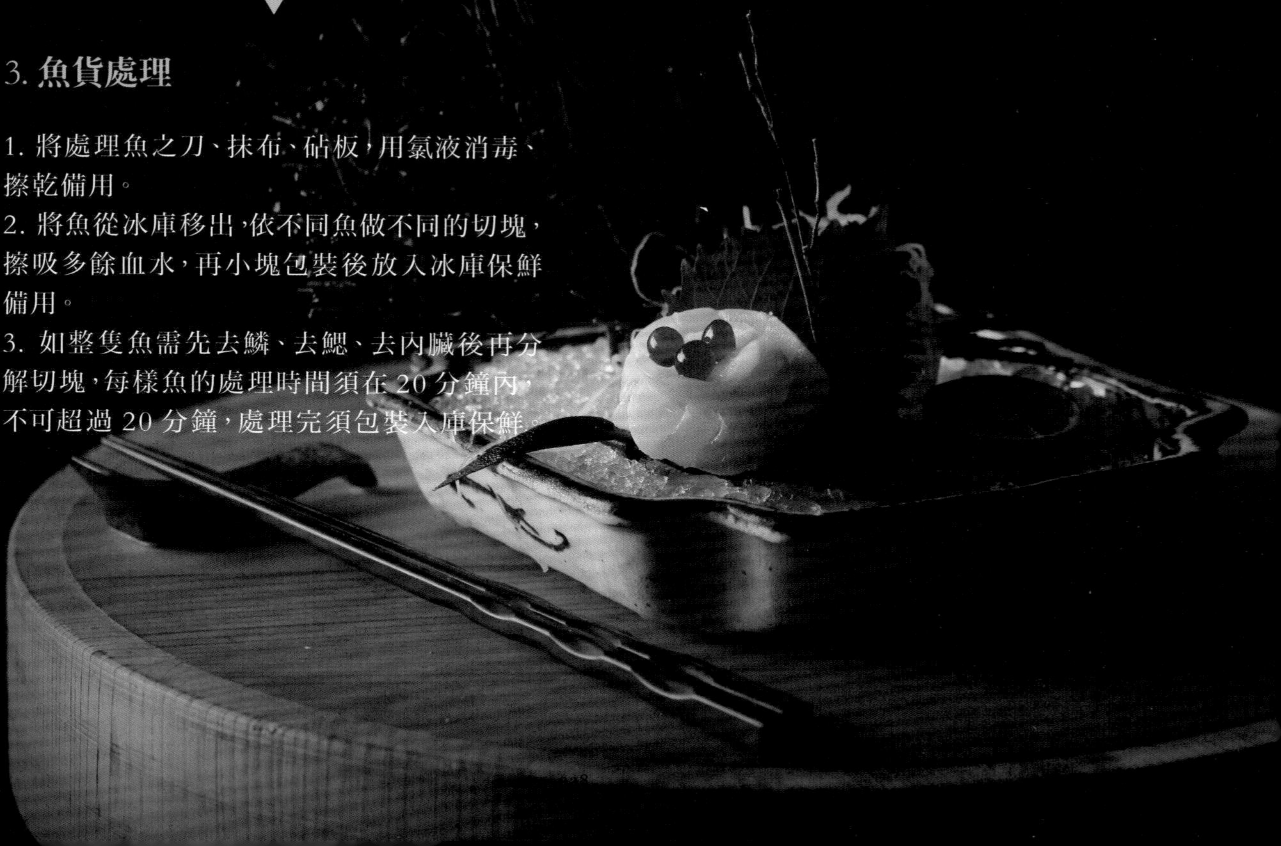

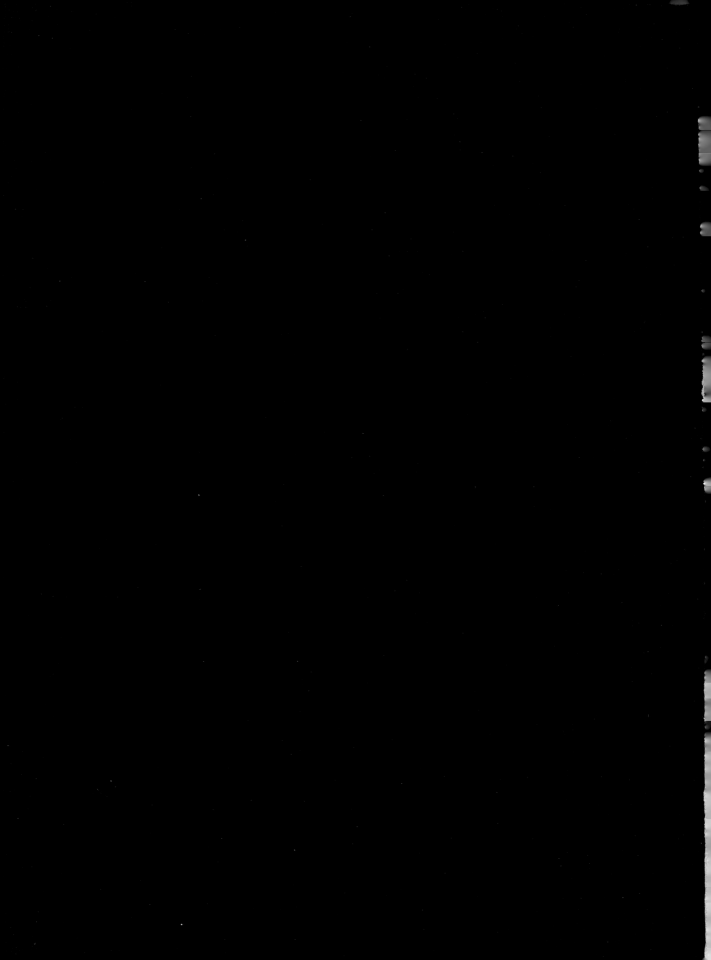

餐桌上的魚百科：跟著魚汛吃好魚！從挑選、保存、處理、熟成到料理的全食材事典（典藏增訂版）

作者—郭宗坤
總編輯—許貝羚
責任編輯—吳欣穎
企畫編輯—馮忠恬
文字整理—馮忠恬
美術設計—東喜設計、黃祺芸
封面設計—黃祺芸
攝影—王正毅
行銷企劃—洪雅珊

發行人—何飛鵬
事業群總經理—李淑霞
社長—張淑貞
出版—城邦文化事業股份有限公司 麥浩斯出版
地址—104 台北市民生東路二段 141 號 8 樓
電話—02-2500-7578
發行—英屬蓋曼群島商家庭傳媒股份有限公司城邦分公司
地址—104 台北市民生東路二段 141 號 2 樓
讀者服務電話—0800-020-299（9：30AM-12：00PM；01：30PM-05：00PM）
讀者服務傳真—02-2517-0999
讀者服務信箱—csc@cite.com.tw
劃撥帳號—19833516
戶名—英屬蓋曼群島商家庭傳媒股份有限公司城邦分公司
香港發行—城邦（香港）出版集團有限公司
地址—香港灣仔駱克道 193 號東超商業中心 1 樓
電話—852-2508-6231
傳真—852-2578-9337

馬新發行 城邦（馬新）出版集團 Cite (M) Sdn. Bhd.（458372U）
地址—41, Jalan Radin Anum, Bandar Baru Sri Petaling, 57000 Kuala
電話—603-90578822
傳真—603-90576622

製版印刷—凱林彩印股份有限公司
總經銷—聯合發行股份有限公司
電話—02-2917-8022
傳真—02-2915-6275

版次—二版 1 刷 2022 年 6 月
二版 6 刷 2023 年 11 月
定價—新台幣 750 元／港幣 250 元

國家圖書館出版品預行編目（CIP）資料

餐桌上的魚百科：跟著魚汛吃好魚！從挑選、保存、處理、熟成到料理的全食材事典（典藏增訂版）／郭宗坤著. -- 二版. -- 臺北市：城邦文化事業股份有限公司麥浩斯出版：英屬蓋曼群島商家庭傳媒股份有限公司城邦分公司發行, 2022.06
面；　公分
ISBN 978-986-408-809-6（精裝）
1. 海鮮食譜 2. 魚 3. 烹飪
427.252　　111004410

Printed in Taiwan

無鱗

刺鱗

索引

依生物科別分類

鰺科

鯛科

鯧科

梭魚科

鱸科

舌目魚科

鱠科

石首魚科

配料

索引

依魚鱗類型分類

粗鱗

細鱗

索引

依料理分類

燒烤類

索引

依注音分類

筒刻度與眼睛視線平行)，將瓶蓋蓋回盛裝氯液之容器。

- 將量取之氯溶液倒入準備盛裝氯液消毒劑之容器，以500 cc或 1000 cc之量杯量取擬配製之自來水量，並倒入準備盛裝氯液消毒劑之容器中。

4. 氯液消毒操作程序

- **抹布類：**清洗乾淨，完全浸泡於氯液消毒劑中二分鐘以上，取出後擰乾或烘乾放於乾淨廚櫃或乾淨處所備用。
- **刀子：**清洗乾淨，完全浸泡於氯液消毒劑中二分鐘以上，取出後以消毒過之抹布拭乾，放於乾淨刀架上或乾淨廚櫃處備用。
- **砧板：**清洗乾淨，完全浸泡於氯液消毒劑中二分鐘以上，取出後放於乾淨處所或砧板架上瀝乾備用；或砧板及刷子清洗乾淨，以氯液消劑直接倒在砧板表面以刷子刷洗二分鐘，擦乾或將砧板立起瀝乾氯液消毒劑備用。

▼

5. 碗盤清潔

1. 先將回收碗盤中的剩菜丟棄。
2. 放入洗碗槽，先以沙拉脫清洗，再以清水沖洗後，放入洗碗機處理清洗、清潔、消毒、烘乾，完成後再移至碗盤架上。注意洗碗機熱水需 85℃以上。

- **食品容器：**清洗乾淨，完全浸泡於氯液消毒劑中二分鐘以上，取出後放於乾淨處所或倒置瀝乾備用。
- **其他食品器具：**清洗乾淨，完全浸泡於氯液消毒劑中二分鐘以上，取出後以消毒過之抹布拭乾，放於乾淨處所或廚櫃處備用。
- 地面或工作檯面：用於消毒後剩餘之氯液消毒劑，可使用於清洗及消毒地面、工作檯面或污染性較高之處所。

4. 依當日需求，將魚移至冷藏解凍備用，再將要用之魚貨放入展示櫃，不同的魚需用保鮮膜包起來，不可隨意推放，以防魚貨細菌交叉感染。
5. 處理生鮮魚貨之抹布需常清洗。

▼

4. 氯液消毒劑配製與消毒操作流程

目的：

1. 制定正確配製氯液殺菌法所需之有效餘氯量百萬分之二百-200PPM 的氯液消毒劑操作流程。
2. 用於與生魚片之接觸表面的器具、容器、抹布、刀子、砧板等做有效殺菌。

作業程序：

1. 準備器具及藥劑：漂白水(濃度：20%、10%、5%)、50cc量筒、500cc或 1,000cc量杯、盛裝容器(10,000cc～20,000cc)。
2. 擬配製氯液消毒劑量及濃度計算：

用於欲配製之氯液濃度＊氯液水容量(X)＝擬配製之濃度╳擬配製之水量(X)

例一：0.1(10%)╳?cc(氯液)＝0.0002(百萬分之二百)╳5000 cc(水)　答：?＝10 cc

例二：0.2(20%)╳? cc(氯液)＝0.0002(百萬分之二百)╳5000 cc(水)　答：?＝5 cc

例三：0.05(5%)╳? cc(氯液)＝0.0002(百萬分之二百)╳5000 cc(水)　答：?＝20 cc

3. 配製氯液消毒劑流程

- 決定擬配製氯液消毒劑量
- 淨手，取盛裝氯液之容器，打開瓶子之瓶蓋，並將瓶蓋口朝上放於乾淨處所。
- 取用量筒，倒入氯溶液，檢視氯溶液取用量是否正確(量